梅州族谱族规家训资料选辑

古惠文　编著

SPM
南方传媒

广东人民出版社
·广州·

图书在版编目（CIP）数据

梅州族谱族规家训资料选辑/古惠文编著．—广州：广东人民出版社，2023.12

ISBN 978-7-218-16368-0

Ⅰ.①梅… Ⅱ.①古… Ⅲ.①客家人—家庭道德—研究—梅州 Ⅳ.①B823.1

中国国家版本馆 CIP 数据核字（2023）第 007795 号

MEIZHOU ZUPU ZUGUI JIAXUN ZILIAO XUANJI

梅州族谱族规家训资料选辑

古惠文　编著

版权所有　翻印必究

出　版　人：肖风华

责任编辑：李沙沙
封面设计：书窗设计
责任技编：吴彦斌

出版发行：广东人民出版社
地　　址：广州市越秀区大沙头四马路 10 号（邮政编码：510199）
电　　话：(020) 85716809（总编室）
传　　真：(020) 83289585
网　　址：http://www.gdpph.com
印　　刷：广州市豪威彩色印务有限公司
开　　本：787 毫米×1092 毫米　1/16
印　　张：21.5　字　数：350 千
版　　次：2023 年 12 月第 1 版
印　　次：2023 年 12 月第 1 次印刷
定　　价：68.00 元

序

古人云："王者以一人治天下，则有纪纲；君子以一身教家人，则有家训。纲纪不立，天下不平；家训不设，家人不齐矣。"客家人迁徙到一地定居下来，当家族繁衍到一定程度后，随着亲属的增加，族人众多，势力扩大，关系繁杂，财产日增，矛盾自然滋生，冲突在所难免；而在迁徙地所面临的各种困难，如果族众不加以团结，增强族人的凝聚力共同抵抗来自自然和土著居民的各种困难，则危系整个宗族的存亡。因此，为了规范族人的行为和处事方式，维持家族和谐，增强家族的凝聚力，族规家训应运而生。在庞大的家族中，族规家训具有凝聚族人的功能，族人依据族规家训，有序地履行自己的责任，为了家族的生存、兴旺、延续做出自己的贡献。

本书所谓"选辑"，系从梅州地区一百八十多个姓氏的族谱中选取、辑录了五十四个姓氏族谱、宗谱等所记载的族规家训，所涉及的谱牒资料超过四百余本。选录各谱姓氏的族规家训，含中华人民共和国成立前所撰写的各姓氏族谱。通过对上述族谱中族规家训的选辑，可以发现客家地区的传统族规家训具有如下特点：

首先是客家民系对族规家训的重视程度。在一些重要的仪式上，还会突出其重要性，"宗谱之作，上以全水源之木本，下以明尊卑之序。四时祭祀，会乡人之钦敬，必诵其谱，使宗族一家，咸知相亲相爱尽其诚，吉凶吊聘尽其敬，恤寡助贫，敬老救患，视一族之子孙，犹一身之血脉，咸齐和气于一门"①。在祠堂的一些重要祭祀仪式上，族中耆老

---

① 《梁氏安定郡——松源族谱序》，闽粤梁氏宗祠管理委员会、文化研究会编印：《闽粤梁氏宗祠通览》，2009年版，第44页。

会宣读族规家训,以教育族众;而参加祭祀的人,要思念祖宗遗训,以教育自己的下一代。

其次是形式上呈现出层次错落的样态,有鸿篇巨制的,也有片纸短章的;有口传心授的,也有临终嘱托的;有严谨论说式的,也有慈言呵护式的;有诗歌、格言,也有警句、随笔等。

最后是在内容上,以伦理纲常之道,制定家族成员的道德准则和行为规范。如其关于"忠""孝""节""义""礼""名分"的规定,要求家庭成员或孝顺父母、尊敬长辈,或崇尚仁义、诚实守信,或尊师重教、重礼谦逊,或和睦宗族、团结乡邻,或勤奋读书、勤俭节约,或自强不息、艰苦创业等。当然,客家地区的族规家训的内容不可避免地带有其所处时代的烙印,有其封建思想的、糟粕性的内容,但其重点突出的"孝顺父母""友爱兄弟""和睦宗族""遵纪守法""勤奋上进""节俭持家""重德轻财""禁止赌毒"等内容,在今天仍然有可取之处。

习近平总书记在 2015 年春节团拜会上指出:"中华民族自古以来就重视家庭、重视亲情。家庭是社会的基本细胞,是人生的第一所学校。不论时代发生多大变化,不论生活格局发生多大变化,我们都要重视家庭建设,注重家庭、注重家教、注重家风,紧密结合培育和弘扬社会主义核心价值观,发扬光大中华民族传统家庭美德,促进家庭和睦,促进亲人相亲相爱,促进下一代健康成长,促进老年人老有所养,使千千万万个家庭成为国家发展、民族进步、社会和谐的重要基点。"可见,习近平总书记非常强调家庭建设的重要性,指出良好的家庭教育不仅能够影响到家风、社风的形成,在党风、政风建设上也能发挥积极作用。同时,习近平总书记强调,"培育和弘扬社会主义核心价值观必须立足中华优秀传统文化"。因此,发掘、整理、阐释和继承客家地区的族规家训文化,对客家地区的家训文化进行文化审视,从中加深认识,获取启示,无疑对当前的家庭教育是具有一定积极意义的。

编著者

2023 年 1 月

目录

目录

前言

　　居住于广东东北，闽粤赣三省交界处梅州地区的客家民系，是由历史上历经五次大迁徙从中原一路南迁的北方汉人与南方的土著长期融合而成的。虽然我们无法考察该地区家训最初起源于何时，但是从该地区客家人的迁徙历史及族谱资料可推断的是，这一地区的家训与其在中原地区的源流是一脉相承的，而且从中国传统家训的历史发展轨迹来看，与该地区客家民系的迁移史及其宗族文化的发展有着密切的联系。因为长期的迁徙、入居地的地理环境的影响以及土著居民的抵制，都要求迁徙的先民依靠血缘关系——氏族成员的力量去克服上述的危险。因此，客家人在迁徙过程中往往是举族而迁，这样他们就把中原地区的宗法观念、宗族传统带到他们颠沛的迁徙生活中。即使在定居闽粤赣边区后，面对十分严峻的自然和社会环境，为了生存，仍必须举族行事，举族居住在一个自然村，加强军事化，形成以血缘为纽带、以地缘为依托、有高度凝聚力的客家人社会的宗族制。①

　　谱牒是记载家族世系和其他重要家族信息的文献，在中国古代备受人们的重视，其中包括了作为家族内部的教育制度和行为规范的族规家训。族规家训在宋代以后就广泛地存在于族谱之中，几乎成为每个家族编修族谱时所必须包含的内容。千百年来，在历次的迁徙中，客家先民为教育族中子弟，根据儒家思想道德标准，制定了许多有关族规家训方面的训诫。从现存的族谱来看，这些族规家训体裁多样，有些能在其先

---

　　① 孔永松、李小平：《客家宗族社会》，福建教育出版社1997年版，第17页。

祖留下的族规家训基础上，结合时代的发展，不断完善和充实，使得注重正面引导、侧重于戒饬惩处的族规家训在迁徙过程中得以沉淀，至今仍发挥着教化作用。

一、梅州地区谱牒中族规家训的主要形式

族规家训作为一个家族重要的文献，其制订通常是由家族中的家长、族长及德高望重的族老等共同订立的。作为约束族人行为规范的规定，有些家族的规条制订得较为严苛，对于违反规条的族人制订了一系列惩罚的条例；有些开明的家族则用家训、家诫等训语替代惩罚。这就使得在族谱中各家族的族规家训呈现出不同的名称和形式。这里选取梅州地区族谱中常见的几种文体进行介绍。

（一）规、训、法

主要是以赏罚明确的祖训、家法、族规、家训、宗规的形式来强制子孙、族人遵守规定的行为准则。这类的文体在客家族谱中多有记载，也是主要的形式。

（二）书

主要是以遗书或家书形式来教育子弟，其主要内容是教育子弟如何为人处世，告诫他们要孝敬父母、友爱兄弟、审慎交友、节俭持家，为官清廉等。如《兴宁陈氏族谱》中的《斐然公第十三世孙文穆公遗训》记载了陈文穆的遗书，该遗书的主要内容是陈文穆对其死后蒸尝的设立及如何分配使用进行了规定，体现其鼓励子弟勤奋读书的愿望。

（三）诗

诗是将训诫的内容作成诗让子孙咏读的一种家训文字形式。在梅州地区比较流行的是黄氏家族流传的《峭山公遣子诗》和《峭山公训子诗》。通过"遣子诗"与"训子诗"，梅州地区的黄氏后裔传承和发展了黄氏家族奋发向上、积极进取的开拓精神。

（1）"遣子诗"又被称为密码诗、认祖诗、外八句。它是黄峭①在八十岁生日宴席上遣散众子时所赋的诗歌："骏马登程往异方，任从胜地立纲常。身居外境犹吾境，久住他乡即旧乡。朝夕莫忘亲命语，晨昏当荐祖宗香。根深叶茂同庥庆，三七男儿总炽昌。"②虽然此诗现在流传有多个版本，但峭山公的后裔都遵循该诗的精髓教育自己的子孙——好男儿志在四方，要奋发向上、自强不息、不断进取。

（2）《峭山公训子诗》共二十一首，每首一诫，第一首是诫儿念性天。后面二十首，分别诫儿各尽伦、好立身、当壮年、莫大宽、莫腐儒、莫好奢、要主持、话既残、诗十章、性莫刚、族衍蕃、要老诚、外出时、莫晏安、莫乱争、要审时、守分寸、性莫偏、话已酸、话已完。这种训子诗的内容涉及人生的方方面面，可谓十分周全。

类似的以诗的形式出现的家训有刘氏的《广传公嘱十四子诗》、罗氏家族的《醒世诗》③等。

（四）箴言

以箴言的形式告诫子孙。如梅县西阳秀村《秀村李氏族谱》就记载有"处事箴言"："大丈夫成家容易，士君子立志不难。退一步自然幽雅，让三分何等清闲。忍几句无忧自在，耐一时快乐神仙。吃菜根淡中有味，守正法梦里无惊。有人问我世尘事，摆手摇头说不知。宁可采深山之茶，莫去饮花街之酒。须就近有道之人，早谢却无情知友。贫莫愁来富莫夸，那有贫长富久家。"④

---

① 黄峭（872—953），字峭山，又名岳，字仁静，号青岗，后裔尊称为峭公或峭山公，福建邵武人，唐昭宗时官至工部侍郎，娶上官氏、吴氏、郑氏三位妻子，共生二十一子。"遣子诗"是黄峭目睹唐末五代兵连祸结，社会动乱，考虑到"多男多惧"，于是在其八旬时宴会姻亲，均分资财，除了三位妻子名下各留长子一房奉养母亲外，遣散其余十八房子孙，闽粤赣各地相地而居。临行前作一诗"外八句"，俾子孙日后相认。

② "遣子诗"各地的版本有所不同，本文选取的是《蕉岭黄氏族谱》中所使用的《峭山公遣子诗》。

③ 此《醒世诗》是由明代嘉靖乙丑状元罗洪先所撰，梅州地区的罗氏家族将其收入族谱，用于教育子孙。

④ 梅县西阳秀村《秀村李氏族谱》，"处事箴言"。

（五）格言

以格言的形式教育子弟，这类的文本内容大多选自本姓氏中著名的历史人物的格言，如朱氏家族一般都会有《柏庐公治家格言》（《朱子治家格言》），刘氏一般都会有刘伯温所著的《刘氏治家格言》（《传家宝》），平远韩氏一般都会有北宋三朝宰相韩琦①的《魏国公正家格言》《魏国公立身格言》等。

（六）诫

这类的家训是以警告、劝诫的方式来教育子孙，如《大埔廖氏族谱》中的《诫子孙文》就是这类文体。

　　余幼失怙恃。遵祖训、读父书，惟以丕承先志为念。所承祖父遗产，兢兢恪守，自我兄弟婚娶用费外，遗产无几。余以勤俭持家，笔耒墨耜，阅毕生如一日，以其赢余，殚力经营，自三男三女婚嫁之余，薄置田宅，皆余一生勤苦，积累所成。今年已八十有四矣，应将所置产业，立为我丞〔蒸〕尝外，作三分均分，令尔子孙管业。

　　今以邱安畲田租三十九石一斗、陈衙坡大坑里田租府印斗一十八石，立为我祀田，其余物业，三份平分，无有多寡。所立祀田，今仍余收用，俟归世后，尔三房轮收办祭。我夫妇三人忌祭、墓祭，依所定规例，至淑静陈氏祭仪，务宜一体，不得稍分隆杀；必诚必洁，庶不失为子孙之道。长子宏，昔为人佣偌，能为我出力，其弃世日，妻子寡弱，余心忧之，间有扶助，费用多少，为父相其缓急，为之周全，非有私心也，尔等不得妄生说话，不体父意，致开家道不和之端。夫和气致祥，乖气致异，理必然也。愿我子若孙，恪遵家训，和睦兴家。念余毕生劬劳，将遗业世守而扩大之，所谓既勤垣墉，惟其涂塈茨也。期之，望之。

---

　　①　韩琦（1008—1075），曾为北宋三朝宰相，宋英宗封其为魏国公。其生前以品德才能名世，《魏国公正家格言》《魏国公立身格言》是其教育后代所撰。

该文叙述了立诚者勤劳的一生，面对自己年迈，对除蒸尝外的其余财产的分割进行了安排，要求其三子应当互助互爱，和睦兴家，文末用"期之，望之"表达了一个家长对子孙的殷切期望。

二、梅州地区谱牒中族规家训的主要内容

宗族文化是客家传统文化的重要组成部分，而谱牒是宗族生命和宗族历史的特殊文书，是传承客家民系文化和价值观念的重要载体。在千年的迁徙过程中，客家民系虽世事多艰，但稍作安定，便修族谱，以续血脉，代代相承。客家民系修族谱的目的之一，在于"训勉后代子孙"，其教育、训诫子孙后代的功能十分突出，非常重要，而族规家训则是其中一种主要形式。客家族谱一般都会在开篇点明族规家训的重要性，它较为集中地反映了客家人的价值观。

从选辑所搜集的梅州地区客家族谱中相关族规家训的文本资料，总结其主要内容，归结起来主要有以下几方面：

（一）孝顺父母

俗话说"百善孝为先"，中华民族自古以来就极为重视孝的观念。孝是人伦之始，是一切道德的根本。孔子说："夫孝，德之本也，教之所由生也。"因此客家民系重视对品德的培育，许多家族将孝道教化冠以"孝父母""敦孝友""顺父母""敦孝悌"等劝孝的规条放在族规家训的首要位置，而条文中将"孝"推崇到个人品德的首位，是人的立身之本，并在事亲、养亲、敬亲等方面做了各种规定。

首先，孝道有存在的合理性。父母与子女之间的亲情是自然天生的，父母与子女之间的爱是无私的、不求回报的。他们从子女还是婴儿起就百般呵护，倾注了全部的心血，方将子女抚养成人，并成家立业。父母生养抚育子女的艰辛，不言而喻。如梅县《范阳卢氏梅县族谱·祖训》"孝父母"规条就说："人之有父母，犹木之有源也；生养教育，恩莫大焉。人苟不孝，如水无源，其流不长；如木无本，其枝不茂。是故百行，以孝为先。儿女生也，呱呱坠地，三年怀抱，出入提携，教以

语言，常顾温饱；五岁从师，七岁入学，二十娶妻，继以谋食兴家，父母一生远为子计，费经营，无一怨言，父母老之将至，能不孝顺乎？"因此，从报本的角度来看，子女应该孝敬父母，"苟念生我，鞠我、抚我、育我之德，则服劳、致敬、就养"①。

许多家族将事孝与动物的报本之举如羊知跪乳、乌鸦反哺等进行对比，通过这样动之以情、晓之以理的举例说明，进一步强调了崇孝的重要性。"盖孝者，人修身之本，父母者，人生之本也，羊有跪乳之恩，鸦有反哺之义，鸟兽尚不能忘本，何况人乎？"② 认为动物尚且有报本之举，何况人乎？甚至有些家族认为"若分心于妻子之爱，而父母之饥寒不问，或资财吝啬过甚，视父母若路人，是殆禽兽不如也"③。

除上述之外，一些家族认为孝是修身之本。如大埔《涂氏族谱·家训十则》"修身"规条就规定："身为家国主宰，故修身宜首。然修身只在孝悌，故百行之原在孝。尧舜之道，孝悌而已。世未有不孝不悌而称能修身之吉人。"这则规条认为一个有修养的、负责任的人应该从孝敬父母这个最基本的行为开始，只有根本牢固了，方能产生修身治国之道。又如兴宁《林氏族谱·家训》"崇孝道"规条就认为"若不孝于亲，必不能忠于国，友于兄弟，睦于宗亲、乡党，合群于社会，则反为社会之蠹虫"。所以，为人子孙应崇孝。

既然崇孝有着重要的意义，那么何为"孝"？《尔雅·释训》曰："善父母为孝"。《说文解字》中对"孝"的解释是："孝，善事父母者。从老省，从子，子承老也。"虽然上述的解释不尽相同，但其精神实质却是一致的，那就是"孝"的主要内涵是"善事父母。"如何"善事父母"？如，蕉岭《黄氏族谱·峭山公祖训、族规》中，"孝双亲"规条就说："古之行孝敬孝者，难以枚举。大约总其要，则在爱敬兼行；分其条，则大而读书修身，次而服劳奉养。居常则奉命不违，有过则几谏，讽净切不可任性。格肆舂撞，听妇言私，财货忤嗜，好背饮食，既犯大不孝之罪，又犯小不孝之愆。或不幸而有继母，犹宜委屈承顺；有

---

① 梅县松源《蔡氏大宗族谱：福粤公支系谱》，"孝父母"规条。
② 梅县梅南《梅县梅南龙岗卜氏族谱》，《修谱训》，"孝顺父母"规条。
③ 梅县《黎氏族谱》，《祖训》，"教忠孝"规条。

庶母，益加曲意小心。执王捧盈，未止一节。总之，不见父母不是之，一言尽之耳。至于父母既殁，即难循逾月之制，亦宜急速安厝。富厚之家，毋贪风水而久停；即贫寒之户，亦随便就土以安亲。虽卜其宅，兆古所不废，然岂不闻牛鸣鹤举，固以方圆寸地乎？况乎暴露亲棺，于例有违，于亲不孝，安有违例不孝，克昌厥后者？呜呼，茹血餐膏，敢忘明发之念？高天厚地，难容不子之身！"

这则规条几乎涵盖了传统孝道的完整的链条：生则养，没则葬，丧毕则祭。这也是传统客家族规家训孝道教化的主要内容，与传统伦理所倡导的"以孝为本"思想是相契合的。具体而言就是：

首先，要从物质和精神上尽心敬养。《盐铁论·孝养》曰："上孝养志，其次养色，其次养体。"① 作为孝的最基本要求就是不论贫富，都应该尽力满足父母在衣食住用行等物质方面的要求。然，从物质上满足父母的需求并不能称之为孝，而应在"养"的基础上"顺""敬"父母。不仅对父母怀有诚敬的本心，对待父母要和颜悦色，使其精神愉悦，还要顺从父母的旨意，不忤逆父母。如"为人子者，父召应诺，父忧亦忧，父喜亦喜，劳而不怨，游必有方，能劳养悉备爱敬兼至者，庶无愧于人子"②。但顺亲并非凡事都得顺从父母的意愿而行，在客家族规家训中，虽然强调顺从父母，但是并不要求子女一味去盲目顺从。如果父母有过错时，做子女的要委婉地去劝诫父母，而不应以强硬的态度训斥父母，正如上文所说的"有过则几谏，讽净切不可任性"。

其次，孝还体现存身惜名。《孝经·开宗明义章》曰："身体发肤，受之父母，不敢毁伤，孝之始也。"③ 所以，为人子女应注意自己的言行举止，珍惜生命及爱护声誉，不让父母忧心；更不可做违法犯罪之事，累及家族声誉等。如上文的黄氏家族还在《峭山公庭训八条》中如是教育子弟："曰孝，人之一身，有所自出，肌体发肤，无敢毁伤。极其致，则道而不经，舟而不游，恶言不出，忿言不反，不辱其身，不羞其亲，其为义精也。"④ 甚至有的家族还规定自杀是一种不孝的行为，

① （汉）桓宽：《盐铁论校注》（增订本），天津古籍出版社1983年版，第309页。
② 五华《缪氏源流志》，《家训五则》。
③ 汪受宽：《孝经·大学·中庸译注》，上海古籍出版社2012年版，第24页。
④ 蕉岭《黄氏族谱》，《峭山公庭训八条》，"曰孝"规条。

应予以制止,"一朝有忿怒,意外之侮辱,忍之而已矣。轻生自杀,是为不孝,于事无益,徒为讥笑"①。

随着父母的辞世,是否意味着行孝已经到了尽头呢?中国传统的孝道不但重视父母生前的孝,还强调"事死"。《孝经》云:"生事受敬,死事哀戚,生民之本尽矣,死生之义备矣,孝子之事系终矣"。② 即除了父母在世时事亲外,在父母去世时还要安葬服丧,安葬后要虔诚祭祀。客家地区笃信风水,认为为先人寻找一块风水宝地或选择一个吉时下葬关系到宗族蕃昌、后人幸福。为此,有些家族延久不葬,甚至有些家族为争得一块风水宝地,往往会引起诉讼甚至酿成械斗,造成人员伤亡事件。因此,一些家族反对迷信风水而延久不葬,认为不仅会导致棺木敝坏,骨骸暴露,而且也可能因风水之争与人引起不必要的诉讼,因为这些行为实为大不孝。有的家族还规定当遇父母忌日时,家人应当谢绝一切娱乐活动,以寄托哀思,"遇祖先父母忌辰,虽乡里中演梨园,不可往观,盖应念慈亲死亡之日,悲戚不忍也"③。

(二) 兄友弟悌

古人认为在父子、夫妻、兄弟这三者中,独以兄弟相互陪伴的时间最为长久,"兄弟间虽然形体相离,但在血缘和精神上是相通的,血缘关系和长期的共同生活使他们之间存在着割不断的手足亲情"④。在血缘关系中父母与子女的关系虽然最为密切,但是因为存在年龄差距的原因,所以相处的时间相对不长,而夫妻关系也是待成年之后才建立起来的,只有兄弟关系是从幼年就开始建立,贯穿人的一生。所以要处理这么复杂、持续时间长的兄弟关系,客家族规家训中做了大量的规定。

首先,客家先民强调兄弟之间的关系亲如手足,"兄弟吾身之依,生则同胞,居则同巢,如手如足"。同时,在众多的家族看来,兄弟关

---

① 《卓氏祖训》,广东省平远县文学艺术界联合会编:《客家平远家训》,中国文联出版社 2016 年版,第 186 页。

② 汪受宽:《孝经译注》,上海古籍出版社 2004 年版,第 2 页。

③ 大埔《涂氏族谱》,《家礼仪节纲要》。

④ 杨威、孙永贺:《返本与开新——中国传统家训文化中的优秀德育思想研究》,黑龙江人民出版社 2012 年版,第 89 页。

系和谐对内可以使得家庭和睦、发展，对外则可以抵御外来的入侵，团结一致，共拒豪强，"人之最亲莫如兄弟，内则协力成家，外则同心御侮"①。如果兄弟阋墙则不利团结，容易招致外人的欺负，这不是一个家族的福气，"倘变出阋墙，外人必欺，煮豆燃萁，非家之福"②。一些家族认为兄弟不管是同母或异母所生都是同出一脉，是至亲关系，不要强调嫡庶之别，造成嫌隙，招致家庭破裂，"夫一父之子，即非同胎共乳，有前后嫡庶之别，亦属一气所生。骨肉至亲，尚成嫌隙，子孙尤而效之，有不破家者乎?"③ 足见兄弟关系和睦的重要性。

　　既然兄弟间的关系如此重要，那如何维系呢? 客家先民往往强调兄弟间要"兄友弟悌"。所谓"兄友"是指作为哥哥应该爱护弟弟，"弟悌"即作为弟弟要对兄长恭敬顺从。为了让这种关系和情感保持稳定，客家的族规家训中对于兄弟关系大都冠以"和兄弟""友爱兄弟"等，并做了大量的规诫，如兄弟关系应该做到"务宜兄友弟恭，两相和睦。兄有怒，弟当忍之；弟有忿，兄当让之，则争竞自息，家业自此兴矣"④。然而因为个人能力、际遇等方面的原因，兄弟间也往往贫富不齐，因而不能因为个人的私欲而导致"骨肉相残，大则惨伤拘讼，互打官司，小则朝夕怨言，一时之忿，终身阋墙，所谓内室操戈，或家破人亡，或不如相交朋友"⑤，进而影响家庭的和睦。

　　此外，有些家族认识到妻子是影响兄弟之间和睦相处的一个重要因素。与其他有血缘关系组成的家庭成员不同，妻子是因为婚姻而加入家庭的，与家庭成员之间因为没有血缘关系，所以更多从自己小家庭利益的角度考虑问题。作为丈夫，如果没有自己的主见和正常的判断力，在妻子的挑拨下轻信其言，往往会与家庭成员产生各种矛盾。因此，许多家族都在族规家训中告诫做丈夫的对于"室中之言，务宜仔细参详"⑥，

---

① 丰顺《张氏建桥德达公家谱》，《家训九则》，"友爱兄弟"规条。
② 兴宁《广东省兴宁市陈氏族谱》，《斐然公族规》，"敦伦常"规条。
③ 梅县松源《蔡氏大宗族谱：福粤公支系谱》，《老族谱内常见的十条族规》，"和兄弟"规条。
④ 蕉岭《曾氏族谱》，《曾氏家规》，"和兄弟"规条。
⑤ 梅县、梅江《杨氏族谱》卷一，《家规家训》，"睦兄弟"规条。
⑥ 平远《卓氏族谱》，《祖训》，"友兄弟"规条。

不能"听妇言，乖骨肉，瑕〔釁〕隙遂开"①。即告诫做丈夫的不要听信妇人挑拨，而伤了骨肉之情。兄弟间的友好关系也往往要根基于姐娌间的和睦，因此，客家族规家训中制定了"肃闺门"规条，目的就是要告诫为人妻要"和睦姐娌"。

（三）夫妻和顺

《礼记·郊特牲》曰："男女有别，然后父子亲；父子亲，然后义生；义生，然后礼作；礼作，然后万物安。"② 在古人看来，夫妻是靠情义结合在一起的，这种关系是家庭伦理的核心，有了夫妻关系才能产生新的一代，才会有相应的家庭中的诸如长幼关系、兄弟关系以及其他各种关系。由此可见，按照亲疏类序，夫妇是人伦之始，万物之源。虽然夫妻关系是家庭中的首要关系，但是夫妻间却不像兄弟、姊妹关系那样具有血缘这种天然的联系，所以必须通过规范礼制来约束这种关系。只有夫和妻顺，治家才能达到和谐。

传统儒家思想认为夫妻关系应为夫为妻纲，夫主妻从。但是客家先民在南迁的过程中，生活条件极其恶劣，为了获得生存权利，大量的客家妇女参加生产劳动及承担烦琐的家务劳动和抚育子女的责任，因此，在客家地区，妇女获得了较高的家庭地位。这体现在一些家族的族规家训中，虽然这些家族认为夫妻和顺是家庭和睦的关键，如"夫义妻贤，家昌之本"③，但在夫妻关系方面，并不像传统儒家规定的那样必须是以夫为纲。

从目前所收集的族规家训可见，大部分家族对夫妻间的角色定位加以规范。对于丈夫，首先，在夫妻关系上规定不得"戾情"，也不要"溺情"："夫妇，道之造端也。不得戾情，亦不得溺情，而责则专归与夫男。何谓戾情，妇人见理未明，往往狃于一己之偏，而不知自反。惟为夫者，躬先倡率，事事导之以正，其或有大小不是处，不妨宽为包容，默俟自化。若任一时血气，偶不如意，便恶言诟詈，必恩谊疏隔，

---

① 平远《晓英公世系徐氏族谱》，《家训八则》，"友兄弟"规条。
② 钱玄等注译：《礼记》上，岳麓书社 2001 年版，第 353 页。
③ 梅县《范阳卢氏梅县族谱》，"夫妻和睦"规条。

夫妻反目，所由来矣。何谓溺情，夫情闺房静好之地，易以狎昵，不节以礼，必将陷入于淫，其在与女之贤淑者，可无他虑；若为阴险之妇，一意奉承，百般献媚，为丈夫者，渐且入其彀中，始则渔其色，继则信其言，终且显予以权，主持家政，干预外事，甚且离间骨肉，招尤朋友。一念溺情，遂至于此，可不畏哉！有室家之责者，尚其思之。"①

其次，要求丈夫有节义，不能见色忘义："非如世俗好色之徒纵欲蹈淫，不顾廉耻。"处富贵而不失伦："常谓结发糟糠，万万不宜乖弃。或不幸先亡后娶，尤宜思渠苦于昔，不得享于今，厚加照抚其所生。"② 最后，当面对犯错的妻子，应当视过错的大小而处理，不能因一时犯错就休妻，而且也不能趁一时的气愤而殴打妻子，这些都不是对待妻子的方式。如果用上述方法对待妻子，一旦妻子气度不够，夫妻会反目为仇，甚至有些妻子会一时想不开寻了短见，酿成悲剧，则后悔莫及。所以许多家族规劝做丈夫的"当念妻子如我之一体，非有恶逆大故，不敢轻言出去，纵有小过，须要正言正色，从容和缓，优游而俟其自化。若乘一时之愤而怒气鞭扑，使之无所容身，则妇人女子见识偏浅，度量促狭，反目之嗟所不免矣！甚至轻生自尽亦所不免，尚其详之慎之"③，甚至有家族制订出了"不许虐妇弃婴"④ 的家规条文。

对于妻子的道德要求，一则要求家长重视对女儿的教养，这关系她以后的家庭关系，所以，有些家族就在族规家训中要求族中女子在小的时候，家长就必须对她们进行教育，要求"德言工容，务先端其闺范"；二则待其成婚后，家中长辈要对初来乍到的新妇进行教导："即以所见所闻，勤迪闺闱。积久不懈，教其孝敬，饬其勤俭，启其淑贤，遵其容止，禁其悍泼，防其邪行，习成性，妇道必尽。"⑤ 正如上文所说，客家地区的女性承担着家务和生产劳动的双重任务，所以当丈夫外出谋生时，作为妻子要承担起治理家庭的事宜，这必然要与人交往，那

① 丰顺《丰顺湖下巫氏族谱》，《家规》，"夫妻"规条。
② 《姚氏家训》，广东省平远县文学艺术界联合会编：《客家平远家训》，中国文联出版社 2016 年版，第 226 页。
③ 《陈氏家训》，广东省平远县文学艺术界联合会编：《客家平远家训》，中国文联出版社 2016 年版，第 119—120 页。
④ 广东《朱氏族世系谱》，《家规》，第八条。
⑤ 蕉岭《黄氏族谱》，《峭山公祖训》，"肃家门"规条。

么如何规范妻子在对外处理事务时的行为呢？下列这则家训规条就做了很好的诠释："凡男人必出外谋生，岂能坐食治家之事，多妥妇女亲族往来人情事务，以及家人出入，毋敢隅〔逾〕越。夫家贫富不齐，如贫寒之家，盍南亩操井，白入市肆，势所不免，必须言语谨慎，举止端方，守清白之家风。"①

面对犯错误的妻子，作为丈夫如何处理呢？倘若妻子在家"不顺翁姑，不和妯娌"，做丈夫的有权对其严加劝诫。如果不改正，则丈夫可以"斥归母家，俟其悔悟"。但是作为丈夫，对于妻子的上述行为不加劝诫反而纵容的，族长则可以公开惩罚他。

作为影响夫妻感情的原因，客家人归结为是父母在儿女婚嫁时没有做到朱子所说的"嫁女择佳婿，毋索重聘，娶亲求淑女，毋贪厚奁"。如果嫁女儿时做父母的不考虑男方的人品如何，而一味贪图对方的钱财，那么女儿的婚姻生活有不幸福的可能。因为今日的财富不代表日后能继续拥有，如果男方家中有子弟属于品行不端之人或男方本属纨绔子弟，那么钱财很快会被其挥霍掉，家境也会由此陷入贫困。而如果女方因为父母贪慕男方的财富，嫁过去后也不会得到夫家的尊重，使其日子过得艰难。因此，在择婿时应当慎重。"至低人下户，不齿人群，荡检逾闲，素无家教，虽厚拥资财，立见消亡，夫何取焉？"② 同样，作为男方在娶妻亦要选择贤惠之人，这样当他在外拼搏时，妻子能帮助他打理家庭使其无后顾之忧。但如果贪恋对方厚资的嫁妆，后果可想而知。因为习俗认为大部分富家之女往往会自持家世而轻视自己的丈夫及公婆，日常相处时常态度倨傲。"苟慕富贵之女而娶之，彼挟其富贵，鲜有不轻其夫而傲其翁姑者，养成骄妒之性，异日为患，庸有极乎？"③ 所以，这种骄妒的性格在日常相处中必然会成为夫妻感情矛盾的隐患，"择之不慎，最足贻患"。因此，在婚配方面，很多家族都在族规家训中以"正婚姻""重婚姻""谨嫁娶"等规条告诫做父母的无论娶媳还是嫁女，不能只看对方家庭的家境，而是看对方的家风，认为家风好的

---

① 兴宁水口《兴宁水口小丰九社会前谢氏族谱》，《宗祠家训十则》，"肃闺门"规条。
② 平远《晓英公世系徐氏族谱》，《家训八则》，"正婚姻"规条。
③ 蕉岭《曾氏族谱》，《曾氏族规》，"重婚姻"规条。

家庭，小孩的品行都不会差。因此，客家族规家训中多强调"家之贫富勿计"，或"凡议婚姻，必先察其婿与妇之性行及家法何如，勿徒慕其富贵"，或"只择其祖父本分，访其家训严肃之户，其子若女，必能仰体而淑贤"。①

（四）和邻睦族

客家先民从中原迁徙到定居地，其间要战胜来自当地居民及自然环境的挑战，因而要求他们必须团结起来，不仅要和睦同姓宗族，还要联合外姓家族，齐心协力，共谋生存与发展。因此，客家先民深知"和邻睦族"的重要性，因而在族规家训中，无不通过"和乡邻""睦宗族"的规条来告诫族人。

1. 睦宗族

宗族制是中国特有的以血缘关系为纽带的社会制度。宗族内部非常重视团结互助，宗族制下的家庭组织团结起来，往往拥有不容小觑的力量。客家社会是宗族社会，个人是宗族的组成成分，整个宗族的利益与个人息息相关。因此，为了维护整体利益，强调宗族内部团结，一致对外。族规族训突出一个"和"字，反对自相欺凌与残杀。这是因为客家人在迁徙中面对着颠沛的生活，必须血族相助，同宗相亲。而迁移到入居地后，面对恶劣的自然环境和入居地原住民的疑惧，客家人唯有继续利用血缘的亲和力和血族团体的凝聚力，战胜各种困难，赢得生存和发展。因此，客家人特别重视宗族的力量，一般谱牒中的族规家训都订有亲睦条款。其主要内容强调族人虽有亲疏，但都出自同一祖先，因此，如果来往相遇、相识，必须对他们心存爱意、尊敬，分辨他们身份的尊卑，不可因为亲疏区别而轻视他们。"宗族，吾身之亲，千支同本，万脉同源，始出一祖。不睦宗族，是不敬宗祖，不敬宗祖，则近于禽兽。"② 因此，宗族成员之间"理宜式好无尤"③。

随着宗族的发展，族内各个家庭之间的地位不齐，不可避免地有贫

---

① 蕉岭《黄氏族谱》，《峭山公祖训》，"谨嫁娶"规条。
② 梅县西阳秀村《秀村李氏族谱》，《家训十一则》，"睦宗族"规条。
③ 平远《晓英公世系徐氏族谱》，《家训八则》，"睦宗族"规条。

13

富分化现象，纠纷难免会产生。为了缓和族内矛盾，弥合各种冲突，有必要通过各种说教、规定来灌输同族人之间的亲睦观，告诫子孙应当念及同为祖宗一脉，要彼此相维，患难相周，不可以因为小小的利益而起纷争伤了大义，不可以因为极小的怨恨引发官司，反对入室操戈。如平远《卓氏族谱·家训》载："谚云：'族有千秋，戚无五代。'支派虽多，根源则一，能念血脉之同体，自知亲族之应和。毋恃亲近而疏远，勿藉富贵而欺贫，应好恶与共，休戚相关。一遇婚丧，应予吊贺。倘有灾难，应予扶持，不能视若路人。孤贫无依者，当量力而与加意维持，庶不失同宗之谊。倘族有贤才，因贫缺学者，应集资相助，勉成大器，以光门第。断不宜因小故而堕宗支，因微嫌而伤亲爱。"

　　而对于族中有破坏宗族和睦行为的人，也制定了处罚规条："倘所行不轨，残害一本，恃尊压卑，以少凌长，强欺弱，众暴寡，挟同舞弊，不经族人理论，遂行构讼，或走风送信，教唆外人而伤本族，或含沙射影，教唆本族而使参商，或因小忿而弃懿亲，或挟私仇而废大义……族长务必秉公持正，据理论责，使之改过自新。如有强顽不允，鸣官究治，削去谱名，不许归宗。至若逼勒诳骗，无论滋事于本族外姓，经官审明情亏者，亦不齿于族。"① 从上述处罚的内容来看，足见客家人对于睦族的重视。因为族人团结了，才能"捍忠御灾，协力同心"，共同保卫家园，抵御各类灾害。

　　2. 和乡邻

　　乡邻之间和睦相处，对宗族的发展无疑也是十分重要的。因此，家长们常常教育子弟注意与乡邻搞好关系，将对待族人的态度推及乡邻，由血缘扩及地缘，做到与人为善。对于乡邻，客家人认为"乡里是吾祖吾父，世代生长之地，长者吾之父兄，少者即吾之子弟。同里共井，朝夕相见，情谊何等殷勤，相亲相爱，何等关切"。因此，许多家族在族规家训中制定"和乡里""和睦乡里"等规条，要求族中子弟心怀睦邻友好、乐于助人之心，讲求积善之行，"同乡共井，相见比邻，朝往暮来，相交姻戚。乡里虽不敌家庭之好，气谊之交，宜亦和睦相尚者。故

---

① 平远《晓英公世系徐氏族谱》，《家训八则》，"睦宗族"规条。

必出入相友，守望相助，疾病相扶，缓急相资，有无相济"①。同时，在日常生活中家长还告诫子弟与邻居相处不可以倚富欺贫、恃强欺弱、以大欺小，不要与邻居因一些小事而发生纠纷，对于一时无法说清的事情，也不要强行争辩，以免产生误会，甚至产生诉讼等。如梅县畲江《吴氏族谱·家规》中的"和乡里"规条，要求子孙"若势利相投，贫富相欺，强弱相凌，大小相拼；或因微资相争讼，或以小忿相仇杀，此为陋恶之俗，凡吾族中，当切戒之"。

（五）尊敬师长

客家人认为年长者往往具有丰富的人生经历，积累了丰富的知识和经验，对待他们理应尊重。因此，强调族众面对比自己年长的人时应当礼让、谨慎，以示恭敬："长上不一，有同姓异姓之长上，有在官在家之长上。不持名位高等，凡齿行先我、前我者，皆长上也。宜其称谓确正，隅坐随行揖让谦恭"②。同时，也规定了一些在尊长面前不可取的行为，如目无尊长、对长辈的谩骂，或因为家世而态度倨傲等，"若干名犯分，目无尊长，或以贤智先人而〈辚〉轹前辈，或以血气自恃而污慢高年，或矜富贵，或夸门庭，皆为狂悖，不得姑纵"③。

也有家族结合族内一些家长存在纵容孩子不尊师，甚至是对老师的教学苛求等行为做出批评，要求对待老师有礼貌，薪资也要丰厚等。"授馆飧而隆奉养，厚修脯而重礼仪。"④ 而有的家族则制定了惩罚的条例来约束族人的行为："族内子弟应遵守家规，如有以少凌长、以卑凌尊……不尊长辈……祠内讨论教育或处理。"⑤

（六）立志敬业

关于立志方面，客家人认为要成就一番事业，必须树立远大的志向，并且持之以恒。因为立志是一种内在要求，不仅是成就事业的基

---

① 五华《五华县叶氏族谱》，《叶氏家约九条》，"和睦乡里"规条。
② 五华《五华县叶氏族谱》，《叶氏家约九条》，"尊敬长上"规条。
③ 梅县畲江《吴氏族谱》，《家规》，"敬长上"规条。
④ 梅县白渡沙坪《蔡氏族谱（诒燕公支系谱）》，"隆师重友"规条。
⑤ 梅州《入粤始祖萧梅轩宗支统谱》，《嘉应州祠堂条规》，第十二条。

础，也是自我完善的一种价值尺度。如兴宁陈氏的家教格言中就有"教子立志"条，规定："人怕无志，树怕无皮。人怕伤心，树怕剥皮。胸无大志，枉活一世。穷要志气，富要天地。胸中有志，遇难不畏。鸟贵有翼，人贵有志。"① 该则家训将人、树、鸟进行对比，认为人如果不立志就好像树被剥了皮一样不能存活，而鸟儿之所以能展翅高飞就是因为它能凭借翅膀的力量。动物尚且如此，何况人呢？客家先民通过这些形象的对比告诫子孙，只有立志，人生才有前进的方向。志不立，人生就没有明确的目标，生活就可能庸庸碌碌、不知所以；志不立，人生就缺乏持久的动力，就可能稍挫即败；志不立，或者志向不够高远，人就可能庸俗，缺乏高尚的趣味。所以，"人生须立志，有志者事竟成，有了志向，做事有方，刻苦努力，定能实现，坚持志向，幸福无疆"②。

立志不仅需要"重在躬行，杜绝空话"，更需要持之以恒，不以外物而转移，"我辈之立志，也当志乎道德，以养成高尚之人格，一心迈往，不随外物以迁移"③。这则规条告诫子孙立志的重要性，并希望子孙能严格执行。

立业是一个人在社会上安身立命的经济基础。关于立业方面，许多家族意识到家庭的兴旺发达必须有适当的经济基础作为后盾，这是与族人和子孙后代生存、生活休戚相关的问题。因此，在客家族规家训中无不重视这点，在各家族的族规家训中都制定了"勤本业""戒游荡"等规条来规范族人的择业观。如平远吴氏家族就认为立业不仅是养家糊口的经济来源，而且可以让人远离邪佞，避免成为游手好闲、混迹浪荡、危害社会之人，因此告诫族中子弟如果"不事生产或无正常职业"，则"在国为游民，在家为荡子，遂起为非之心"。④

在古代中国"国有四民，士农工商"。这四种身份基本囊括了古代社会的大部分职业，并且各有分工。在重农抑商的传统社会，士与农这两个阶层是最具社会地位和推崇的职业。客家人崇文重教，因此，一般

---

① 兴宁《广东省兴宁市陈氏族谱》，《陈姓家教格言》。
② 丰顺《丰顺谢氏万一郎宗谱》，《治家训导》，"立志"。
③ 兴宁《广东省兴宁市陈氏族谱》，《良训公（武公系）·谨世通言》。
④ 《吴氏族戒》，广东省平远县文学艺术界联合会编：《客家平远家训》，中国文联出版社 2016 年版，第 129 页。

的家族都以读书为正业，认为读书可以考取功名为官，也是为了光宗耀祖、光耀门楣，而且读书可以避免子弟为非作歹，玷污家族声誉，"惟诗书方能裕后，子孙见闻只此，虽中才不致为非"①。从选择的职业来看，为农是仅次于读书的，因为客家人认为"农桑，衣食之必资，上可以供父母，下可以养妻子，所以奉生之本也"②，农耕被视为衣食之源，所以也是本业。

但是随着时代的发展，尤其是明清时期商品经济的发展，各家族对于子弟的职业观不再限制于耕读方面，而是要求用正当的方式为自己的家庭殖产兴业，谋求经济利益，尤其强调要勤俭持家和诚信经营。同时，族中长辈也意识到读书也得视子孙贤愚程度而定："至于立志读书，乃扬名显亲之本，固是第一美事，但看子孙贤愚何如。若禀质顽劣，仅可教之通达而已，即教以别业或农工商贾，修一正艺，俱可获利。"③如若子孙资质有限，读书没有明显成果，则应该及早谋求其他职业，为农、为工、为商，即佣雇营生，亦属正业。

又如梅县廖氏家族认为"士农工商，各有专业，然后可养其身家"，但为了防止子孙因为在本业之外有非分之想，而导致本业无成反而滋生麻烦，因此，该家族规定子孙后代在十三四岁时须根据资质有一技之长，选择一个正当的职业以自食其力。"但恐日久生厌，见异思迁，作非分之营求，生意外之妄想，势必滋生寡策，历久无成，而职业遂以废矣。夫子弟当十三四岁时，贤愚已定，为父兄者，当视其性之所近，令之专习一艺。"④

客家先民不厌其烦地在家训中强调无论从事何种职业，都得勤奋，持之以恒，不可怠慢，要精于勤，毋荒于嬉，"凡人必专业，业必专功，方能有成"⑤。但是需要注意的是，在客家族规家训中，诸如隶卒、优

---

① 《伍氏家训》，广东省平远县文学艺术界联合会编：《客家平远家训》，中国文联出版社 2016 年版，第 85 页。

② 梅县西阳秀村《秀村李氏族谱》，《家训十一则》，"务农业"规条。

③ 蕉岭《曾氏族谱》，《族规》，"勤本业"规条。

④ 梅县、梅江《梅县、梅江区廖氏源流》，《威武堂族训》，"勤职业"规条。

⑤ 梅县葵岭《吴氏族谱》，《宗规》，"务本业"规条。

伶、奴婢、僧巫等社会地位低下的职业是为各家族所禁止的。①

（七）勤俭持家

我国自古就以节约作为修身治家的美德，《尚书》说："惟日孜孜，无敢逸豫。"《左传》引古语说："民生在勤，勤则不匮。"《周易》提出"俭德辟难"之说，《墨子》有"俭节则昌，淫佚则亡"之论。古人认为"历览前贤国与家，成由勤俭败由奢"，节俭不仅与物质浪费有关，更与个人成败、家庭用度、国家兴衰有着密切的联系，因而不可忽视。

客家先民经过千百年的漫长的移民生活后，在闽粤赣边区定居下来。由于长期的流动生活，不断与陌生的环境斗争，而所居地"山高地瘠，民生其间不见外事，士农工商各务业，加无游食"②。客家先民的生存环境使得客家人形成了尚"简"崇"拙"，贬"奢"抑"侈"的生活态度。因此，勤俭治家的观念也是族规家训中的重要内容之一。每个家族在治家方面都着重强调要勤俭，因为它既是个人品质中重要的一项，也是家风、门风的重要体现。所以，客家族规家训不仅强调家庭成员对于生活资料的节用，更以此作为修身养德的教育目标。

客家族规家训中的勤俭观首先是强调要辛勤创业，同时在家庭经济生活中节俭防奢，尽量降低物质欲望，达到俭朴持家、立业永久的目的。具体内容主要体现在：

第一，勤为开财之源，俭为节财之流，这是大部分家族劝导子孙勤俭的共解。许多家族在族规家训中就有"崇勤俭""务勤俭"等规条，其开篇就传达了勤俭的重要性，如"勤为开财之源，俭实蓄财之方"。这里"勤"指的是对各种职业应当勤劳，如必须勤于农事，勤于学习等；"俭"是指在日常生活中要做到节俭。但是客家族规家训认为并不是说事事节俭就是勤俭，如梅县吴氏家族在其族戒中虽然在"禁奢华"中告诫子孙"本富惟勤，末富惟俭。倾囊结客，盛席延宾，虽收旦夕之

---

① 如梅县松源蔡氏的《蔡氏大宗族谱：福粤公支系谱》中有《族禁六则》就是对族人禁止从事的行业进行了规定，分别有"禁当差""禁为匪""禁入会""禁从教""禁出家""禁自贱"，其中"禁自贱"规条就是对族人禁止从事优伶和娼妓等职业的规劝。

② 民国《大埔县志》卷三十四《风俗志》。

虚名，实开无穷之漏空。及乎我财既尽，众迹渐稀，昔之伺我色笑者，今皆观我成败矣。究竟思之，有损无益"①，但是在其另一则"戒鄙吝"条规定："俭以养德，自身之节省宜先；财取济人，有益之施与勿惜。世人坐拥高赀，忍心骨肉，忘多藏厚亡之戒，蹈为富不仁之讥，则悭啬之过也。"② 所以希望本族子孙要"丰俭得宜"，不能一味地省钱而不考虑其他，那样不是勤俭，而是悭吝，反而会滋生各种事端，造成家业的衰败。

第二，客家人认为尚俭可以养德，节俭不但规范和抑制人的消费观念，同时在倡导节俭的过程中能提高个人的精神修养与道德情操，尤其在廉洁修身方面。客家人认为不视家庭情况过度地消费，导致钱财消亡，会让人走上邪途，"盖谓奢侈无节，必致财谷空乏，挪借不偿，渐至寡廉鲜耻，习为不逊之事"③，又如"故人无论贵贱，家无论贫富，勤当百年而一日，俭当推己以及人，则贫贱者不致有贪得之心，而富贵庶几无败家之虑，此即助廉与补拙之说也。不然，骄奢淫逸，其不辱志丧身者鲜矣"④。

第三，倡导家庭成员节俭生活，并对生活中的各项用度均作出明确和细致的规定。客家人认为"俭以一人而人〈人〉不俭，则与不俭同"⑤，即家中只有一个人生活上勤俭而家中其他人不勤俭，那么跟不勤俭没有什么差别。因此，客家人倡导的是家人勤俭，推及族中，族众也应勤俭。一些大家族在族规家训中对阖族的各项用度花销都给予要求，如徐氏家族制定了"禁奢华"的规条来要求族中子弟："凡我族人，衣食器具等件，宜从简朴，毋〔毋〕涉浮华……至于婚嫁醮祭，宾朋往来，亦宜称家有无，酌量丰啬，有无过礼，以合度为贵。"⑥ 又如廖氏家族制定的"尚节俭"条，规定："今后族中，宜各戒奢华。冠礼初则用小帽深衣，继则用大帽外褂，三则用金花彩红，但以肴酒果品

---

① 梅县葵岭《吴氏族谱》，《族戒》，"戒奢华"规条。
② 梅县葵岭《吴氏族谱》，《族戒》，"戒鄙吝"规条。
③ 平远《晓英公世系徐氏族谱》，《家戒八条》，"戒奢华"规条。
④ 兴宁《广东省兴宁市陈氏族谱》，《良训公（武公系）·谨世通言》。
⑤ 兴宁《广东省兴宁市陈氏族谱》，《良训公（武公系）·谨世通言》。
⑥ 平远《晓英公世系徐氏族谱》，《家戒八条》，"戒奢华"规条。

成礼。婚则不虚装体面，一切往来但求合符礼义，女家不索重聘，男家不计厚奁。丧则以衣棺椁，必诚必信，不得务为美观，亦不得置酒肉宴客。祭则牺牲必成，粢盛必洁。不得演戏酬神，赛会祈福。"① 上述规条规定族众在宴会、衣服、嫁娶、凶丧、安葬等方面都要做到节俭，如果日常开支用度超出了家庭财富的收入，即使大富大贵也难以维持长久，因而要做到量入为出。有些家族还要求子孙在待人处事方面也要做到节俭，如"宴客切勿流连。器具质而洁，瓦缶胜金玉；饮食约而精，园蔬愈珍馐"②。可见，客家先民要求节俭的观念已经渗透到个人生活的方方面面。

（八）诚实守信

中华民族素有尚守诚信的美德，"诚信"是我国从古至今经久不衰的热议话题。对于"诚信"的文献资料，最早可见于《易经》："君子进德修业忠信，所以进德也。修辞立其诚，所经居业也。"③ 是说君子要忠实守信才能增进道德，对于自己的言辞要诚实表达、切实负责才能够建功立业。此后，一些古代思想家也对"诚信"进行了多角度的解释，如孔子曰："人而无信，不知其可也。"④ 孟子曰："诚者，天之道也；思诚者，人之道也。"⑤

客家族规家训继承了古人的诚信思想，认为诚信不仅是人进德修业的必要品质，更是人与人交往过程中所需遵守的最基本的原则。"所以人贵志诚，不可欺诈；贵信义，不可奸险；贵不浇薄，死生有命，富贵在天。二念必诛。如此则品行端，德业进矣。"⑥ 所以客家族规家训中对于诚信教育尤为重要，具体体现在：

首先，在待人处事方面要真诚、要讲信用。"要忠，富贵贫贱本相同，譬如替人谋一事，能尽其心便是忠""要信，一诺千金人所敬，譬

---

① 梅县、梅江《梅县、梅江区廖氏源流》，《威武堂族训》，"尚节俭"条规。
② 梅县《朱氏族谱》，《朱子治家格言》。
③ 《周易·乾·文言》。
④ 《论语·为政》。
⑤ 《孟子·离娄上》。
⑥ 大埔桃源上墩《余庆堂邓氏族谱》，《南阳邓氏族规十则》，"正品行"条规。

如约人到午时，不到未时终是信"。① 因为守信用是做人的基本原则，答应人家的事情就要践行。如果一个人连最起码的信用都不讲，那么，以后别人对其就不会加以信任。

其次，诚信还体现在"严取予"上。财富要靠自己的勤劳获得而不是通过各种不义手段获得，如梅县《张氏宗谱·家训》中"严取予"规条规定张氏子孙在物质获得方面不能"一味贪得不已，竟进不休，强之鬻，不出其本心，与之直，不合乎公道，或逼债以倾人之产，或牵牛以蹂人之田，甚而大称〔秤〕小斗，肥入瘦出，巧算锱铢，暗占升合"，虽然通过上述手段能快速获得财富，但是"逞一时之机诈，贻数世之祸根。……法网不疏，巷议在前，吏议在后，恶名一起，欲洗难除，众指交加，不摧自仆"，通过非法手段获取财富，不仅会使自己陷入牢狱之灾，恶名远播，还会累及家人及家族的声誉，所以不可为之。客家人将之推广到经商方面，就是要求诚实守信、合法经营是经商致富的要诀。如丰顺谢氏家族在《治家训导》中规定："为商作价者，以专心之志为上，资本无论多寡，以笃实忠厚为先，有信实，有口齿，童叟无欺瞒，毋傲慢，毋唯利是图，均宜公道……乃为经商之要诀也。"② 又如大埔余庆堂邓氏族谱规定"为商作贾者，以专心立志为上，资本无论多寡，为笃实忠厚为先，有信实，有口齿，童叟不欺瞒"③。

最后，客家人将诚实守信推广到对待国家方面就是忠信。"忠信"是客家族规家训中贯穿始终的显著特征。家是最小国，国是千万家。客家人历经战乱，背井离乡迁至南方，对国家有着深厚的感情。那么什么是对国家最大的忠信呢？客家人认为是要忠于国家，遵纪守法，勇于承担国家义务，这些体现在各家族的族规家训中，就是要"笃忠敬言，急公守法，完粮息讼""钱粮为国家正供，自应递年完纳，不得拖欠"，等等。

（九）知廉顾耻

廉洁历来是中华民族的传统美德，在儒家道德伦理占主导地位的传

---

① 兴宁《广东省兴宁市陈氏族谱》，《颍川陈氏家训》，"要忠""要信"规条。
② 丰顺《丰顺谢氏万一郎宗谱》，《治家训导》，"商决"规条。
③ 大埔桃源上墩《余庆堂邓氏族谱》，《南阳邓氏训子课孙三事》，"务生意"规条。

统社会里，廉洁几乎与孝悌相提并论，故廉洁也是各家族对子孙后代修身规范的重要内容之一。客家族规家训要求子孙要知廉耻，要知道哪些行为是廉，哪些行为是耻而不可为。

大埔的黄氏族谱《江夏最要家训》有"戒非为"规条，规定："非为乃非人生可为之事，凡所行者，必要光明正大，天地良心，切勿贪财设计，贪色行奸，宜见得必然思义。"

兴宁的《颖川陈氏家训》规定子孙要有廉耻之心："要廉，百般有命只由天，口喝莫饮盗泉水，家贫休要昧心钱，巧人诈得痴人谷，痴人终买巧人田，当知廉。要耻，好汉原来一张纸，含羞忍辱骗得来，那知背后有人指，寄语男儿当自强，甘居人下何无耻，当知耻。"①

平远差干的谢氏族谱《晋太傅文靖公垂训》"顾廉耻"规条规定："族大人稠，富贵者多，贫贱者亦不少。但人不论贫富，总以勉为正人为要，纵极穷薄，必务正当生理。其或结交匪类，所行不轨为穿窬捞摸等事，是为大玷祖宗。"②

兴宁水口的谢氏族谱《宗祠家训十则》中"养廉耻"规条规定："君子所以异于众人者，以其有廉耻之心也。久无廉耻，则禽兽不若矣。吾愿同族之人，均以廉耻相尚，非礼非义之财不取，机巧变诈之事不为，不事营求不行赞谒，安分守命。正己正人，自不为寡廉鲜耻之事矣。尚其勉励。"③

上述条文都是告诫子孙，做人莫贪，不义之财莫取，不合礼之事莫做，不要投机取巧，做任何事要常怀廉耻之心，因为一个人节操与道德最高的表现就是廉洁，是人一生品行之所系，也是关系家族声誉之所在。

为民要廉洁，为官更要廉洁，这就是修身、齐家、治国之根本。在客家传统社会，客家人以子孙出仕为官为家族荣耀，家族中出仕子孙的人数也被视为家庭兴衰的重要标志，子孙出仕能够使本宗族的社会地位和社会声望得到提高。因此，客家家训中对于出仕子孙给予优厚奖励的

---

① 兴宁《广东省兴宁市陈氏族谱》，《颖川陈氏家训》，"要廉"规条。
② 平远《平远差干谢氏族谱》，《晋太傅文靖公垂训》，"顾廉耻"规条。
③ 兴宁水口《兴宁水口小丰九社会前谢氏族谱》，《宗祠家训十则》，"养廉耻"规条。

规定也比比皆是。除此之外，为了维护家族的清誉，家法族规中同样将为官清廉、勤政爱民、体恤民情视为官德的重要教育内容。如平远县的《曾氏家训》就规定为官的子孙应当"须慎官箴，清洁为民"①。

（十）行为合礼

中国自古就是礼仪之邦，体现在日常生活中的各种礼仪制度方面，而且要求家长从小就要对家中儿童进行这方面的教育。如《礼记·内则》记载："子能食，教以右手；能言，男唯女俞。男鞶革，女鞶丝。六年，教之数与方名。七年，男女不同席，不共食。八年，出入门户及即席饮食，必后长者，始教之让。"② 这是要求家长在子女不同年龄阶段对其行为习惯实施不同的教育计划。客家民系除了重视道德修养，还重视礼法规范，很多家族都会在族规家训中强调礼仪的重要性，并制定出各种条文来规劝族中子弟。如兴宁《林氏族谱·家训》"重教养"规条对该家族成员在日常生活中的言谈举止，为人处世，家庭内部的饮食起居，婚丧嫁娶等方面都有明确的要求，可谓详细备至。

客家人认为懒惰、赌博、好勇斗、不务正业、吸毒、宿娼、浪荡等行为均属恶行，是族众明令禁止的。因为这些行为不仅会对本人的身体健康造成损害，更会消磨人的意志、扩大人的贪念，甚至导致倾家荡产、家破人亡，玷污家族声誉。如大埔县桃源谢氏族谱《谢氏家训》中就有如下规定："惟冶游赌博、逞凶斗狠、纵酒嗜烟，足以败名丧节，杀身之家。于有此辈，父兄急加惩戒，毋俾不顾廉耻，流为枭獍，殆害族姓。至于渎伦伤化、鼠窃狗偷，上辱宗祖，下玷家声，亦法律之所不容。"③ 正因为上述行为的危害性，所以许多宗族都在族规家训中通过制定冠以"戒条""家戒"等字眼的规条来约束这些行为，甚至有些家族规定如若族人违反此类规定必将严惩不贷。如鸦片流入后，有些家族认识到吸食鸦片的危害性，因此在族规中就有禁食的规条，《丰顺湖下巫氏族谱》就有"禁鸦片"的戒条："鸦片之害有三，而荒工废事，犹

---

① 《曾氏家训》，广东省平远县文学艺术界联合会编：《客家平远家训》，中国文联出版社2016年版，第269页。

② 钱玄等注译：《礼记》上，岳麓书社2001年版，第396—397页。

③ 大埔桃源《广东省大埔县桃源谢氏族谱》，《家训》，"明趋向"规条。

其后焉者矣！吃烟之人，多不生子，即生子而亦多不育，绝祖宗之祀，一害也。烟价昂贵，过于纹银，食者必费钱钞，足以破家，二害也。食久必有瘾，考之医书，瘾为暗疾，即如腹生癥瘕之症，足以丧命，三害也。现今国家禁食鸦片，甚为森严，有犯此者，族房长速行戒止，如不率教，鸣之于官，可也。"

（十一）择贤而交

人生在世，不能没有朋友。古人极其重视人与人之间的相互影响，古人曾云："人性如素丝，染于苍则苍，染于黄则黄。"① 这说明朋友的贤能与否，对人的一生有着重大的影响。客家先民认为随着子女的成长，他们要走出家庭，开阔视野，此时朋友关系将成为除却亲情关系外最为重要的社会关系。因此，选择与什么样的朋友交往、如何跟朋友交往，便成客家家庭教育的重要内容之一。

客家先民非常重视子孙的交友情况，在族规家训中大部分都有明确规定，如林氏家族用大篇幅来告诫子孙要"慎交游"：

> 处世贵在知人。于朋友间，知其友其德，藉以辅吾仁，矫吾失。故交友得其人则可自薰其德，此所谓益友也；苟不择其人，则惟导恶习，趋下流，此所谓损友也。故择交不可不慎。
>
> 交富贵之友，戒之在骄在奢；交雄杰之友，戒之在争在斗；交商贾之友，戒之在吝在啬。他如不肖荡子，则万不可近。交友不善，足以危身破家，可不慎欤！
>
> 益友在坐，如他山之石，互相切磋，励我以道义，博我以学问。一夕之话，胜读十年之书；片语之投，逾于百朋之锡。故人贵有良益友也。
>
> 朋友之交，以相下为宜。相尚以道义，相濡以学问，同心相应，同德相成。若徒矜己之长，攻人之短，此非交友之道。切戒！
>
> 朋友有通财之义，急难中扶持周济，恩同骨肉，但受之者不可无铭感之心，而与之者则不可存望报之念。

---

① 《墨子·所染》。

人有平日不相知，而忽加我以礼，此必当审度，不可轻易接受，恐异日有难于回答之处。诚不可不慎。

旅途朋友，尽属新交，审其言谈，察其举动，窥其好恶，方可交接。而于取予授受之际，仍须非常谨慎。

凡强来亲近者，必非寻常，宜稍持距离，以观其趋向，然不可露故避之迹。

人于交往时，不可尽倾私秘于闲谈中，若有变化，将被执为口实。朋友失好，不可有过分语言相加，古人谓："君子交绝，不出恶声。"

心口皆善，吉人也；心口皆非，人得而防之，尚不致为我害。惟言貌称圣贤而心肠似蛇蝎者，不可不防，当慎之、远之。

人世间交际之诀，律己以谦，待人以恕，接物以信，临事以义。可以受用终身。①

又如大埔谢氏族谱《家训》"慎交游"规条规定："交友以信，夫子之教，无如今人外结恶头，内生荆棘。甚至凶终陈末，原其始交之际，未经审慎故也。殊不知，友以义合，必交品概端方之人，才得劝善规过，肝胆相照，缓急有益。若口是心非，则误人不浅，交际往来，一入坏人圈套，为所引诱，则败名丧节，倾家荡产。慎之，戒之。"②

再如，兴宁陈氏族谱《良训公（武公系）·谨世通言》中就对子孙进行了劝诫，要求子孙在交友方面应当谨慎："论交友之道，不可不慎。古人云：近朱者赤，近墨者黑。况际此人心不古，机械变诈，日出不穷，一般无赖之徒，假充斯文，专事引诱人家子弟，或涉足花丛，或醉心赌窟，以遂其骗钱之计，少年血气未定，阅历未深，一旦为若辈所惑，未有不堕其术中矣！保身可免病，戒口当食药，谨口可免祸，当记心维。"

上述家训的条文都要求子孙交友审慎，择贤而交，选择道德高尚、品行端正之贤人做朋友，而不要结交游手好闲的地痞无赖，以致沾染不

---

① 兴宁《林氏族谱》，《家训》，"慎交游"规条。
② 大埔桃源《广东省大埔县桃源谢氏族谱》，《谢氏家训》，"慎交游"规条。

良习气等。

（十二）雅量容人

在人际交往中，正确处理言和行的关系是一个非常重要的问题。孔子曰：君子欲讷于言而敏于行。①《尚书》说：必有忍，其乃有济；有容，德乃大。② 也就是说，为人处世，应有容人之心，不可斤斤计较，睚眦必报。客家族规家训中有许多教人说话和行事的规条，大都冠于"谨言词""敦礼让"等。大体而言，就是要谨言慎行，雅量容人，这样可以避免因与人争端给自己或家族带来麻烦，同时这也是个人修身的体现。

谨言慎行，就是要求族众在与人交谈时，要注意言语不当所带来的麻烦，尤其是面对陌生人时，因不清楚对方的脾气秉性，言语上更加要注意。除了跟人交谈时说话要注意外，对待别人的言语也要有所取舍，应对别人的议论、指责有清醒的认识。如果指责自己的人是一些善嫉的人，那么面对这些人的指责就没有必要去争辩；如果是善意的指责则要听取和改正。而且对于生活中对自己当面称颂的人也要保持警惕之心。有些人往往口蜜腹剑，表面上称赞，背地里却嘲讽，或中伤自己，并带来不必要的灾祸。因此，族规家训中多有"谨言词"的条文。如"书之惟口出好兴戎。古语云，躁人间词多，吉人必词少。盖言不可不谨也。嘲语伤人，痛如刀割，以至口角成仇，官司结恨，大则倾家丧身，小则坏名节义。其系非轻，不可不慎"③。又如"人不论贫贱，能取法乎上，谨言慎行，素位而处，不怨不尤"④。

雅量容人，就是指要有忍让之心，不能以争气之名义而失去理智，给自己和家族带来不必要的纷争。如丰顺巫氏族谱《家规》"戒气"规条就规定："今人开口，动曰争气。气之云者，如见人大富，自己即当勤俭，而与人争为富；见人大贵，自己即当发愤，而与人争为贵；见人为君子，自己即当敦品立行，而与人争为君子。如此，则气不大伸乎？

① 《论语·里仁》。
② 《尚书·君陈》。
③ 大埔桃源上墩《余庆堂邓氏族谱》，《南阳邓氏族规十则》，"谨言词"规条。
④ 兴宁《广东省兴宁市陈氏族谱》，《斐然公族规》，"崇品行"规条。

本无所争，而有似乎争之也。若任一己之暴性，小有不合，便忿戾难忍，以本身之言，也为怒气伤肝，必生疾病。以他人当之，君子则大度包荒，视如牛犬之不足较；小人则力相等，势相均，必致两下争斗，而大祸起矣。圣人云：一朝之忿，亡其身，以及其亲。即此之谓，然则人可不平气哉！"这则家规从气度的角度探讨了"争气"的缘由、表现及其带来的后果，力诫族人要有容忍之心。

除了有宽容别人的雅量外，有些家族还要求族人不要特意强求别人对自己的宽容，"为人处世，心胸要阔达，意度要安闲。约己而丰则群下乐为之用，所得常倍。周虑而审处，则成事可免劳而易集。惟有心胸狭小，性情偏急，好利己而薄人之辈，未有不致败者。慎之！戒之"①。尤其是面对他人对自己误解时所说的话要细思量，因为对方可能是受人挑拨和唆使才说出这样误解自己的话，不要因为对方的误解而生气，更不能因为一时的气愤而与人斗殴，不仅害人害己，还连累家人。如梅县的蔡氏家族就有如下规定："今人片言不合盛气相加，彼此互殴报复相寻。甚或恃势统众，舞棍挥拳。轻则伤体折肢，生虞废疾；重则丧身破产，卒抱沉冤。害殆妻孥，危及父母。"②

(十三) 热心助人

救难济贫、乐于助人是中华民族的优良传统，客家人传承了这种美德。客家先民认为乐于助人不仅是提高自身道德的一种行为，也是与他人形成良性互动的方式，更是一种积善的行为。所以，客家先民多强调子孙与人相处时要以和为贵，做到和善待人，并热心帮助他人："古来仁人恤孤，君子济急，此处已有阴德，彼处或有阳报，未可知也。倘不知有阴德阳报，为人应当以仁义善待人，矜怜孤寡，济困扶危，应尽能力之负也。"③

还有的家族积极倡导子孙热心公益事业，小到造桥修路，大到照顾鳏寡孤独。如平远韩氏族谱《韩琦公正家格言》就规定子孙要资助贫

① 兴宁《林氏族谱》，《家训》，"处世事"规条。
② 梅县白渡沙坪《蔡氏族谱（诒燕公支系谱）》，《家戒》，"戒争斗"规条。
③ 丰顺《张氏建桥德达公家谱》，《家训九则》，"怜恤孤贫"规条。

苦族众乡邻："造桥修路，功德浩大；舍棺施药，阴德无量。寒天量力给衣，荒年更宜舍粥。速施乞化者，便其多求；访还财物者，济其失陷。"① 即凡是"修桥、铺路、拯溺、救饥、恤孤寡，劝善、教不能诸事，凡有益于桑梓者，量力行之"②。这些家训告诫子孙对公益事业应该积极支持，仗义疏财，不因善小而不为，出钱出力予以赞助。

综上所述，客家族规家训作为客家传统家训文化的一部分，继承了中华民族传统家训精髓，是客家人家风家训的谱系化，它以儒家伦理道德规范为主导，主要涉及个人修身、治家、处世等方面的内容，是客家人在历经千年的迁徙及社会生产生活实践中结合了时代特点所凝练而成的精神文化，体现了客家民系的价值观，凝结了客家先祖的智慧，表达了客家先民对子孙的殷切期望，至今仍然深刻地影响着客家人。

从客家各家族制订的族规家训的主要内容来看，一般基于如下三个原则：

一是合乎礼教。客家族规家训在立论上，大多以儒家伦理道德为宗旨，兼容佛道思想，建立起以宗族为核心的处世哲学和治家规范；在目标上，主要从爱护子孙、传承家风和繁衍家族的角度出发，以培养忠君爱国、道德完善、勤于生计的后人为目的；在内容上，主要包含中国传统道德的仁、义、礼、智、信（五常）和孝、悌、忠、信、礼、义、廉、耻（八德）。显然这些符合传统社会儒家礼教思想的要求，因而各家族所制订的族规家训的基调都比较雷同。

二是注重教化。客家许多家族的族规家训多是以先祖的训导为主，通过制订"孝顺父母""兄友弟悌""夫妻和顺""和邻睦族""勤俭节约""各安生理""雅量容人"等内容在修身、持家、处世等方面教育子孙。这类的族规家训规劝性的内容较多，即使是制订了惩罚性的族规，也是多用较大篇幅去规劝子孙如何立身处世，惩罚的条款是占很少篇幅的。而且为了使子孙能够牢记祖先家训，时刻规范自己的言行举止，各家族不仅将族规家训载入谱牒，代代相传，在祠堂的一些重要祭祀仪式

---

① 平远《韩氏族谱：南阳堂程乡韩氏第五次合修族谱》第一卷，《魏国公正家格言》。
② 梅县松源《蔡氏大宗族谱：福粤公支系谱》，《老族谱内常见的十条族规》，"和相邻"规条。

上，族中长老会宣读族规家训，以教育子孙。如梅县松源梁氏家族在"四时祭祀，会乡人之钦敬，必诵其谱，使宗族一家，咸知相亲相爱尽其诚，吉凶吊聘尽其敬，恤寡助贫，敬老救患，视一族之子孙，犹一身之血脉，咸齐和气于一门"①。

三是合乎国法。从客家族规家训的内容来看，常出现"国法不容""国法惩之""国法罪之"等字眼，可见其制订应参照了国法，符合国法。虽然在一些家族的族规家训中有处死族人的规条，如梅县松源蔡氏家族就规定"凡子孙于父母及祖父母，骂者罪即绞决，殴者斩决，杀者凌迟处死"②。显然这是违反国法的条规，因为按照当时的国法，死刑的执行权在官府。有些家族将族规家训放在国法之前，认为家规有防患于未然之效。如丰顺巫氏家族《家规》曰："家之有规，犹国之有法。然国法治于既事，家规禁于末事，所系为尤急也。我族户口日蕃，防微杜渐，不可不慎用，立规条若干，事不嫌于琐屑，语无取乎艰深。凡以求其易知易从，俾贤愚皆有所率循尔。"总的说来，客家族规家训的内容一般和国法是相辅相成的，其制订会随着国法的修改而作出相应的调整，以免与新的国法有所冲突。

三、梅州地区谱牒中族规家训体现的教育原则

客家族规家训的内容不仅丰富，而且跟中华传统家训一样遵循一套行之有效的教育原则。主要有：

（一）养正于蒙的原则

客家族规家训主张养正于蒙，倡导对小孩的教育要早。所谓蒙学是指儿童的文化启蒙教育。《易经·蒙卦》说："蒙以养正。"也就是说在儿童开蒙的时期，一定要给他正确的教育和引导，以培养其纯正无邪的品质和良好的习惯。明代的沈鲤《义学约》曰："蒙养极大事，亦最难

① 《梁氏安定郡——松源族谱序》，《闽粤梁氏宗祠通览》，2000 年，第 44 页。
② 松源梅县《蔡氏大宗族谱：福粤公支系谱》，《老族谱内常见的十条族规》，"孝父母"规条。

事。"因此,有些家族在族规家训中制订了关于"端蒙养""训子弟"等的规条,如梅县《廖氏族谱·威武堂族训》"端蒙养"规条就有如下规定:"易曰:蒙以养正,是为圣功。近世教法不修颛蒙,子弟入塾数年,虽读书识字,而未知所以为人之道。问以持身涉世之方,有茫然不知所谓。卒至荡检逾闲,干名犯义,有蹈于法网而不自觉者矣。夫人之淑慝邪正必自为,弟子之日始诚,能于知识未开之际,即教以立身行己之道,使之束身名教之中,用力伦常之地,精审义利之关,严察人禽之界。异日读书有成,固可为国家柱石。即改习农工商贾,亦不失为乡里善人,不至流入邪僻矣。语云:少成若天性,习惯成自然。然则义方之教,切磋之功,可不豫严于蒙稚之年乎。"该规条从端蒙养的成效来劝诚族人教育子女应及早。

（二）庭训宜严的原则

庭训宜严是指在教育子弟的过程中宜采取严格的态度。虽然客家先民强调"为父者当慈",但在教育子弟时更强调应严格,如果溺爱则会贻害子孙,所以多以"严教子""戒溺爱""庭训宜严"等规条要求族众严格教育子弟。如"父兄之于子弟,苟能由小学而大学,严加督责",这样"不惟天资明敏者,克底于成。即顽钝者亦可识字,化愚不致越理妄行,败坏先人之体面"[1]。梅县城东玉水的张氏在其《族规十二条》第三条规定:"庭训宜严,教子弟耕读生涯,务本安分行好事,做好人,不可娇养溺爱。听其安闲,误他终身,实父兄之过,亦宜处罚。"[2]

（三）言传身教的原则

在客家族规家训中有许多关于教育子弟的条规,无不彰显此条原则。关于教育的方式,客家先民认为不仅要通过口头或书面语言的形式,更要用自己的实际行动去影响、教导子弟,尤其强调率先垂范、榜样带头的作用。如梅县松源蔡氏家族认为"教家之道,千条万绪,非言

---

① 兴宁《兴宁苏圳欧阳氏文史》,《族规》,"严教子"规条。
② 梅县《梅县城东玉水张氏族谱》,《族规十二条》。

语文字能罄述。然以身教者从，以言教者讼"①。又如卜氏家族认为父母在教育方面的示范作用是最重要的："为父兄者，以礼让持身，以言教以身教，使子弟心悦诚服。"② 无论是言传还是身教，都要教以正道，如梅县的萧氏家族在其《嘉应州祠堂条规》第十一条规定："族内长辈，居一族典范之尊，以身教带动族人，带头遵守国法，遵守祠规、家法，尊祖敬宗，尊老爱幼。"③

（四）奖惩结合的原则

客家人在教育子弟问题上，倡导教子宜严的教育方式，主要是以劝导型为主。但是为了更好地管理宗族、整饬族风，使得一些不法行为被扼杀在萌芽之中，以防族中出现"害群之马"继而影响家族的声誉与发展，一些家族采取了恩威并用的方式。以梅县萧氏家族的《嘉应州祠堂条规》为例，该条规规定：

> 二、有为族抗大灾，救宗族于危难者，准入祠，在神主位侧，立其神主位，牌位，连座高一尺四寸。此后入祠神主牌位，均以此为定格。
> ……
> 五、各房子孙有责保护先灵神主，不得任意移动。祀典一切财产，不得私分、盗卖、吞没。违者以残贼论，并追还赃物，或照价赔偿，逐其出祠，故事载入族谱，令其遗臭万年，俾后世子孙知其罪过，以儆效尤。
> ……
> 七、族内功名戴顶者，是光宗耀祖之秀，入祭者，祠发祭祖车船路费，年迈未至者免给。
> 八、族内有科第高中者，祠赠花红钱，备酒席庆贺，不分文武，祠发车船路费。

① 梅县松源《蔡氏大宗族谱：福粤公支系谱》，《老族谱内常见的十条族规》。
② 梅县梅南《梅县梅南龙岗卜氏族谱》，《修谱训》，"孝顺父母"训条。
③ 梅州《入粤始祖萧梅轩宗支统谱》，《嘉应州祠堂条规》。

九、奖励青少年入学，凭学校通知，依学级祠发学费。德行不好，成绩过于低劣者，免给。

十、族内有青少年独居，誓能贞静守节，励志冰霜，祠内春秋祭祀，分发肉一斤，受胙后不得异志。若年过二十四独居者，促其完娶，不从者免给。不善治家理财者，祠内指导，或指定善于治家者，协助祠内指导，无使放荡自流。

……

十二、族内子弟应遵守家规，如有以少凌长、以卑凌尊、浪荡胡为、不敬祖宗、不孝父母、不尊长辈、不睦家族者，祠内讨论教育或处理。或有阴谋习拨是非构讼者，以残贼论，逐出祠，生不准入祠，死不准入谱。

十三、族内如有浪荡之妇，慢事翁故〔姑〕、拨弄是非、不和家门、不思改悔者，逐归原籍，虽生有孝子贤孙，断不准入谱。

十四、族内如有不事家业，不教子女，抱嗜好，挥霍耗财，而致粮尽业绝，无分给子弟者，属浪荡之辈，生不准入祭，死不准入谱。

十五、族内如有在社会作奸犯科、奸淫、扒窃、偷抢、诈骗、危害社会秩序者，不得隐匿，违者出祠。

从上述祠堂条规可见，作为家族奖励的对象主要是：有为族抗大灾、救宗族于危难者，读书中举为朝廷重用之人，青年丧偶未曾改嫁的守节烈妇等。而奖励的方式则有为族抗大灾、救宗族于危难者准予入祠，对优秀学子、中举之人奖励祠发车船路费，对守节妇人给予物质奖励等。而另一方面，则是对那些不法的行为给予处罚，主要对象是破坏祠产、不孝不悌、不务正业、偷盗抢劫、奸淫乱伦等危害社会秩序的人，视其情节的轻重给予不同的惩罚，轻者祠内讨论或处理，重则削谱、鸣官、出族等。有的家族甚至制定出"凡子孙于父母及祖父母，骂者罪即绞决，殴者斩决，杀者凌迟处死"[1]这样严苛的条文。

---

① 梅县松源《蔡氏大宗族谱：福粤公支系谱》，《老族谱内常见的十条族规》，"孝父母"规条。

四、梅州地区谱牒中族规家训的当代价值

2017 年 1 月，中共中央办公厅、国务院办公厅印发《关于实施中华优秀传统文化传承发展工程的意见》。《意见》将"挖掘整理家训、家书文化"列为传统文化传承发展的重点任务。因此，分析客家族规家训的文本，对于发扬社会主义核心价值观及当代家庭教育、基层社会治理等都有重要的启示。

（一）有助于孕育优良家风，构建和谐家庭

蔡元培说："家庭者，人生最初之学校也。一生之品行，所谓百变不离其宗者，大抵胚胎于家庭之中。习惯故能成性，朋友亦能染人，然较之家庭，则其感化之力远不及者。"① 可见，家庭教育对个人成长的重要性。客家族规家训中蕴含着丰富的家庭教育资源。如客家民系重视家庭教育对家庭成员个人成长的作用，注重子孙的蒙养教育。从各家族的族规家训中关于"教子孙""端蒙养"等规条的内容，可以看出客家先民把个人修养、生活常识等从小根植于孩子的心中，培养孩子的良好习惯、优秀品德，培养孩子独立自主、勤奋坚毅的人格，同时在其个人成长过程中结合其他载体形式（如童谣、民间故事等）的家庭教育，对孩子起到潜移默化的作用。同时还强调父母应言传身教，以身作则，通过自己的言行举止影响孩子，从小塑造孩子的世界观、价值观和人生观，并产生持久而深远的影响。

（二）有助于弘扬社会主义核心价值观，引导社会积极向善

家庭作为社会的细胞，是国家兴衰成败不可或缺的重要环节。优秀传统族规家训是中华优秀传统文化的重要组成部分，也是培育社会主义核心价值观的重要源泉。客家族规家训将中国儒家中的"修身、齐家、治国、平天下"的思想，作为子孙后代处世、持家、立业的指导思想，主张子孙后代要"孝父母、教子女、友兄弟、睦宗族、和邻里、端心

---

① 蔡元培：《中国人的修养》，中国画报出版社 2014 年版，第 28 页。

术、崇勤俭、慎交游、安本分、戒非为"等。其中持家方面要求家庭成员之间和谐相处、勤俭节约、光大家业等内容，与社会主义核心价值观国家层面的价值目标是相一致的；而在处世方面要求和邻睦族、廉洁诚信等内容则与社会主义核心价值观社会层面的价值取向是一致的；而与人相处雅量容人，诚实守信、立志高远，业不分类但要敬业、遵纪守法等方面的内容则是与社会主义核心价值观国家层面的价值准则是相契合的。

因此，可以充分发掘族规家训的时代内涵，激活其优秀因子，为培育和践行社会主义核心价值观提供有效路径。如可以充分发挥传统族规家训中的思想引导、价值认同和行为养成的功能，结合其养正于蒙、以身作则等教育原则，引导民众深刻理解、普遍认同并自觉践行社会主义核心价值观。

（三）有助于完善乡村治理，培育良好乡风

在现代国家和社会治理中，文化作为一种精神力量、价值理念和意识形态发挥着重要作用。党的十九届四中全会指出，中国特色社会主义制度和国家治理体系"具有深厚中华文化根基"。国家和社会治理的现代化离不开以传统家训为代表的传统文化的重要作用。而传统家训文化是基层社会治理的重要文化资源，新时代基层社会治理需要发挥传统家训文化的治理功能，将家训文化中优秀成果融入基层社会治理中。

客家社会聚族而居，往往一村就是一族，而族规家训往往能够起到村规民约的作用。为了规范和约束族众的行为，防患于未然，将一些危及宗族团结与发展的行为扼杀在萌芽之中，许多家族制订了约束力很强的家法、家戒等来制止和惩戒不良行为。如梅县蔡氏家族就制订了《蔡氏家戒》，其条目为"戒游惰""戒奢侈""戒名分""戒酗酒""戒淫行""戒争斗""戒越占""戒讼端""戒赌博""戒偷盗"十条。这些戒条对于当前我国农村中存在的一些不良社会行为仍起到重要警戒作用。而族规家训中也倡导乡邻之间的相互帮助、包容忍让，热心于修路铺桥等社会公益事业，这有利于形成和谐人际关系，促进文明乡风的形成。

因此，可以借助客家族规家训的治理功能，转化为符合新时代发展需求的村规民约，促进乡村基层的有效治理。

家庭是家庭成员一切社会关系发生的起点，也是其社会道德生长与社会秩序形成的场域。客家族规家训是客家先民教诲和训导子孙的道德规范与行为准则，它既是处理家庭内部成员之间各种关系的基本规范与准则，也是处理家庭（家族）与邻里，与他人、与社会、与国家等关系的基本规范与准则。在新时代下，传统族规家训要坚持创造性转化与创新性发展，要秉承取其精华，去其糟粕的原则，不断赋予其新的时代内涵与现代表述形式，不断补充、拓展和完善，使之适应时代的需求。

凡例

　　一、本书资料来源于梅州市各县市地方志办公室、图书馆的族谱资料、嘉应学院馆藏及梅州市剑英图书馆馆藏的族谱资料。

　　二、本书家训资料按拼音字母顺序排列。中华人民共和国成立前编修的老族谱中使用繁体字且未标有标点符号的，编排时一律以《通用规范汉字字典》为依据，在尊重原意的基础上改为简化字，以标点断句读。另外，错字后用〔〕补上正字，衍文用［］括注，增补漏字用〈〉标明，字迹模糊不清的以"□"表示。

　　三、因为族规家训的异称很多，既包括如家约、家风、家规、家道、家法、家范、家诚、户规、族谕、族规、庄规、条规、宗式等，也有些是冠以"训""诚""诲""命""令""示""诰""范""规""格言"等字样的诗文著作。因此本文选取的族规家训，包括了上述所有内容。此外，有不少内容是在当时的社会条件下，为起到晓谕教化之功能，假借圣王布道、先贤口吻的伪托之作，现照录无阙，但今时读之，不得不察。

　　四、从梅州地区现存的族谱来看，谱书上的名称，有家乘、宗谱、家谱、族谱、支谱等。名称中多包含郡望县邑、门派及先祖号谥，与其他地区或派系的族谱相区别，有的还加有"续编""续修"等字样。由于族谱多散藏民间，收集不易，而且繁衍昌盛的姓氏常有几个支派，所以本选辑中资料来源族谱名称以其封面为准，并在其前面标注地区以示区别。

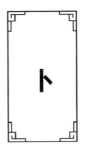

【姓氏来源】据梅县松南卜氏族谱记载，弼公，世居山东巨野县，南宋嘉定七年（1214）授福建上杭知县，创居上杭胜运里，传至六世宁茂公，由上杭迁梅县松源旗坑为开基祖，其后裔迁出，散居梅州各地。

修谱训

古代名贤，皆有家训，以垂后裔，子孙恪守，世世遵行，如奉律令，永不敢犯，不肖者，谨畏其法。今将古人修身齐家，嘉言善行，重诸经史，以训后人。

孝顺父母

盖孝者，人人修身之本。父母者，人生之本也。羊有跪乳之恩，鸦有反哺之义，鸟兽尚不能忘本，何况人乎？为父兄者，以礼让持身，以言教，以身教，使子弟心悦诚服。为子弟者，当以孝义守身，父母教训必须服从。

尊敬长上

盖人有规则必有长，知孝亲则必敬长，未有不能悌弟，而可称为孝子。鸿雁循兄弟之序，蜂蚁有君臣之义。禽兽尚知长上，何况人乎？昔汉时王祥，孝顺继母，其弟王览敬之，继母欲加害王祥，览左右周旋，时刻不离，饥则同饥，苦则同苦，继母终不能害祥，遂使其母为慈母，王祥、王览，成为孝子。

教训子孙

一家之中，生我者父母，我生者子孙，欲孝敬父母，当教育子孙，不教育子孙，便是不孝顺父母。子孙贤孝，父母光彩；子孙不孝，辱父母家门。凡我子孙，当仁孝立基，以刻薄为戒，勿以离间亲疏［亲］，勿以新当旧看，勿以少居长，勿以贱防贵，勿宠妾薄妻，勿以轻邪而远君子。宁过于恕，毋过于刻，守过于厚，毋过于薄。宁计人之长，不计人之短。子子孙孙世代切记。

和睦乡里

乡里是吾祖吾父，世代生长之地，长者吾之父兄，少者即吾之子弟。同里共井，朝夕相见，情谊何等殷勤，相亲相爱，何等关切，人欲和睦乡里，必须和睦宗族。昔唐时有个张公艺，他书忍百字，几代同居，隋唐皆御书表其门闾。凡我族子弟，秉性刚正者，当学张公艺之忍，以制其暴怒之气。

各安生路

天生一人，总要寻找生路。智慧者利于读书，即读书为生路；在家者，利于耕种，即以耕种为生路；技术者，利于工作，即以工作为生路；经商者，利于商贾，即以商贾为生路。凡是人不能安生路者，则生转为死，人能安生路，则死转为生。舜耕历山，尹耕莘野，诸葛耕于南阳，都是苦其心志，劳其筋骨。凡是为农，为工，为商，为贤，为愚，都是以教育为本。

毋作非为

上中五条，再加叮咛，依此五者则为是，不依此五者则非为，不依此五者，是作恶小人。他们不顾放弃邪恶，不孝敬父母，不敬尊长，自私自利，不睦乡里，游手好闲，不安生理，侈奢极欲，饮酒宿娼，挥金如土，逢迎拍马，百般行诱，无所不为，他处于日暮途穷，倾家荡产，忍辱蒙羞。凡是我族人民，要禁止胡作非为，诗曰：

人生第一孝为生，忠孝两全出圣贤。

奉劝族中众子弟，胡作非为莫沾边。

理家之道

居家以勤俭为本，事亲以孝顺为先。妻妾明正妇道，读书务学圣贤。宗姓聚族而居，和邻勿起讼端。亲君子为朋，有益于己；远小人之友，不受于连。尊卑长幼，重礼节，须分上下。欲饮食，先察其养害之源。勿食市脯之肉，勿饮过量之酒，则疾病少生。责己厚，责人薄，则怨可远。见人危难则周济，老弱孤寡当悯恤。攀富贵者甚可耻，娇〔骄〕欺贫穷贱何堪。施惠勿追，受恩莫忘。先祖虽远，祭祀不可不诚。子孙虽愚，岂可不教之耕读。奸邪淫乱莫犯，天之报施不爽。刻薄成家败之为速，里兴仁风长处其乐，伦常尽灭消亡立见。房屋将坏早绸缪，备其阴雨；岁稔丰收留余粟，以防欠乍。得天时禾稼务要先种，畎亩中勿失粪其田。古今何重耕籍事，养生皆以食为天。用人取其老诚勤力，老诚共事可托，勤力不芜田园。大烟赌博最当戒，坏名败家此为先。子女不重妆奁薄厚，所求者，女淑婿贤。困苦奔波，想是自己走错，且〔切〕不可尤人怨天。义外之利切莫妄想，推己及人，勿信无稽之言。良善有危能援则援，有益其善；恶横陷溺若相救，厥罪惟均。交易务要公平，忠孝传家得远。国法不可忤干犯，国课更宜早完。庭院黎明洒扫，门户既昏而关。富贵贫贱皆由天命，尽人事即当知理顺天。

仰周　民国十年作家训

（资料来源：梅县梅南《梅县梅南龙岗卜氏族谱》）

蔡

【姓氏来源】根据梅县松源蔡氏族谱记载，唐末安史之乱，河南蔡氏随王潮、王审之入闽者，先居于福建宁化，后传入广东梅州。涣公（1117—1178）由福建武平高梧迁梅县松源开基，立为一世祖。

老族谱内常见的十条族规

以下十条，不过仅举大略。教家之道，千条万绪，非言语文字能罄述。然以身教者从，以言教者讼。为父兄者不可不知，欲求好子孙，未有不自贤父兄培植而来者也。教子之方，莫要于读书。必能读书乃能明理，能明理始能成器，始能保家，至进取成名。登科、发甲，固视乎命运。然超琼所识科甲中人，其家三世读书而发始达者，十居八九；若先世目不识丁，而其身崛起田间，至登甲、乙榜者，百中仅一二焉。俗语所以胡〔有〕"书读三世发"之言也。兹所定族规十条，刊之于谱，愿与族之子弟，世世共遵守之。或有遗漏及应添立规条，异日重〔重〕刻时，固可增入。

奉祖先

水源木本，理不可忘。但思身所自来，则由吾父而吾祖，一一追溯，虽十世、百世固不得以为远也。奉先思孝，古训昭垂，帝王且然，况大夫、士庶哉。吾家自远祖以来所立家规：凡先世考妣生日、忌辰，家中必当设祭之礼，岁首、岁除、端午、中秋亦如之。新岁暨清明，必相率扫墓，古人所谓上冢也。各家无论老幼，必当亲诣墓前，行三叩首礼。虽大风雨雪，不得惮劳。此乡族所同，子孙宜永［永］循守。庶几因时感慕，不至忘春露、秋霜之恩乎。万物本乎天，人本乎祖，但有心知，亦可共明此理也。

孝父母

属毛离里，怀抱恩深；择傅延师，劬劳念切。苟或不孝，禽兽何别。但不孝匪一端，如《孟子》言，世俗所谓不孝者五，大略该之。而好货才防，私妻子，尤为乡俗通弊，不可不以为切戒。至于违犯教令，律有明条。凡子孙于父母及祖父母，骂者罪即绞决，殴者斩决，杀者凌迟处死。例禁森严，虽下愚亦当知畏。苟念生我、鞠我、抚我、育我之德，则服劳、致敬、就养，无方天性所流，自有不能已者，何至尚有忤逆哉。倘有不孝之子，合族须预为教戒，俾知悛改。庶免酿成枭，贻累族人。

和兄弟

长枕大被，天子且然；让枣推梨，昔人称美。但人家兄弟，当幼小时无不十分友爱。其后之不睦者，大抵因妻子、争财产而已。抑或此贫彼富，有求莫应，若秦、越人之相视。同气参商，半皆由此。夫一父之子，即非同胎共乳，有前后嫡庶之别，亦属一气所生。骨肉至亲，尚成嫌隙，子孙尤而效之，有不破家者乎？堂从兄弟，尚宜和睦，况在同气乎？族中宜互相教戒共笃，友于则出入怡怡，家风不陨，亦同宗之光矣。

睦宗族

贵贵贤贤，义无偏诎；亲亲长长，分有常伸。凡子孙之分支，皆祖宗之一脉。尊卑之分，轶然不淆，长幼之情，蔼然相浃。喜则相庆，忧则相吊。贫弱之一，富贵者宜时周恤；愚鲁之徒，贤智者时教导之。总以相扶、相助为念。至于尊长，尤不得与卑幼戏谑，致为有识者所笑。此吾乡之陋俗，不可不切戒矣。

和乡邻

岁时款洽，宜笃比邻；患难扶持，世称会里。我先世以忠厚传家，凡属子孙，务必谦虚乐易，与人无争。不得恃血气以凌人，逞奸诈以滋事，徒害邻里，终累身家。若有不肖子弟，恃强恃诈，或倚仗族人之势，欺侮乡党者，长辈亟戒责。尤宜念睦任恤之风，实为古道，待人务从乎厚，处世毋涉乎骄。至于修桥、铺路、拯溺、救饥、恤孤寡、劝善、教不能诸事，凡有益于桑梓者，量力行之。生长聚族之邦，其亦共有所赖也夫。

教子弟

子弟亦读书明理上。为父兄者必延聘名师，慎择益友，俾得朝夕渐摩，学问有所成就。遇则掇科取第，不遇亦不失为通人。光前裕后之图，计莫逾此。其有资质不能读，及力不能读者，则为农、为工、为商，即佣雇营生，亦属正业。总当责以勤俭，教以安分，令其学为好人，切不可任令游手好闲，习致败坏家声。至于富贵之家子弟，性质即有琰刘，亦当以师为约束，切铁骄养溺爱，终受必家之富。所谓子孙虽愚，经书不可不读也。

戒习染

习俗之坏人子弟，事不一端，其显者则嫖也、赌也、酒也、烟也，而近年尤有入会、结盟等恶习也。江湖无赖随处煽诱，年轻子弟每为所牵。轻则有玷行为，重则显干法纪，其祸不可胜言。即轻薄之行，狷利之语，戏谑、骂詈、欺诞、狂佻，市井恶少情形，为大雅所深鄙，亦当引为切戒。至于干预词讼，习以为能，亦非立身之道，歇若不入公门之为愈乎。又隶卒贱役，例不准其子孙与考，凡族中子弟虽至贫困，应不准当差。违者黜之勿齿。

奖名节

忠臣孝子，代有表彰；潜德幽光，岂容湮没。族中如有孝子、悌弟、义夫、节妇，确有实迹未经旌奖者，应由族人备录行状，会众覆实，联名举报，或请匾额，或请旌表。斯亦一族与有荣焉之事，不可不知。

慎婚嫁

玉洁冰清，固称佳偶；荆钗布裙，不失良姻。凡族姓为男配，为女择婚，必须清白之家，门户相当者，方许联姻。不得贪图钱财，轻信冰人，不辨薰莸，苟且作合。万一误结朱陈，使日后儿女竟不齿于乡曲，深为可惜。嗣后，如有不分良贱，不论可否，与奴隶娼优等为姻者，合族公屏之，不复与齿。

急赋税

践土食毛，自应输赋；急公好义，岂许逋粮。况国家惟正之供，按季征收，如额而止，先后不免。何苦延挨观望，伺候公庭，自取鞭扑耶？凡吾族于本户地丁漕粮各项，须依期投纳。即近年筹饷捐输，亦朝廷万不得已之举，亦不可逾延拖欠。庶催科不扰，门户晏如，岂非乐事？至佃田耕种，亦宜早纳年租。荒歉求减，必须情理相商。族中宜交相劝导，谕以急公。此所谓国课早完，自得至于乐者也。

族禁六条

以下六条，仅就其大者言之，皆断断不可有之事。又如族中妇女，不幸夫故孀居，自宜以守节为贵，然此非可强自他人，惟既经改醮，即非本族之妇。古人所谓"出则与庙绝者"也。虽有子孙，谱中必削其名氏，续修之日，概不许刊入，其余亦概以族禁为准。至于乱宗一事，关系尤重。查例载："无子者，许令同宗昭穆相当之侄承继。先尽同父周亲，次及大功、小功、缌麻，如俱无，许择立远房为嗣。"又有"与昭穆相当亲族内，择贤择爱，听从其便"之例。是立嗣，总以同宗为准，其乞养异姓义子，以乱宗族者，有"杖六十，其子归宗"之律。吾如有螟蛉乞养，出自异姓者，虽不能绝其往来，而其名及所后子孙，则概不入谱。嗣后修谱时，务当严守勿易。倘徇情迁就，即属不肖子孙，必遭祖宗阴殛。慎之，志之。

禁当差

皂、快、壮各班门子，禁、卒、捕役、仵作，皆统名之曰"隶"，例不准考，本族子孙不得充当。违者，屏勿齿，谱削其名。

禁为匪

盗必干诛，窃亦罹罪，诱拐等事，均犯科条，辱宗甚大。族中子孙，不得有犯。违者，预行逐出，屏勿齿，谱削其名。

禁入会

哥老、添弟等名，及江湖放飘、结盟、拈香，皆匪徒所为，显干法纪。族中子孙，不得听其引诱，致罹重咎。违者，屏勿齿，谱削其名。

禁从教

白莲、闻香、灯花等名目，屡奉严禁，皆系妖言，近年尤实繁，有徒或传自远方，或起自内地，总之不可学习、信从。族中子孙，惟宜守孔孟之规，勿为邪说所诱。违者，屏勿齿，谱削其名。

禁出家

释老之宗，流传虽久，而为僧、为道，则已弃父母，何论祖宗。族中子孙，不得甘于削发、易服。违者，屏勿齿，谱削其名。

禁自贱

优伶等诸乐户、生、旦、净、丑、末，均系下流，而娼妓更无论矣。族中子孙，宜世保清白，不得自甘下贱。违者，屏勿齿，谱削其名。

（资料来源：梅县松源《蔡氏大宗族谱：福粤公支系谱》）

先祖家训

积善之家，庆必有余。为善最乐，福寿双至。为人良善，天必佑之。积错责己，天心相之。仁义礼智，时刻注意。处世从善，安分守己。勿参赌博，坚定不移。勿贪财色，才免忧虑。不事诉讼，和睦乡里。奸雄之人，交之不利。发家致富，多方考虑。勿违法规，财物皆聚。勤奋立业，坚定心志。青壮有为，光耀门楣。富贵分定，各自有时。观其德行，切勿嫌迟。百尺高楼，由地而起。华丽可观，经营伊始。行程万里，跬步开始。年少志大，奋斗及时。欲图家计，各安生意。势在必行，勿失良机。父母恩情，当报才是。人不孝顺，神人责备。尊敬长上，才是合宜。时刻做到，事事有利。教训子孙，攻读诗书。功成名就，流芳百世。家族团结，外侮消除。安居乐业，万民喜气。奉劝子孙，且依本谕。戒哉勿忘，神人共喜。

家训

孝顺父母

父母者，身所自出也。罔极之深，酬之百年而不足；太和气象，萃之一室而致祥。所贵，奉盘匜而勤巾栉。职勖鸡鸣，洁瀹瀡而滑脂膏；养隆燕寝，竭其力而所生无。忝谏有过而又敬不违深闱，素泯乎嚣凌。高堂自期于底豫，必用劳用力；承欢兼在于承颜，庶得亲顺亲养。志不徒夫养体。

友爱兄弟

兄弟者，同气之人也。兄友弟恭，伦常昭列乎。古训孔怀，既翕和乐，首咏于风诗，所贵式相好而无相尤。班联鹓鹭，弓勿反而斧破；谊笃鹡鸰，群季怡怡，事兄如父；一堂绰绰，呼弟以群。尝效大被以同眠，勿让联床而专美，则如手如足，友于续棠棣之碑。难弟难兄爱焉，广梧桐之第。

敦笃宗族

宗族者，祖宗所出也。虽亲疏各有等级，而支派实同本源。是必长幼尊卑，联以分而敦伦纪；鳏寡孤独，赡以财而笃本支。勿富贵而吝解推，勿以贫贱而生觖望，勿争财货而薄祖免之情，勿恃智能而失宗亲之义。凡属一家一姓，当念乃祖乃宗，惟亲爱以昭敦和，勿偷薄以伤笃厚。

教训子弟

子弟者，门户所由光者。子弟之率，不谨实父兄之教，不先故进德成材。基于蒙稚，耳提面命，首切义方。苟能孝弟忠信端根本以明大伦，士农工商重行止而务常业，正家教以启德行，严庭训而遏邪心，则循规蹈矩，即可光大其门闾；爱众亲仁，亦能显扬乎祖考。

诚奉祭祀

祭祀者，祖宗血食所凭依也。祀仪虽分上下，禋祀实无尊卑。当馨欷之无闻，正追远之宜尽。故春霜秋露，时切本源之思。外物内诚，尝殷丞〔蒸〕尝之荐。纵陈设即或未备，而敬恳亦当有余。勿亵渎而启先人之恫，宜愯忾以展孝子之忱。则祭礼卒备，于以来格〔恪〕祖先；祀事孔明，即以勿替孙子。

修葺茔墓

茔墓者，祖父形体所藏也。高丘大阜不无草木之潜滋，旷野荒城多有牛羊之践蹈。勤年年之拜扫马鬣崇封，起累累之坟茔牛眠敬卜。勒碑碣变防陵。谷志山向，事备考稽。勿希显荣而轻迁古墓，勿惑风水而暴露遗骸。庶金柜有藏，配地久天长而巩固；石窀无恙，荫孝子慈孙以炽昌。

和睦乡党

乡党者，出入之地也。门闾踵接，田陌毗连。人有亲疏，和揖为贵。地无远近，姻睦是敦。富贵贫穷，概以谦冲而联洽比。安乐忧患，通其庆吊以结绸缪。勿饰智以欺愚，勿倚强而凌弱，勿以吓诈而鲜排解，勿以睚眦而失包容。庶缓急有恃乡里称为，善良雍穆可风里党，推其长厚。

谨守礼法

礼法者，持身之本也。礼治君子，法惩小人。伦纪仪节，礼有纲常。笞杖徒流，法无赦宥。故处世接物明敬让以底肃雍，立心制行凛王章而远罪戾，勿犯嚣凌而蔑五常，勿逞剽悍而玩三尺。和顺行已，在草野为循理之良民；明哲保身，在朝廷为怀刑之君子。庶上无玷于祖宗，下可诒于子孙。

隆重师友

师友者，德业所由成也。赋性虽有智愚，成材端由陶淑。故民生事三师范为重，人伦道五友谊特隆。品行淑慝，赖明师以裁成。学业精纯，资益友之辅助。授馆飧而隆奉养，厚修脯而重礼仪。宜谦虚而收教诲之功，勿简亵而受善柔之损。庶善诱不倦，学问渐企于高明；石错玉成，趋向不流于卑下。

端崇学术

学术者，人品所由分也。圣贤立言阐明正学，朝廷制法严黜异端。经义韬略乃文武之兼资，王道圣功实身心之首务。勿听左道之蛊而通会结盟，勿信邪回之妄谈而索隐行怪。崇奉远，斥邪教，率由近本儒宗。不读非圣之书，勿行不经之典。服贾力田，敦本业者迓神庆；臣忠子孝，尽人事者集天庥。

家戒

戒游惰

士农工商各有本业，故盛世必于游民，荒业终流匪僻。凡我族中子弟，当念父母属望妻帑仰赖之身，夙作夜思，勉勤职业。勿抛有用光阴，徒伤无成老大。昔人谓："劳则善心生，逸则恶心生"，药石至言，所当敬佩。

戒奢侈

酬酢往来，冠婚丧祭，俱有法度。自习尚繁华，富者穷极骄盈，贫者亦勉强营办。甚至有货钱鬻产，以饰一日之观者。我族中当念奢侈为致贫之根，宁俭勿奢，宁约勿侈，庶一可以创，一可以守。

戒名分

尊卑长幼，名分秩然。乃桀骜之徒，或以学问自逞，或以富豪自矜，目空一切，凌慢父兄。讵知富不傲亲，贤不先长。乡党恂恂，至圣且然，况其下乎。且无论其大也，即言语不逊，坐立不让，亦蹈犯分之愆。我族子弟，宜自惩艾，犯者公处。

戒酗酒

酒以合欢，非以纵欲。苟耽乐无厌，虽谨厚亦流为凶险，明知亦即于昏迷。古今溃败多由于此。昔人谓酒之流生祸，非虚言也。我族中子弟，宜凛宾筵之戒，毋蹈群饮之愆。

戒淫行

淫为万恶之首。我淫人妻女，人亦淫我妻女，报应原属不爽。盖嫔处闺中，而我以奸计诱之，外固败人之节，内更自乱其伦。伤风败俗，丧心实甚。族人有此，集众公惩，断不少恕。

戒争斗

好勇斗狠，孟子所谓不孝者也。今人片言不合盛气相加，彼此互殴报复相寻。甚或恃势统众，舞棍挥拳。轻则伤体折肢，生虞废疾；重则丧身破产，卒抱沉冤。害殆妻帑，危及父母。曾思少年胯下之辱，淮阴侯犹受之，况乎曹乎？古语云：忍一时之气，免百日忧。信斯言也，其毋忽诸。

戒越占

田土山林，各有界限。若因疆界毗连，妄为侵占，甚且肆其贪图，施之手足，利令智昏，谓可为子孙计长久，不知非分之谋，上干天谴，旋得旋失，终亦必亡。愿我族人切勿蹈此。

戒讼端

讼则终凶，昭然古训。我族同支间，有田土细故口角微嫌，辄架砌情由公庭拘讼，同室操戈自相鱼肉，丧心莫甚。更有阳为公直阴使暗箭，或勾引他姓与族口角，或播弄同室互相残害，此等惨毒尤非人类。族中有此，必凭众公罚，以正家规。

戒赌博

博弈饮酒，皆足破产毁家。我族中倘有不务本业子弟从匪赌博，族长父兄必时训诫稽察。若被匪类窝赌，察获时带赴本处祖堂重责，外并究父兄之教不先。如父兄畏罚，知而不举，徇情宽纵或他人控发到官，族长即将家长一例禀究。或系挟仇攀扯无辜子弟，同察情时又当公议。

戒盗窃

盗窃者，辱之甚也。家贫落业，即负贩佣工亦可谋生。后来子孙发迹，犹为人所称道。若寡廉鲜耻，流为穿窬，一朝败露，戴罪公庭。册名刺字，上玷宗祖，下累子孙。乡党不耻，亲戚羞称。虽有贤嗣，亦百世不能掩矣。我族中未必至此，但派众丁繁，万一有蹈此者，集众削其谱名。

（资料来源：梅县白渡沙坪《蔡氏族谱（诒燕公支系谱)》）

家训

尊祖敬宗，和家睦族，毋致因利害义，有伤风化。
祠宇整修，春秋祭祀，毋致失期废弛，有违祖训。
各宗坟墓，山林界止，毋致缺祀失管，有被占据。
读书尚礼，交财尚义，毋致骄慢啬吝，有玷家声。
富勿自骄，贫勿自贱，毋致恃富疾穷，有失大礼。
婚姻择配，朋友择交，毋致贪慕富豪，有辱宗亲。

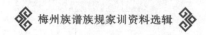

周穷恤匮，济物利人，毋致悭吝不为，有乖礼体。

珍玩厅巧，丧家斧斤，毋致贪爱蓄藏，有遗后患。

冠婚讲礼，称家有无，毋致袭俗浮奢，有乖家礼。

房舍如式，服饰从俭，毋致僭侈繁华，有于例禁。

祖先遗训，帷读帷商，读可成才，商可致富。

后商共勉，克勤克俭，勤能补拙，俭能养廉。

（资料来源：梅县白渡沙坪《蔡氏世铉公支系谱》）

陈

【姓氏来源】根据兴宁陈氏族谱记载，北宋嘉祐八年（1063）江州义门陈氏奉旨分家，分庄时魁公携眷九十七人迁福建汀州庄，魁公后裔陈万顷于宋末迁居福建宁化石壁乡，万顷传来孙陈豪生三子：德兴、中兴、旺兴。德兴生于元皇庆二年（1313），登元进士诰授中顺大夫，元至正年间由福建宁化迁居嘉应州西山（即今梅县程江西山村），为梅县陈氏开基始祖。陈德兴三世孙各派后裔分迁梅州各地。

义门陈氏家法三十三条①

一、立主事一人、副事两人，管理内外诸事。内则敦睦九族，协和上下，约束弟侄。日出从事，照管老少应需之资，男女婚嫁之给；三时茶饭，节朔聚饮，如何布办。纽配诸庄费用多寡，一依下项规则施行。此三人不拘长少，但择谨慎才能之人任之，倘有年衰乞替，即择贤替之，仍不论长少。

二、立库司二人作一家之纲领，为众人之表率，握赏罚之二柄，主公私之两途。惩劝上下，勾当庄宅，掌一户版籍、税粮及诸庄书契等。应每年送纳王租公门费用，发给男女衣妆，考较诸庄课绩，分使弟侄依

① 本文中的《义门陈氏家法三十三条》，综合了梅州《兴宁陈氏族谱》及《广东省五华（长乐）县横陂颍川堂陈氏宗谱史料集》之内容，两者较相一致。此与原版《江州义门陈氏家法三十三条》存在一定的差异性。特此说明。

下项规则施行。此二人也不以长幼拘，但择公干刚毅之人，仍兼主庄之事。

三、诸庄各立一人为首，一人为副，量其田地广狭以次安排。弟侄各令首副约束，共同经营。仍不得父子同处，远嫌疑也。凡出入归省须候庄首指挥，给限期。自年四十以下归家限一日，外赴须同例。执作农役，出入市肆，买卖使钱，须具账目回赴库司处算明，稍不遵命便加责惩。其或供应公私之外，田产添修仓廪充实者，庄首副衣妆上次第加赏。其怠惰以致败阙者，则剥落衣妆重加惩治。应每年收到谷斛至岁晚，须个各庄账目归家，以待考对，并出库司检点。

四、关弟侄十人名曰宅库，付掌事手下共同勾当。一人主酒、醋、曲、糵等。二人支仓、碓，交领诸庄供应谷斛并监管工人逐日舂米粮轮流上簿，掌事监之。二人支园、圃、牛、马、猪、羊等事，轮日抽雇工人锄佃蔬菜以充日用。一人支晨昏关锁门户早晚俟候弟侄出入勾当。四人管束近家四原田土，监收禾、谷、桑、柘、柴薪，以充日用，共酌量优劣，一依主庄者次第施行。

五、立勘司一人掌小勘男女婚姻之事，并排定男女第行。置长生簿一本，逐年先抄，每月大小节气转建于簿头，候诸房诞充男女令书时申报，则当司随时上簿排定第行。男为一行，女为一行。不以孙、侄、姑、叔，但依所生先后排定，贵在简要。自一至十周而复始。男年十八以上，则与占勘新妇，稍有吉宜付主事依则施行求问。至二十以上成纳，皆只一室，不得置畜仆隶。女则候他家求问，也属勘司着当。此一人须择谙会阴阳者用之。

六、丈夫除令出勾当外，并付管事手下管束。逐日随管事吩咐，去执作农役等，稍有不遵者，具名请家长处分科断。

七、弟侄除命出执作外，凡晨昏定省事，须具巾带衫裳，稍有乖仪当行科断。

八、立书堂一所于东佳庄，弟侄子孙有赋性聪敏者，令修学。稍有学成应举者，除现置书籍外，须令添置。于书生中立一人掌书籍，出入须令照管，不得遗失。

九、立书屋一所于住宅之西，训教童蒙。每年正月择吉日起馆，至冬月解散。童子年七岁令入学，至十五岁出学。有能者令入东佳。逐年于书堂内次第抽二人归训，一人为先生，一人为副。其纸笔墨砚并出宅库管事收买应付。

十、先祖道院一所，修道之子祀之。或有继者众遵之。令旦夕焚修。上以祝圣寿，下以保家门。应有斋醮事须差请者。

十一、先祖筮法一所，历代祀之。凡有起造屋宇，埋葬祈祷等事，悉委之从俗可也。

十二、命二人学医，以备老少疾病。须择请识药性方术者。药材之资取给主事之人。

十三、厨内令新妇八人掌庖炊之事，二人修羹菜，四人炊饭，二人支汤水及排布堂内诸事。此不限日月，迎娶新妇则以次替之。

十四、每日三时茶饭，丈夫于外庭坐，作两次。自年四十以下至十五岁者作先座，取其出赴勾当故在前也。自年四十以上至家长同坐后次，以其闲缓故在后也。并令新冠后生二人排布祗候茶汤等事。妇人则在后堂坐，长幼亦作两次，并出厨中新妇祗候茶汤等。其盐酱蔬菜腥鲜出正副掌事取给酌当。

十五、节序，眷属会饮于大厅同坐。掌事至时命后生二十人排布祗候。先次学生童子一座，次末束发女孩一座，已束发绩女孩一座，次婆母新妇一座，丈夫一座。至费和物资惟冬至、岁节、清明掌事分派诸庄供应，余节出逢宅库，随其所有，布置许令周全者。

十六、非节序丈夫出外勾当者五夜一会，酒一磁瓯，所以劳其勤也。尊长取便，仍令支酒人掌别酿好酒，好俟老人取给。

十七、诸房令掌事每月各给油一斤，茶盐等以备老疾取便。须周全。

十八、会宾客，凡嫁娶令掌事纽配诸庄供应布办，其余吉凶筵席，官员远客迎送之礼并出自库司，令如法周全。仍逐月抽书生一人归支客。

十九、新妇归宁者，三年之内春秋两度发遣，限一十五日回；三年外者至岁节一例发遣，限二十日回。在掌事者指挥，馈送之礼临时酌当。

二十、男女婚嫁之礼，凡仪用钗子一对，绯绿彩二段，响仪钱五贯，色绢五匹，彩绢一束，酒肉临时酌当。迎娶者花粉匣、绣履、箱笼等各一付，巾带钱一贯，并出管事。纽配女则银十两随意打造物件，市买钱三贯，出库司分派诸庄供应。

二十一、男女冠笄之，男事则年十五裹头，各给巾带一付；女则年十四合头髻，各给钗子一双，并出库司纽计。

二十二、养蚕事，若不节制，则虑多寡不均。今立都蚕院一所，每年春首每庄抽后生丈夫一人归事桑柘，中择长者一人为首，管辖修理蚕饲等事。婆母自年四十五以上至五十八者，名曰蚕婆；四十五岁以下者，曰蚕妇。于都蚕院内每蚕婆各给房一间，蚕妇二人同看。桑柘仰蚕首纽配，诸庄应付。成茧后同共抽取，却令蚕院首将丝绵等均平给付之，以见成功。其有得茧多者，除给付外别赏之，所以相激劝也。其蚕种仰都蚕院首留下，候至春首每蚕婆给二两，女孩各令于蚕母房内同看，桑柘蚕都院均给平者。

二十三、每年织造帛绢，仰库司分派诸庄，丝绵归与妇女织造。新妇自年四十八以下另织二匹，帛一匹。女孩一匹。婆嫂四十八以上者免。

二十四、丈夫衣妆，二月中给春衣，每人各给付丝一十两。夏各给麻葛衫一领。秋给寒衣，自年四十以上及尊长各给绢一匹，绵五两。冬各给头巾一顶，并出库司分派者。

二十五、每年给麻鞋，冬至、岁节、清明三时各给一双。

二十六、妇人脂粉针花等事，每冬至、岁节、清明仰库司专人收买给付。

二十七、妇女染帛，每年各与染一段，任意染色，钱出库司分派诸庄应付，专择一人勾当。

二十八、草席，每年冬库司分派诸庄，每房各给一付。

二十九、立刑杖厅一所，凡弟侄有过，必加刑责，等差列后。

三十、诸误过酗饮而不干人者，虽书云"有过无大"，倘既不加责，无以惩劝，此等各笞五十。

三十一、恃酒干人，及无礼妄触犯人者，各决杖五十。

三十二、不遵家法，不从家长令，妄作是非，农诸赌博斗争伤损者，各决杖一十五下，剥落衣装，归役一年，改则复之。

三十三、妄使庄司钱谷入于市肆，淫于酒色行止耽滥，勾当败缺者，各决杖二十，剥落衣装，归役一年，改则复之。

大唐大顺元年庚戌七世长银青色光禄大夫检校右散骑常侍守江州长史兼御史大夫赐紫金鱼袋崇立

祖训

明明我祖，汉史流芳，训子及孙，悉本义方。仰绎斯旨，更加推详，曰诸裔孙，听我训章。读书为重，次即农桑，取之有道，工贾何妨。克勤克俭，毋怠毋荒，孝友睦娴〔姻〕，六行皆臧。礼义廉耻，四维毕张，处于家也，可表可坊。仕于朝也，为忠为良，神则佑汝，汝福绵长。倘背祖训，暴弃疏狂，轻违礼法，乖舛伦常。贻羞祖宗，得罪彼苍，神则殃汝，汝必不昌。最可憎者，分类相戕，不念同气，偏伦异乡。手足干戈，我心忧伤，愿我族姓，怡怡雁行。通以血脉，泯厥界疆，汝归和睦，神亦安康。引而亲之，岁岁登堂，同底于善，勉哉勿忘。

颍川陈氏家训

要孝

父母面前无违拗，在生不见子承欢，死后念经有何效？尔子在旁看尔样，忤逆之人忤逆报，当如孝。

要悌

兄长面前无使气，手足痛痒本相关，尔尖我妒终何益？有酒有肉朋友多，打虎还是亲兄弟，当知悌。

要忠

富贵贫贱本相同，譬如替人谋一事，能尽其心便是忠，一点欺心无不依，弄得钱来转眼空，当知忠。

要信

一诺千金人所敬，譬如约人到午时，不到未时终是信，若是一事不

19

践言，下次说来人不信，当知信。

要礼

循规蹈矩无粗鄙，先生长者当尤尊，子弟轻狂人不敢，况我侮人人侮我，到底那个饶了你，当知礼。

要义

事大遇幼无不及，譬如一事本当为，有才也要留余地，又如好事不向前，懦弱何无男子气，当知义。

要廉

百般有命只由天，口喝莫饮盗泉水，家贫休要昧心钱，巧人诈得痴人谷，痴人终买巧人田，当知廉。

要耻

好汉原来一张纸，含羞忍辱骗得来，那知背后有人指，寄语男儿当自强，甘居人下何无耻，当知耻。

必富公（崇荣）祖训

崇荣公曰：夫人行善，乃祖宗之阴德，子孙世代之荣昌。行不善者，乃子孙之祸害。予乃己丑年五月廿七日亥时生，今行年四十矣。闻父母祷于宫庙，投疏祈神乃始生我。才及周岁，父遂弃世，赖有辛巳姑配许人，来家抚养成长。赖姑成立，于是明书来历，以遗子孙，愿子孙长幼和睦。一曰兄弟和，二曰闾里和，三曰亲戚和。听我斯言世用和，家庭富贵定无讹。愿汝各安天命，莫作非为，遵守法度。我今一传子孙，相继勿替可也。爰作诗曰：

> 豺獭非人亦有知，人当遵祖理之宜。
> 泉源悠远先推本，树木敷荣后有枝。
> 昭穆尊卑依次序，蒸尝禴祠要思时。

陈

莫能追远德皆厚，子子孙孙切勿违。

斐然公族规

遵祖训

鼻祖以来，累仁积德，诗书传家，义方教训。负来横经，与人接物之间，无不以恭和忠厚，今日之贻我族之长发其祥者，本此也，首当遵祖。

睦族党

奕世相传，年深愈众，虽云服尽，本出一源。凡我尊卑长幼，须各存分，不可倚尊欺卑，以少凌长。而遇善事相成，万勿妒忌。外侮同御，万毋旁观。如彼此有争，不可逞凶斗殴，当听族党分处。处人者从理论断，和衷共济，不可各见相持，以至生事生端，族宜睦。

敦伦常

五伦人生大节，君臣其首也。虽未得其位，不可无忠君之心。父子天性，各尽孝慈，事父母贵承颜奉命，随分供养。毋悖逆，毋贻辱。夫妇唱随好合，乃成家道。嫡庆宜严，牝鸡毋纵。兄弟同气而生，时厘友恭。倘变出阋墙，外人必欺，煮豆燃萁，非家之福。朋友长善救失，信义相孚，须识可宗，毋交匪类，贵敦伦。

崇品行

品行不崇，必趋庸流。人不论贫贱，能取法乎上，谨言慎行，素位而处，不怨不尤，上品也。不自立志，驰情花酒肆，志赌钱傲物，轻世生事，越礼坏心求，伤名教，品行不可言矣，当崇品行。

勤本业

人无常业，则为游民。孟夫子云：苦心志，劳筋骨，良有以也。常业耕读为正，读书须求实功，毋徒虚名。当焚膏继晷，攻苦磋磨，人尽自然天通。不读则耕，耕则须作上农夫，出作入息，胼胝百状，东作自茏西成外。而工商百艺，亦可陈身，惟勤者得食，惰者必难自全，须勤本业。

严立嗣

立继者，上承宗祧，下启后嗣，家礼律法，成规俱在，议所当立，毋混昭穆。至于出为人后，身即嗣父母之子，岂容复回本生父母，饰云双承。自后立嗣，必上告祖祠，凭族议约注谱，如有私为去就者，合族鸣鼓攻之，当严立嗣。

肃礼仪

对越祖宗，必严敬谨，牺牲粢盛，务宜洁丰。祝罤豆边，务宜齐备，奉奠之际，衣正冠，肃容止，拜跪站立，各从尊卑，昭穆之位，不得喧哗越次，不得贤智先人。未祭以前，已祭以后，不得援引是非，以滋唠嚷，当肃礼仪。

力积尝

蒸尝乃祖宗血食攸絮，千辛俎豆所凭。赖世贤肖子孙，公勤积尝。如积尝之不公、不力，至今经收者互相掩掭，领银者吞延不吐，说让说减，缄口不言，推延年岁月，空文纸上，流弊难言，其咎谁归，不恤人言，岂无祖鉴！自后祠银，定依初规议殷实者，写田方许交领。其银上下交替，不收空约，母利及铺税，得于清明后六日按簿清交，不得分毫延逋，庶有可大可小之谟。

隆贤俊

佳士诞生家珍国宝，青钱膺选耀后光前。本族披青拖紫者，前后固不乏人，前此未蒙祖惠，兹后定议：进庠者，花红五贯；科举者，卷资五贯；补廪者，花红一两；出拔者，花红三两；乡榜者，花红五两；春闱得捷者，花红一十两；入都试选者，水脚二两。值年首事办交，上以沾祖宗之恩荣，下以示将来鼓励也。

行旌表

旌表名义，乃以报若人，而励后代也。凡有忠臣义士，孝子孝妇，贞女全人，及捐金赠尝有功宗祖者，许附名牌祖座，祭祀配享，以示风世励家之瑞，但不得冒滥。

以上十则，前七条皆祖训，皆良规，贤者自不出乎准绳，不肖者自当猛省。吾族固无不肖之子弟，或有悖逆斗殴，暴戾生事，游手嫖赌者，尊良劝教不改，当祖堂责罚，终不悛，送官法处。甚而为盗、为奸，败伦伤化，贻辱先人，遗羞后代，轻则逐之，不许上坟、入祠；重则告明祖宗，缚送深渊，庶见家法。后三条，乃代祖效力，作人劝后之深衷。愿贤者肖者之承芳，继者述者之勿替焉。

斐然公第十三世孙文穆公遗训

序

尝读孔圣之书有曰：人子事亲，生事之以礼，死葬之以礼，祭之到礼，则始终之事毕矣。而曾子又言曰：慎终追远，由今绎之，慎终者易，而追远者难也。何也？慎终者不过生事祭葬之以礼，追远者则世世子孙祭扫不息。人所易忘也，纵问有凄怆怵惕之心，而无费者不能，甚矣！尝之不可不立也，使尝而不立，则无以备牺牲，供粢盛。吾因感而痛念焉！于是拣立腴田三石，以为尝费，亲笔书簿四本，以为子孙曾玄来耳之计，逐年祭扫坟墓，费有所出也。惟愿贤子肖孙，体亲志而不忘，永保长久而不失，将逐年祭扫毕，合众清算，所剩谷石银两，多寡勿分，仍选贤能者发放积贮，费不由此而广乎！若子孙读书考试者，不论大试小试，盘费由此而帮；又有贤而发达者，京费花红由此而出；乃修宅舍、整坟墓，公费亦由此而消，则尝厚费广，庶免科敛之虞矣。尔等各遵父条例而行，则日后子孙振振，必有大盛光烈前人矣！吾虽瞑目，人何憾焉，是为序。

文穆公遗训条例摘录

童生考试，若县试者各帮钱一百文，州试者各帮钱二百文，学院试者各帮钱二百文，永为定例。

生员接岁科考试者各帮钱三百文。若赴有科举者各帮银一两，帮轿夫钱三百文；若贡监生有志赴州科举者各帮钱二百文，若赴省科举者各帮银一两，帮轿夫钱三百文，永为定例。

入学补廪者帮花红银五两，补增考各帮花红银一两，若拔贡中副榜，出岁贡、捐贡者各帮花红银五两，若竖栀旗匾等物，俱尝费而出。若出仕为官者，各帮盘费银五两，永为定例。

遗有县中东街巷内行馆一所，九间，永为曾玄来耳等纳粮考试出入，不许分卖。恐人多有不肖者说分卖，许众人执簿鸣官究治，决不可容。

遗有官杯上书馆一只，留于子孙曾玄来耳等读书，逐年请先生教书。若有子孙闹分者，愿他子孙永无读书人。

遗有书橱一个，橱内有袁了凡大纲鉴一部，系廿四本；有二三场群书备考一部，系四本；有大清律一部，有留青广集一部，此古书也，不可分。子孙有志读书者，许借阅。看过送回橱内，切勿轻弃此书。

子孙众多，未免有清贫者，若过荒岁，众人酌量多寡予以扶助，或良善被人牵告者，若清贫无盘费，众人可酌议多寡予以帮贴。若有凶徒打架遭祸者，死不足惜，羞辱先人，分厘不必帮，勿助他恶；纵有无知闹帮者，许众人执簿鸣官重究，枷锁囹圄不枉也，戒之戒之。

良训公（武公系）·谨世通言

尝闻古人曰：俭可助廉，勤能补拙。凡人谨守此语，则一生受用无穷。夫居家以勤俭为要，此理极为浅显。然勤于一日而日日不勤，则与不勤同；俭以一人而人〈人〉不俭，则与不俭同。故人无论贵贱，家无论贫富，勤当百年而一日，俭当推己以及人，则贫贱者不致有贪得之心，而富贵庶几无败家之虑，此即助廉与补拙之说也。不然，骄奢淫佚，其不辱志丧身者鲜矣。然人生处世，教子弟以礼仪为家，非他人之所志者，功名富而已，此岂得之志哉。我辈之立志，也当志乎道德，以养成高尚之人格，一心迈往，不随外物以迁移。由是进而足以立功，退亦足以立言，此则人生所用以自勉，亦可兼以勉人者也。论交友之道，不可不慎。古人云：近朱者赤，近墨者黑。况际此人心不古，机械变诈，日出不穷，一般无赖之徒，假充斯文，专事引诱人家子弟，或涉足花丛，或醉心赌窟，以遂其骗钱之计，少年血气未定，阅历未深，一旦为若辈所惑，未有不堕其术中矣！保身可免病，戒口当食药，谨口可免祸，当记心维。

草堂公家训（十五戒）

戒烟，戒赌，戒色，戒斗，戒妄言，戒妄动，戒不仁，戒不义，戒不忠，戒不孝，戒不信，戒不勤，戒不俭，戒不睦，戒不谦。

武公戒条十则（摘其八）①

戒不孝不悌

孝悌为百行之源，不顺父母，不敬兄长，伦理既失，何以为人。此吾宗所宜首戒。

戒不公不法

秉公守法为众所仰，偏私为己，倚势凌人，何以服众。此吾宗所宜共戒。

戒游手好闲

力作乃养生之道，游手好闲，富不终富，贫且益贫。此吾宗所宜深戒。

戒恣情博奕

正业乃人生之务，恣情博奕，品既不端，家亦难保，此吾宗尤宜切戒。

---

① 原谱如此。该则戒条在谱牒就收录八则。目前没有找到完整十则的族谱。

戒拖欠钱粮

粮宜早纳完，若是拖欠，必致及其身，反多费用，甚至遗累子孙。此吾宗所宜痛戒。

戒娼优隶卒

凡事皆可谋生，若其身下贱，即使家发，有玷辱清白家声之污，切戒。

戒酗酒打架

饮酒不免，但要知节，一味沉酗，最为误事。遗失物件，得罪亲朋，逞凶打架，由是而生。凡我子孙，所宜切戒。

戒交结匪人

凡人交结，须择正道，遇子弟与虚花之人往来，必将为匪，外则流入法网，内则秽及〈族〉中。所宜谨戒。

善三公（文公系）家训

孝顺父母，和睦乡邻，忠厚存心，谦和处世，勤俭持家，耕读教子，此六语，人听当法，不用一文，可积无穷功德。戒嫖、戒赌、戒争讼、戒骄、戒奢、戒急慌，此六事，人所当戒，若有一犯，遂成无限冤业。上法六戒，包尽为人道理，若背吾言，即为小人，为恶人，为不肖之人。克遵吾言，穷则为圣世之良民，达则为圣朝之良佐，由此为贤人为圣人不难矣。不惟吾获荫汝，即天地祖宗亦眷佑汝，富贵必有期也，日后凡风雨，凡祭墓，凡运会，当子孙聚集之时，依照吾行吾言晓谕后生，使知吾之所行，兼知吾之所言，随时提撕，随时警觉，庶可以成人，而不致坠吾之家声，吾亦欣然无遗憾也。

陈

家教格言

教子伦理篇

教子立志

人怕无志，树怕无皮。人怕伤心，树怕剥皮。

胸无大志，枉活一世。穷要志气，富要田地。

胸中有志，遇难不畏。鸟贵有翼，人贵有志。

警戒后人：为人须立志，无志枉为人。

鸟无翅不能飞，人无志无作为。

得志一条龙，失志一条虫。

有钱须念无钱日，得志毋忘失意时。

教子读书

养子不读书，不如养条猪。

子弟不读书，好比没眼珠。

警戒后人：家有千金，不如藏书万卷。

穷人莫断猪，富人莫断书。

养子不教如养虎，养女不教如养猪。

儿孙自有儿孙福，莫为儿孙做牛马。

要孝父母

孝顺还生孝顺子，忤逆还生忤逆子；不听但看檐前水，点点滴在旧窝池。

世人不知孝双亲，养儿才知父母心；若待养儿方知报，父母岂有百年身？

千跪万拜一炉香，不如生前一碗汤。

在生不孝顺，死了哄鬼神。

27

兄友弟恭

打虎还需亲兄弟，上阵还系父子兵。

平时虽多好朋友，见你遭难难依靠。

兄弟在家虽争吵，对外合力抗强暴。

天下难得是兄弟，好友不如懒兄弟。

切忌：煮豆燃豆萁，豆在釜中泣；本是同根生 相煎何太急。

夫妻和睦

妻贤夫祸少，夫和妻子贤。

痴人畏妇，贤女敬夫。

应做到：百世修业同船渡，千世修来共枕眠。

家和为贵

家贫和是宝，不义富如何？

父子和而家不败，兄弟和而有力量，夫妇和而家业兴。

警戒后人：两人一条心，有钱买黄金；一人一条心，无钱买枚针。

持家经营篇

勤能补拙，俭可养廉。

会划会算，钱粮不断。

懒人嘴快，勤人手快。

大富由勤，小富由俭。

年年防饥，夜夜防盗。

祖业分不富，创业富长久。

勤是摇钱树，俭是聚宝盆。

滴水汇成河，粒米积成箩。

靠人谷满仓，靠天空米缸。

晴天防雨天，丰年防灾年。

勤人登高易，懒人伸手难。

有时省一口，无时有一斗。

出门不弯腰，入门无柴烧。

生姜不老不辣，生活不谋不发。

勤俭好比针挑肉，浪费如同水推沙。

常将有日思无日，勿把无时当有时。

早起三朝当一工，早起三秋当一冬。

大吃大喝眼前香，细水长流富日长。

做一毫，用两毫，石头瓦片也难磨。

勤快之人汗水多，贪食之人口水多。

交朋结友篇

广交朋友

在家靠父母，出门靠朋友。

良言不嫌少，朋友不嫌多。

人情不怕阔，冤家不好结。

交一个朋友千言万语，绝一个朋友三言两语。

礼貌待人

若要人尊敬，先要尊敬人。

问路不施礼，多行几十里。

谨慎交友

画虎画皮难画骨，知人知面不知心。

知人心不易，人心隔肚皮。

来说是非者，便是是非人。

为此识之法：一是以面色识人：入门看面色，出门看天色。二是以财利识人：听话如尝汤，交财见人心。三是以语言识人：交人要交心，听话要听音。四是以时间识人：路遥知马力，日久见人心。

结交知己

相识满天下，知心能几人。

行要好伴，交要择友。

千金易得，知己难求。

为此切忌：有酒有肉多兄弟，急难何曾见一人。

助人为乐

助人为乐，济人于急。

人情大过债，锅头拿去卖。

因此要：七层塔上都点灯，不如暗处一盏灯。

交友互让

君子不与牛斗力，凤凰不同鸡争食。

退一步海阔天空，进一步打死人命。

交朋取信

许人一物，千金难移。

入山不怕伤人虎，只怕人情两面刀。

易涨易退山溪水，易反易复小人心。

为此切戒：自食其言，久借荆州。

谈吐要慎

话到嘴边留半句，事在火头让三分。

心直口快，惹人见怪。

刀伤易治，口伤难医。

病从口入，祸从口出。

言多有失，饭多伤脾。

话不好讲死，事不好做绝。

饭可以乱吃，话不可乱讲。

讲话知深浅，做事分急慢。

枯树无果实，空话无价值。

酒逢知己千杯少，话不投机半句多。

良言一句三春〔冬〕暖，恶语伤人六月寒。

良药苦口利于病，忠言逆耳利于行。

不会烧香得罪神，不会讲话得罪人。

陈

处世警戒篇

赌博自毁

礼仪出于富足，盗贼出于赌博。

警戒后人：赌博是条毁命根，嘱子嘱孙勿沾边。沾了赌边祖业败，妻离子散苦连天。

勿论人非

平生只会说人短，何不回头把己量。

警戒后人：好人面前不说假，小人面前不说真。

不听谗言

谗言不可听，听之祸殃结。君听臣遭诛，父听子遭灭。

夫妇听分离，兄弟听则别。朋友听则疏，亲戚听则绝。

警戒后人：是非终日有，不听自然无。

欲不可纵

万恶淫为首，百善孝为先。

警戒后人：芙蓉白面是砒霜，美艳红妆是刀枪。贪淫沉溺苦海死，利欲炽燃火坑亡。

恶事莫为

为善最乐，为恶难逃。

若要人不知，除非己莫为，

警戒后人：一毫之恶，劝人莫作；一毫之善，与人方便。

爱财有道

君子爱财，取之有道。君子爱财，劳动致富。

警戒后人：越奸越狡越贫穷，奸猾原来天不容；富贵若从奸狡得，世间忠厚吸西风。

知足常乐

知足常足，终生不辱。知止便止，终身不耻。
山高不算高，人心比天高。白水变酒卖，还嫌猪无糟。
警戒后人：受恩宠时宜先退，得意浓时便可休。知止。
别人骑马我骑驴，还有许多赤脚人。比较。
良田万顷，日食一升；大厦千间，夜眠七尺。用不多。
功名富贵世转移，气节芳名千载留。功名不长存。
劝君莫作守财虏，死去何曾带一文。人生短暂。

凡事善忍

忍得一时之气，免得百日之忧。
警戒后人：得忍且忍，得耐且耐。不忍不耐，小事成大。
留得五湖明水在，不愁无处下金钩。
小事不忍变大事，善事不忍变成灾。
父子不忍失慈孝，兄弟不忍失敬爱。
朋友不忍失和气，夫妻不忍多争吵。

勤奋读书

书山有路勤为径，学海无涯苦作舟。
黑发不知勤学早，转眼便是白头翁。
警戒后人：发奋识遍天下字，立志读尽人间书。
十年窗下问人问，一举成名天下知。

为官清正

君子当权积福，小人仗势欺人。
警戒后人：宁可直中取，不可曲中求。
宁可玉碎，不为瓦全。
切切不可：三年清知府，十万雪花银。

社会事理篇

真理

人无完人，金无足赤。
真金不怕火，怕火不真金。
人往高处走，水往低处流。
针无两头利，刀有两面光。
若要人不知，除非事莫为。
路有千条，真理一条。
天有阴晴，事有成败。
人有相像，物有相同。
两虎相斗，必有一伤。
理是直的，路是弯的。
船载千斤，掌舵一人。
功夫无假，幻术无真。
江山易改，秉性难移。
留得青山在，不怕无柴烧。
手指伸出有长短，石头铺路有高低。
有理走遍天下，无理寸步难行。
根深不怕风摇动，树正何愁月影斜。

祖国、家乡

有树才有花，有国才有家。
国家兴亡，匹夫有责。
唇亡齿寒，国破家亡。
宁为刀下鬼，不做亡国奴。
国强民富，国弱民穷。
美不美，家乡水，亲不亲，故乡人。
亲人难舍，故乡难离。

婚姻

男大当婚，女大当嫁。
只要嫁得好，不要嫁得早。
男怕投差行，女怕嫁差郎。
心甘情愿嫁和尚，安心乐意补袈裟。
糟糠之妻不可丢，患难夫妻贵难求。

延年益寿

饭后一杯茶，饿死医药人。
朝朝食片姜，不用买药方。
笑一笑，十年少，愁一愁，白了头。
饭后行百步，卖药先生关药铺。
饭吃八成饱，到老肠胃好。
吃饭先吃汤，胜过良药方。
早晨盐水汤，当过吃参汤。
临睡前洗脚，当过吃补药。

（资料来源：兴宁《广东省兴宁市陈氏族谱》）

戴

【姓氏来源】根据蕉岭戴氏族谱记载，戴氏先祖念七郎，原居闽漳州漳浦县，元代父子云游抵粤，见招福乡（今属蕉岭）山明水秀，遂定居黄泥崛。

家规

孝父母

父子，天性也。人未有受敬者，但志要显亲扬名。行宜谨身节用，侍奉贵怡色柔声，凶丧须哀恸尽礼，只将父母二人时时存念，则忤逆可免。

敬长上

长上分与俱尊也，授几奉杖，随行隅坐，礼载之矣。几〔凡〕遇尊卑，一切言动各宜恭逊，不得以贤智先人，不得以富贵自恃。

友兄弟

兄弟，分形连气之人也，非寻常订交可比。凡为兄弟者，念手足之爱，只得一个让字。勿听枕旁言，勿信外人唆，则至诚动物，便消却许多睚眦也。

慈孤幼

亲支不幸有孤儿寡母，当提携周恤，其国税差徭，代为撑持，不可欺其无知而苛削之。至五服于外，孤贫无依者，尤宜收养，若沦为奴隶，是灭祖宗心，何忽也。

端闺化

家人娶妇，不愈便争长竞短，此皆男女溺情床笫，故非薄反在天。情亲惟男不言内，女不言外，夫倡妇顺，则和气致祥，骨肉不至伤残，家益昌炽。古人刑于之化，吾族亦宜鉴诸。

择婚姻

男女定配，所以承先启后。古人一与之醮，终身不〈改〉。近日择配，或因财货，或逞意气，或选姿色，稍不如愿，甚之二年五载即行拆嫁，此陷子女贩人门风，阳犯国典，阴干天谴。吾族嗣后有此，携谱到官，法惩全枕，财礼充公。凡为子弟，母〔毋〕自贻伊灭也。

敦族好

族中贫者固多，而富者间亦有之。自祖宗视之，则皆一体也。夫天道有循环之理。各宜循分以自安，富者不可高傲，贫者勿生支求，则贫者不致终贫，富者亦长富矣。

谨交游

友以卜〔辅〕仁而损益攸分。本族各有亲朋往来，但不可滥交匪僻，尚〔倘〕误入其，当身之受辱，固不待言，而且累及父母，祸遗子孙，可不慎欤。

戒乱伦

近来风俗浇薄，有兄死而弟枕其嫂，有弟没而兄娶其妇，名曰转房。此阳为国法之所不容，阴为祖宗之所必诛，伤风败俗，莫此为甚。吾族除已往不究，后日有不肖子弟再蹈此恶习，族中鸣公究治定行，断离不贷。

戴

戒谋夺

祖父创立田宅，无论多寡，其恩子孙世守之心，则一也。族有因丧婚、债务、不贫能守者，本支照时价受之，犹谓产不出户也。如外房挟财恃势，私相授受，是为谋夺，阋墙备〔构〕讼皆始于此。甚之，族中有贪图财利者中，串卖外姓，族人公罚。

教子弟

耕读二业，今古正务。谋生治家，莫此为甚。子弟之贤不肖，谁姓无之。惟父兄养育，可耕者耕，可读〈者读〉，〈可商者〉即商卖，不失正业。莫学游手好闲，莫效娟秀〔优〕隶卒，庶家声不队〔坠〕，人才蔚起，贤父兄真可乐也。

慎言语

吉凶荣辱，惟其所召，一言不实，乡邻贱之。纵百端待举〔缘饰〕，如人不信何。惟言必当可，语必由衷。无多〔侈〕论、无浮谈，庶可以文身阙。

敦实行

特〔持〕身处家，应事接物，要表里如一，所谓行必以忠也。又须慎终如始，若有呈〔逞〕才华，虚减〔张〕声势，只可瞒盖一时，终须有起无然，浮夸不实之子，尚其免〔勉〕之。

存仁让

凡一切世间事务，情疑择难，亡身累族，皆始于不忍，成于不让也。务宜度量渊涵，非大大仇怨无存芥蒂，母〔毋〕生嚣凌，则争竞之风自息。

存礼曲

礼乃持身之本，于人最为切要，宣圣所稚〔雅〕言也。凡言动举止，婚丧吊祭，务遵古典，母〔毋〕得替〔僭〕越；拘束官体，母〔毋〕得放荡。庶几大而纲常伦理，小而日用饮食，不失大家风苑。

戒条

戒酗酒

酒以陶情，兼以合欢，而实为狂乐，沉面〔湎〕之下，小则步〔失〕义，大则起祸。子弟无事，不可三五成群入酒肆，即婚姻丧祭，亦必适可而止，不可高谈逞寡〔兴〕，酒后行凶。遇有不平气无不服，违者功〔攻〕之。

戒贪淫

〈淫〉为十恶之首，报在妻女，断不爽。古人云：我若淫人妇，人必淫我妻，迥思器道好还，欲心自媳〔熄〕。若夫处女寡妇以家庭乱伦，尤为罪之大有〔者〕。

戒健讼

乡党自好者，非十分屈抑，不必肯屈膝公庭。近日名门巨族亦有不肖之徒，呈〔逞〕其刁笔。其诡谲，或欺唆他人，或及复告讦，出入衙门，把撑健讼，以致拘连家眷，陷害家庭，究竟已亦倾家荡产，子孙消〔萧〕条。吾族子孙急宜戒之。

戒符水法打

符水法咒，招祸之根；棍棒撞打，惹祸之由。误入荆棘从〔丛〕里，私则人相仇害，公则官法拷夹，岂非以身试法乎？亏〈体〉辱亲，莫此为甚。几见读书明理、忠厚传家者遭人凌辱？吾族子弟尚其戒之。

〔资料来源：五华新桥《著礼堂①戴氏族谱（月明公派）》〕

---

① 应为"注礼堂"。

【姓氏来源】据大埔邓氏族谱记载，南宋时期志斋公中进士后，历任广东提举司、广东布政司，于南宋庆元五年（1199），由宁化石壁禾口村移居广东潮州府（今梅县）松口开基，为梅州一世祖。

南阳邓氏训子课孙三事

立功业

夫人之生业，日用之需费在焉，举家之衣禄系焉，不可不勤也。或业儒、业农、业工、业金，皆须夙兴夜寐，毋好闲游、怠懒，毋嗜酒贪花，毋嗜烟赌博，以致荒功废业，贻误终身也。

功术艺

学术艺为终身之本，有一艺成，己身衣食可无亏，则致富成家老在不难，惟恐始勤终惰，立志不坚，虎头蛇尾，百无一成，终身废人耳。尔当勉之。

务生意

为商作贾者，以专心立志为上，资本无论多寡，为笃实忠厚为先，有信实，有口齿，童叟不欺瞒；毋骄傲，毋怠慢，毋市井，均宜公道。勿亲匪党，恐误身家。务要刚柔并济，勤俭为先，斯乃经商之要诀也。

南阳邓氏族规十则

正人伦

人有五伦，古今天下之大道也。在家莫重于祖父、伯叔、兄弟、子侄、母婶、兄嫂、弟妇、女媳及六亲眷属，均是骨肉至亲。务宜孝悌，奉亲友爱，祖为先，不可悖逆，横行乱伦，无理取闹，以至同室操戈，干犯法纪。如有此辈，通族公决处治。

正名节

五伦之中，有尊卑长幼，人所其之也。家有伯叔兄弟，为子侄者，具宜兄友弟敬，恭顺和睦，不可逞凶斗殴，秽言凌辱，污伤大义。至于称呼，也要有序，不许混言无忌。如有斯人耶，以家法处治。

正心术

人之心术，赋性本善，多于积习日近，乃至道义耳。凡人幼之时，为父兄者，须教以礼貌，训以义方，勿至心术变坏，以贻终身，即父母之道毕矣。

正品行

人生于世，品行为先。内则族戚，外则明朋，皆以品行定终身。所以人贵志诚，不可欺诈；贵信义，不可奸险；贵不浇薄，死生有命，富贵在天。二念必诛。如此则品行端，德业进矣。

谨言词

书之惟口出好兴戎。古语云，躁人间词多，吉人必词少。盖言不可不谨也。嘲语伤人，痛如刀割，以至口角成仇，官司结恨，大则倾家丧身，小则坏名节义。其系非轻，不可不慎。

立尝祀

盖木有本，以水有源，人皆知之。为子孙者，莫重于尊祖，尊祖莫重预立尝。不立尝额，递年祭祀，绳不替鲜矣。尔等宜之蒸尝，不论大小尊卑，永远不可废祭祀。尊祖之心勿可少耳。

起祭祀

人起理祭祀，以长其恩爱，则追远之诚，莫大于祭祀。为子孙者，宜预定章程，以蒸尝大小为准。凡清明扫墓，春秋二祭，乃祖宗诞辰之日，宜留心勿废。

定祭典

每年祭祀，牲栓仪定，多寡举诚。白须首事管理，以章办祭，勿有减少。祭毕当众照算清楚，岁岁如常，方成祭典。

限祭席

祭祀已毕，席设于族众，逐年首事，若敛银，按礼则入席。若上祖派衍子孙众多，待允许方可与席。祭坟不可噪闹，相争斗殴。至以席者，及早登坟，拜祖祭；不列坟者，不准入席。

定祭胙

祭祖领胙者，如周礼，让老尊贤之意也。每祭日有主祭首事之人，有赞礼执事之人，族中有成名者，有寿（七十岁）耆（八十岁）耄（九十岁）期颐（一百岁）者，可感发儿孙兴孝悌之心矣。

（资料来源：大埔桃源上墩《余庆堂邓氏族谱》）

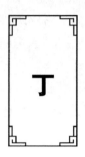

【**姓氏来源**】根据《丰顺丁氏族谱》记载，梅州地区的丁氏远祖允元，宋进士，官至大常寺卿，宋孝宗时受贬至潮州为太守。传至第七十九世肇宪于明初由潮州迁至五华、兴宁。

家训

圣天子一统之治平，出衣冠文物之邦。凡有气血者，莫不知天地君亲师。宜当敬也。方今子昧古道，地暗伦常皆由父兄庭训不端而至，身心失守，宜当鉴省。昔燕山教子有方，五子俱扬。今之岂不慕平故居家庭当以诗书为训，守田园以耕寓为本，住乡里宜谦让为先。立身行己不出勤俭二字，勤能补拙，俭可助贫；奢华乃败家之端，酒色是残命之斧。宁可以礼胜人，不可以财傲众。不读诗书，纵富万金实遭愚人之论；能通经文，虽贫四壁堪称儒仕之名。名信称优，吃菜根如参香腹，身居安静，住茅屋，岂不光华！或劳心，或劳力，有采薪，有吊水，天涯外何处非财。国法无情，要念念于经纪；世情多变，要步步于提防。人有奸谋巧计，天有报应森严。君子勉之。

（资料来源：丰顺《丰顺丁氏族谱》）

范

【姓氏来源】据大埔《范氏族谱》记载，六十一世范坤（俊祥），官任龙图大学士。唐乾符元年（874）为避乱，举家十八口，流寓浙江钱塘江上。随后移闽之南剑州沙县，转迁福建宁化攀龙里黄竹，为福建宁化始祖。其后裔分衍清流、连城、长汀、永定、上杭、龙岩、海阳、大埔、英德、梅县等地。

仲淹公家训百字铭

孝道当竭力，忠勇表丹诚。
兄弟互相助，慈悲无边境。
勤读圣贤书，尊师如重视。
礼义勿疏狂，逊让敦睦邻。
敬长与怀幼，怜恤孤寡贫。
谦恭尚廉洁，绝戒骄傲情。
字纸莫乱废，须报五谷恩。
作事循天理，博爱惜生灵。
处世行八德，修身奉祖神。
儿孙坚心守，成家种善根。

（资料来源：大埔《范氏族谱》）

陶朱公经商十八则

一、生意要勤快，切勿懒惰，懒惰则百事废。

二、价格要订明，切勿含糊，含糊则争执多。

三、用度要节俭，切勿奢华，奢华则钱财竭。

四、赊欠要识人，切勿滥出，滥出则血本亏。

五、货物要百验，切勿滥入，滥入则货价减。

六、出入要谨慎，切勿潦草，潦草则错误多。

七、用人要方正，切勿歪斜，歪斜则托付难。

八、优劣要细分，切勿混淆，混淆则耗用大。

九、货物要修整，切勿散漫，散漫则查点难。

十、期限要约定，切勿马虎，马虎则失信用。

十一、买卖要随时，切勿拖延，拖延则失良机。

十二、钱财要明慎，切勿糊涂，糊涂则弊端生。

十三、临事要尽责，切勿妄托，妄托则受害大。

十四、账目要稽查，切勿懈怠，懈怠则资本滞。

十五、接纳要谦和，切勿暴躁，暴躁则交易少。

十六、主心要安静，切勿妄动，妄动则误事多。

十七、工作要精细，切勿粗造，粗造则出劣品。

十八、谈话要规矩，切勿浮躁，浮躁则失事多。

仲淹公族规

　　族人之中，不论亲戚，当思同宗共祖，一脉相传，务要和睦相处，不许相残、相妒、相争、相夺。凡遇吉凶诸事，皆当相扶相助，庶几和气致祥，永远吾族家人炽昌。

文正公告诫儿孙"双要则"

一、要为人正直，敦厚朴纯；不要骄傲作伪，胡作非为。

二、要意气风发，志节高昂；不要妄自菲薄，萎靡不振。

三、要力求上进，勇攀高峰；不要自落孙山，甘居人后。

四、要竭诚待人，谦虚直爽；不要尔虞我诈，两面三刀。

五、要尊亲敬老，和睦乡邻；不要仗势欺人，欺软怕硬。

六、要坚持正道，矢志力行；不要误国歧途，妄求夜草。

七、要文明礼貌，举止端庄；不要烂言粗语，毁辱打骂。

八、要喜公好义，乐于助人；不要肥己损人，非礼而取。

九、要严于律己，守法奉公；不要作奸犯科，自投法网。

十、要许身卫国，志在四方；不要夜郎自大，称霸凶斗。

（资料来源：大埔青溪《蕉坑村苏坪范氏家谱》）

韩

【姓氏来源】根据平远韩氏族谱记载，韩氏相州系始祖胜，十三世孙，字先，宋授将仕郎，后扈驾南下，由越而闽，卜居宁化，妣李氏，生子一，启①。由宁化挈眷迁粤平远县八尺竹浮冈寨，为开基祖。

家训十条

和宗族

受姓同宗，共木本水源之义。将今推古，合支分派衍之宜。视之如一，勿等涂人，致贱者而疏，贵者而亲。凡出南阳之裔，皆吾血脉之亲，勿使乖争，咸当和睦。

明人伦

气同一本，亲亲之义无殊。派衍万支，代代相承不紊。在宗庙，则左昭右穆；序班行，则先尊后卑。知有别之为嘉，惟犯伦之是戒。凡吾族属，明此经常。

崇祭祀

人本乎祖，犹万物之本乎天；孝生于心，贵一诚之生于念。勿循骏奔之虚文，当尽荐祭之实意。苟洞洞如不胜，自洋洋乎在上，崇兹典

---

① 梅州韩氏奉山尧韩先公为始祖，启为开基一世祖。

礼，乐尔燕毛。

崇学业

人民有道，贤愚勿使于逸居；气禀不齐，礼乐实资于教化。东阁之开是效，义方之训当崇。子孙多列于青衿，公卿常出于白屋。惟立家塾，首择师模。

供税役

朝役有赍，四民荷抚字之恩；亿兆上供，九土有终事之义。既颇获暖衣饱食，宜乐完夏税秋租。兼承技艺之流，咸竭涓埃之报。输编徭役，用殚厥心。

谨婚娶

阴阳作合，结媾宜择乎贤良；男女姻缘，婚娶喜叶其配偶。惟聘媒以文定，勿贪利而求财。效一村两姓之贤，合三族六亲之美。昭昭不紊，世世其昌。

行周恤

族无大小，分门别户之难齐；家有富贫，为学且耕之不一。或孤茕而莫振，致衣食以难艰。惟出吾囊橐之余，以助此饥寒之辈，行兹族义，保我族黎。

别互混

本同一姓，居分南北东西；业在四方，相隔高低远近。切念今坟古墓，更兼旧址新基。或看管偶有未齐，恐混争之虞莫测。若互混相竞，当辨实分明。

扶患难

共党同宗，正属相关于休戚；扶危救难，均期义举于族间。或横逆之妄加，并灾殃之候至，若相视等于吴越，岂宗系出于渊源，幸念宗盟，以敦族谊。

辨异端

冠婚丧祭礼，当效于文公。工贾士农，心勿迷于佛老。若行祝荐修庆之事，岂无糜费繁冗之劳。家敦厚于蒸尝，以遵导于里俗。但崇正道，毋惑异端。

魏国公正家格言

治家早起，百务自然舒展；纵乐夜归，凡事悉有疏虞。服饰切勿奢华，饮食务从菲薄。一室同心，隆兴可望；满门和气，福祉必臻。皇粮及时完纳，省追呼之扰；产业勿图方圆，息争竞之羞。远僧尼六婆，可免败乱之风；亲师友正人，自有模范之益。置器勿求精巧，行事自由古朴。用好银，平好秤，果报有日；做邪戏，听淫辞，惑乱必生。量宽足于容众，身先自能率人。势交者近，势败而忘；财交者密，财尽而疏。教子幼时，质全而易化；训妇初来，志一而可约。先人遗业，当思创始之艰；身自操家，须念守成不易。应世要愚巧随时，居家须聋哑几分。积玉积金，何如积阴德以耀后；传子传孙，贵乎传清白以光前。拒下搬唆，骨肉不致伤疏；役人器使，任事必然周致。无畜俊仆艳婢，勿办戏具行头。妻虽贤，不可使与外事；仆虽能，不可使以内事。闺门行止，不可少离父母；幼妇举动，最忌烧香玩景。丰祭祀，尤宜薄自奉；斋僧道，不如饭房族。攀援势利休望扶持，耐守孤寒终必显达。物物有命戒杀当坚，人人有气宽厚自福。鄙啬之极必生奢男，厚德之至定产佳儿。大婢早出，亦当择备得人；豪奴急逐，无留放纵坏事。仇结发而偏好恶，良心已丧，岂能独享；喜贪得而作牛马，用意已迷，焉能自逸。宴会勿逞己之能，交接勿犯人之忌。言行必诚必敬，孤寡宜恤宜矜。作贱五谷，非有奇祸必有奇穷；爱惜字纸，即不显荣亦当延寿。报应念及子孙则心平，受享虑及灾危则用约。今生事，前世因，何须怨怼；后世因，今生作，不必远求。产女淹没何等忍心害理，逢人结拜不过贪谋要结。离间骨肉，阴谴必加；颠倒是非，鬼神所忌。广置宠妾，心多疾病；不喜闲事，可以安逸。家庭不可延妓畜少，儿孙无令游手好闲。戒酒后语，忌食时嗔。造桥修路，功德浩大；舍棺施药，阴德无量。寒天量力给衣，荒年更宜舍粥。速施乞化者，便其多求；访还财物者，济其失陷。住居择仁善之里，嫁娶察忠厚之家。宽严并济，义方中自有雍和；教养失宜，骄纵家必多忤逆。莫以小善而勿为，莫以小恶而勿戒。保养延寿，死生不在命也；挽回造化，富贵岂在天乎！

魏国公立身格言

事父母，须顺性推情，胜如死后追荐。友兄弟，当相爱相敬，勿听耳边勾唆。报君恩，宜竭忠而尽敬，裕国用，在节用而爱民。宗族邻里，实意和谐，乃征谦让之风。穷亲故旧倍加用情，始见义气之厚。择师得以训子孙，祀祖先而申诚敬。以恕己之心恕人，则交全；以责人之心责己，则过寡。意宜凛持法纪，行求可质神明。语言和婉，虽大事能消人之愤；议论错愕，虽小事易致人之嫌。戒忿怒，破远害关头；避酒色，得养身要务。欲断他非先自正，喜人规谏方知过。言行拟之古人则德进，功名付之天命则心闲。怒气方盛，不可发书接言；富贵初来，切戒傲物纵志。修身莫若谨，避强莫若顺。知止当自除妄想，安贫当自禁邪心。悖情逆理，祈福不灵；时乖运塞，枉求何济。遇大事确有主张，不可惊惶；临小节反要持重，毋得轻忽。不自重者取辱，不自畏者招灾，贪忌损人利己，切不可效。奸淫人伤风败行，誓不可交，快心之事，不可且做。临危之人，急须救解。受恩必报，施恩莫问，己善惟隐，人善当扬。周人急，悯人苦，均系作福；劝人善，息人讼，乃是修行。博览广识见，寡交少是非。悯人饥渴劳苦，禁己助强欺弱。结新知不若敦旧好，施新惠不如还旧债。与人斗胜大损于己，自炫己长见笑于人。亲敬尊长，远离恶少，毋以小嫌而疏致戚，毋以新怨而忘旧恩。人有阴事，虽仇家不可道破；己有邪心，即浓时须知割断。不自满者受益，不自是者博闻。动中要有静的意思，闲时须做忙里工夫。爱身如执玉，养心似擎珠。心头不善，念经无益；取财不当，布施无功。莫使满帆风，休做两截人。谨记有益语，罔谈非礼事。作事尽心，勿负任托之重；约信如期，斯慰悬望之心。惠不在多，在乎得济；怨不在大，在乎伤心。退一步前路愈宽，紧一分到头难解。作福莫先避罪，止谤不如自修。身不结官为贵，事非亲见莫言。受宠凛若朝时露，失意譬如草上风。来问婚姻事，非赞成则推不知；向我诉曲直，非劝解则当和美。禁人网禽毒鱼，止人食牛嗜犬。嫖者痴迷所至，岂知金尽不相容。所以旷达者不为其愚也。赌者贪婪所使，总之瀛〔赢〕输均无赖，所以麻明者痛绝其事也。

（资料来源：平远《韩氏族谱：南阳堂程乡韩氏第五次合修族谱》第一卷）

何

【姓氏来源】据梅县松源何氏族谱记载，始祖太乙郎（字旦）在后唐天成元年（926）任满，定居宁化石壁村，为迁闽始祖，也是客家何氏始祖。其十四世念四郎（字源美，号罕明）于明洪武二年（1369）携子迁居梅县乌寮沙立业，又于洪武十四年（1381）年携次子文滨公、三子文深公、四子文汜公，再次开基兴宁和山瓦塘。

家训八则

训孝

自古司徒掌教，首在明伦，而明伦之教，必以孝行为先。帝王统天下为一家，故以孝治天下。而其教为甚宏，庶民联一族为一家，故当孝训一族，而其教可遍及圣经，贤传言孝者，众人所熟听。考先代颖考公，秉性淳厚，以至孝闻，身为宰辅，尊养并至。南北朝，琦公事母捧檄逮存，终养后即隐居不仕。二公之孝思，可谓笃而且切矣！凡我同族讲孝者，当以是为标准。

训弟

五典之中，立爱自亲始，而立敬必自长始。故友于之化，施于有政知悌弟之道，而后长幼之伦，秩然有序，悖逆之气，涣然而消。所谓兄弟既翕，和乐且耽者也。稽之前代点公、胤公，情同手足，友爱性成。南北朝时，昆季同征，兄已托疾而不起，弟亦辞职而隐居，似此，兄难为兄，弟难为弟，故得有大山小山之美称焉。凡我同族言弟者，当以此为景行。

训忠

尽已为忠，中心为忠，忠之时，义大矣哉。故不忠为省身之首务，效忠乃匡国之要图。圣贤之明训，既详言于典籍矣。若晋之次道公，社稷为怀；明之相刘公，城颍尽节。吾族之光，于史册者实不乏人。果知忠之为道，凡于应事接物之际，尽其心而且竭其力，质诸己而可对诸人，庶俯仰无惭，影衾不作矣。

训信

有诸己之谓信，神圣之始基地。昔孔子以轨轨，喻信之不可无，信可行之蛮貊，不信则难于州里。圣贤问答，亦纂详矣。溯庐江子思公、西城栖凤公，著书立说，无不以信为指归；即参西铭近思录，亦以信为根底，则信实为家传之宝，后人切勿放弃焉。

训礼

人禽之别，礼教攸关，凡在百行，安可无礼。大而见宾承祭，小而揖让周旋，礼因不可不学也。人不知礼则上下无分，尊卑莫辨，相鼠之讥，何以能免？在昔，吾祖叔度公，职列大夫，清身洁己，礼法甚严，吴郡大守，深为赞赏；无忌公，临危不苟，握节以殉。二公动必以礼，常变不渝，故得名垂千古。凡兹后裔，其于持身接物，尤当循规蹈矩，无忝于先人之礼节焉，庶乎可矣！

训义

以义制事，动合时宜；见义不为，实曰无勇。圣贤立身行己，可舍生而取义，断不至响利而背义。故不义之行，人所深恶，好义之士，众所咸钦。如三国时，有祖进公，仗义以诛阉宦；明时巨川公，守义以辞请谒，惟其知义之为义，乃勇赴义也。吾愿后之人，以贼义为戒，而以前人之重义者，为法也可。

训廉

语云："贪夫殉财，烈士殉名。"故为富不仁，贻讥阳虎，见得思义，特重子张。临财不苟谓之廉，廉者察也；察其所当取而取之，是谓义，然后无伤于廉也。若不辨礼义，利令智昏，虽千驷万钟，名节安在！吾祖敬容、敬叔，仕宦俱以廉称；并公、远公，史册皆以廉纪，清白传家。贻厥后人，庶几绍厥芳征，绳其祖武。

训耻

孟氏云：人不可以无耻，人而无耻，则凡卑污、苟且、鲁莽灭裂之事，何所不为。

世间凡趋炎附势，诌富欺贫，败名丧节，昧己瞒心，乃天下之最可耻者也！知其可耻而毅然除之，人格自高，人纲自正。考明时乔新公，以及厚公，俱耻附权贵，独立不群，故能清操拔俗，丕振家声。知耻近乎勇，维兹后进，尚其敬承先德，以迪前光。

大郎公^①遗嘱

我生天地之间，忝居中华之国。薄宗原系出庐江，住汀州武平县盈塘里狮子口手炉山，开基立屋场。宋朝开治天下，清良南方有一老佛，号曰定光，前来南岩募化于我，我即施岩为禅堂，施屋为僧房，施田四千七百八十秤，永为老佛供养。诚心对佛，古佛真诠云：远去不妨，子孙蕃盛，世代荣昌（此三句即佛语）。我即缄默寂然上章，愿随佛家山脚转，子孙世代昌；庐江支派远，奕世更流芳；叶落九州地，根同一脉香；全仗苍天佑，常蒙古佛光；荫我子孙众，世代保安康（此以上公答佛语）。公又曰：我即携带家眷到冷洋离岩一十五里，周览形胜，水绕山环，洞员峰聚，爰是开基创业，住居十载，子孙繁衍，各卜庄基。长房河田住，赤岸是二房，四房海丰去，三房住冷洋；五房河源住，共祖各有方，六郎八郎住居远，三郎五郎在近旁。我今夫妇带一女，致嘱五

---

① 根据族谱，此处应为"太郎公"。

郎夫妇年七九，世上难逢百岁人，唤齐三四及五郎，同至膝下听言章：尚有腴田二百亩，作为余夫妇与女，生奉养死祭葬；葬后见弟轮流管，不必混耕说短长；张公九世同居住，皆因不听枕边言，敬祖敬宗亲友睦，子孙济济世代昌；兄友弟恭敬天地，荷蒙日月共三光；天地垂鉴终有见，忤逆之人定不祥，我今遗下屋与庄。任尔子孙住，任尔子孙饱食粮；孝敬祖宗天地佑，忤逆儿孙天地殃。若依此致语，子孙世代昌；荣华同地久，富贵与天长。

太郎公遗嘱诗

当年种福梵王宫，走马来朝道始通。
三徙厥居经沐栉，一身如寄转西东。
丈夫鼎立何曾定，奇士纵横到处逢。
克创丕基皆是俊，能开大业便为雄。
枝枝叶叶根非异，万万千千脉总同。
记取埙篪歌且翕，常怀源本报须丰。
吾家既得明神辅，汝辈行邀降福隆。
勿谓禹功惟洛汭，河归大海正朝宗。

（资料来源：梅县《庐江堂何氏族谱：梅县松源分谱》）

洪

【姓氏来源】据《洪氏源流志》记载：明永乐六年（1408），贵生公从闽迁潮州后，移居丰顺县丰良镇布新村开基。贵生公长子季孙生三子，长子源远（念九郎）之妻戴氏携幼子法珩，从丰顺迁居梅县石坑立基。传至八世可荣公移居平远泗水确村。

族训

物竞天择，优胜劣败。鉴古察今，可不勉哉。励精图治，放眼未来。弘扬祖德，造福后代。敦亲睦邻，孝悌仁爱。为国为民，高歌拥戴。奋刚大气，坚强豪迈。勤学苦练，攀登不懈。勤俭奉公，为人慷慨。自强不息，切勿依赖。勿恃血气，积德积善，人康物泰。审时度势，大展宏才。正身养德，廉洁为怀，勿贪横财。懒馋偷斗，千万不该。烟酒嫖赌，勿被其害。诗礼传家，风流文采。文武兼资，英雄气派。长发其祥，千秋焕彩。乃祖垂训，金石为开。

家训

览往事之成败，繁未来这〔避〕吉凶。沧桑世变，优胜少〔劣〕败；闭结拼博，事关后代。兴家振国，时不我待。因此，为光前裕后，继往开来，兴我名臣之节操，振我名臣〈之〉雄风。使我家本固枝繁，奉献国家，造福人民，特写此训。

立决烈志，奋刚大气

人贵有志，鸟贵有翼；人凭志气，虎凭威势；人怕没志，树怕没皮。宁可人穷，不可志穷；宁可身冷，不可心冷。从小要树立壮志，奋刚大气，存中正心，养灵明性，行光明事，积博厚德，以建伟业。

勤勉力学，奋志读书

求宝应从书中求，探珠应于学海探。古今中外，有识之士，无不勤勉力学！学乃身之宝，儒为席上珍。我们今后不管处境多艰，挫折多大，都要勤勉力学，奋志读书，永不气馁，永不间断。这是兴家振国之本。

存正心，走正道，行义事

时常要保持纯朴的心理。心正则理直，理直则气壮，气壮可盖山河。作人气度，要恢宏广阔，高瞻远瞩，又不要粗野狂放；思想观念绵密调〔周〕详，又不要繁杂纷乱；生活性〔兴〕趣要清静恬淡，又不要枯燥单调；言行志节要光明磊落，又不要偏激刚烈。

克勤克俭，兴家创业

勤俭是谋生之道，兴家是创业之本。功成由俭，业精于勤。学问勤中得，富裕俭中来。理家千条计，勤俭数第一。勤是摇钱树，俭是聚宝盆。倾家二字淫与赌，守家二字勤与俭。只勤不俭无底洞，只俭不勤水无源。会划会算，钱粮不断，每日省一钱，三年并一千。崇俭则福近，虽身居盛世要存乎节约，富贵广大要寄之以约，睿智聪明要守之以愚。切不可以身尊而骄人，不可以德厚而矜物。

齐家之道，以和为贵，家和则旺

天时不如地利，地利不如人和。贫非人患，以和为贵。天地和则物阜民丰，上下和则民安国泰，父子和则世代荣昌，兄弟和则家业兴隆，夫妇和则丁兴财旺，妯娌和则家欢庭乐，邻里和则乐业安居，九族和则动得所求住得所安。切勿当面不言，背后乱语或开口相骂，小不忍而乱大谋。平时一定要保持和睦相处、友爱相亲、团结奋进之风。这是齐家之道，振家之本。

积德积善，世代荣昌

积善之本，必有余庆。暗积阴德胜积金。

善行无穷，约言其纲有十条：第一，与人为善；第二，爱敬存心；第三，成人之美；第四，劝人为善；第五，救人危急；第六，兴建大利；第七，舍财作福；第八，护取正义；第九，敬老尊大；第十，爱惜民财。

修身如执玉，积德胜造福。

任贤匡辅，顺理成就

今后我们子孙得仕，必须善于任用贤人，以藉匡辅。

仕人，必先学会五用——择人、达时、审势、慎重、宜物。第一，选择人才；第二，审达时机；第三，审度大势所趋；第四，慎重。第五，因地因事制宜。

健康则本钱，安全则幸福

清洁满门添百福，安全两字值千金。

饮食要注意卫生，要牢记病从口入的教训，饭前便后要洗手，烂、臭、脏的东西勿食，无病要早防，有病要早医。

庭院内外要经常保持干净，尽量做到环境美。食具要消毒盖紧关好，衣服要常换洗，被褥要勤洗勤晒。

平时要注意体态姿势。走路要昂首挺胸，健步稳重，眼睛向前，举止要端庄；写字要注意姿势，字迹要工整美观。

平时要注意锻炼身体，积极参加文体活动，保持身心健康，乐观旺盛。

平时要注意安全。宁远走百步安全，不走近险半步。宁慢三分，不争一秒。家中财物要保管好，严防丢失，大人小孩要注意安全。

（资料来源：梅县《洪氏源流志》）

家训

或农或士或工商，为着生涯时时忙。耳闻鸡鸣宜早起，莫到日出未离床。公侯将相多么大，也须早起去朝王。勤耕下苦诸般好，浪荡闲游莫学它。昼出耕田夜绩麻，村庄儿女各当家。家庭妇少共耕织，地旁桑荫学种瓜。手拿书本论古今，你问我答来追寻。读书需要常勉励，成功之本在于勤。每日清晨一支香，谢天谢地谢山岗。只求处处禾苗熟，但愿人人寿命长。国有贤臣社稷乐，家无逆子闹爷娘。守国法梦里无惊，吃菜根淡中有味。忍几句无忧自在，让三分何等清闲。大丈夫成家容易，是君子立志不难。

（资料来源：平远《洪氏族谱》）

侯

【姓氏来源】根据梅县蓝塘《侯氏族谱》记载，梅州侯氏开基祖为侯安国。侯安国为宋代理学名家侯仲良（字师圣）的八世孙，福建汀州宁化人，宋淳祐间乡贡进士，旋即于宝祐初任梅州教授，见梅州风俗淳美，地僻人稀，遂留于城东攀桂坊居住。

族规

宜读书明理，宜孝友亲睦，宜早完钱粮，宜巡视祖墓，宜勤士农工商本业，宜审是非得失机宜，宜敬事仁贤之友，宜结亲诗礼之门。勿非为赌博吃烟，尤当切戒；勿姑息兄弟叔侄，互相劝规；勿停丧不葬及改旧坟；勿溺女不育而伤人命；勿听信妇人，须防谗间；勿多置婢妾，亦戒苛求。勿以富贵骄其心，勿以贫穷馁其志，勿谄渎鬼神，勿往来衙门，勿许妇人入庵烧香，勿许僧尼登门说话。

吕新吾①好人歌②

　　天地生万物，惟人最为贵。人中有好人，更出人中类。好人先忠信，好人重孝悌。好人知廉耻，好人守礼义。好人不纵酒，好人不恋妓。好人不赌钱，好人不尚气。好人不仗富，好人不倚势。好人不欠粮，好人不侵地。好人不教唆，好人不妒忌。好人不说谎，好人不谑戏。好人没闲言，好人不谤议。好人没歹朋，好人没浪会〔费〕。好人不村野，好人不狂悖。好人不懒惰，好人不妄费。好人不轻浮，好人不华丽。好人不邋遢，好人不乖戾③。好人不强梁，好人不暗昧。好人救患难，好人施恩惠。好人行方便，好人无诡计。恶人骂好人，好人不答对。恶人打好人，好人只躲避。不论大小人，好人不得罪。不论大小事，好人合天理。富人做好人，阴功及后世。贵人做好人，乡党不咒骂。贫人做好人，说甚千顷地。贱人做好人，不数王侯贵。少年做好人，德望等前辈。老年做好人，遮尽一生罪。弱汉做好人，强人自羞愧。恶人做好人，声名重十倍。好人乡邦宝，好人国家瑞④。好人动鬼神，好人感天地。不枉做场人，替天出口气。吁嗟乎，百年一去永不还，休做恶人留恶谥⑤。

　　　　　　　　　　　　　（资料来源：梅县《侯氏族谱》卷一）

---

　　① 吕坤（1536—1618），字叔简，号新吾，晚号抱独居士、了醒亭居士，河南宁陵人。明代著名思想家、政治家。他一生经历了嘉靖、隆庆、万历三朝，在陕西、山西、山东等地方及中央做官二十余年，六十二岁因上著名的《忧危疏》而遭谗，辞官家居，八十三岁卒于故里。

　　② 《侯氏族谱》中未有按语，吕新吾之《好人歌》中有一段按语为："弘谋按，人皆知爱慕好人。而存心行事。有时近于不好者矣。今一一列出。孰为好人，孰为不好人，随事可见。有志者，可以自省矣。"此处的"弘谋"为陈宏谋（1696—1771），字汝咨，临桂（今广西桂林）人。雍正年间进士，历官布政使、巡抚、总督，至东阁大学士兼工部尚书。

　　③ 吕文为"好人不跷蹊"。

　　④ 吕文为"好人家国瑞"。

　　⑤ 吕文为"休做恶人浼世间"。

胡

【姓氏来源】根据梅县《有通公梅南胡氏族谱》记载，北宋仁宗年间，胡万九郎，字长盛，任职泉州巡务，自赣宁都迁福建汀州府（今长汀县）胡家坊开基，生子三：长胡五郎、次胡六郎、三胡七郎。胡七郎八世孙胡有通，生于元大德三年（1299），于元朝末年由福建永定县下洋迁丰顺县汤坑开基，成为胡氏入粤始祖一世。

家训①

悲哉为儒者，力学不知疲。观书眼欲暗，秉笔手成胝。无衣儿号寒，绝粮妻啼饥。文思苦冥搜，形容长枯羸。俯仰多迍邅，屡受胯下欺。十举方一第，双鬓已如丝。丈夫老且病，中有乳臭儿。状貌如妇人，光莹膏粱日，适在贫贱时。沉沉朱门宅，肌。褓襁袭世爵，门承勋戚资。前庭列璧仆，出入相追随。千金办月廪，万钱从赏支。后堂拥姝姬，早夜同笑嬉。错落开珠翠，艳辉沃膏脂。装饰及鹰犬，绘彩至蔷薇。青春付杯酒，白日消枰棋。守俸还酒债，堆金选娥眉。朝众博徒饮，暮赴娼楼期。逢人说门阀，乐性惟珍奇。弦歌恣娱燕，缯绮饰容仪。田园日朘削，门户月倾隳。声色游戏外，无余亦无知。帝王是何物？孔孟果为谁。咄哉骄衿子，于世奚所

---

① 此家训为胡铨所作。胡铨（1102—1180），字邦衡，号澹庵，吉州庐陵芗城（今江西省吉安市青原区值夏镇）人。南宋政治家、文学家，爱国名臣，庐陵"五忠一节"之一，与李纲、赵鼎、李光并称为"南宋四名臣"。

裨。不思厥祖父，亦曾寒士悲。辛苦擢官仕，锱铢积家基。期汝长富贵，岂意遽相衰。儒生反坚耐，贵游多流离。兴亡等一瞬，焉须嗟而悲。吾宗两百年，相承惟礼诗。吾早仕天京，声闻已四驰。枢庭皂囊封，琅玕肝胆披。但知尊天土，焉能臣戎夷。新州席未暖，珠崖早穷羁。辄作贾生哭，漫兴梁士噫。仗节拟苏武，赓骚师楚累。龙飞睹大人，忽诏衡阳移。帝曰尔胡铨，无事久栖迟。生还天所相，直谅时所推。更当勉初志，用为朕倚毗。一月便十迁，取官如摘髭。记言立螭坳，讲幄坐龙帷。草麻赐莲炬，陟爵衔金卮。巡边辄开府，御笔亲标旗。精兵三十万，指顾劳呵麾。闻名已宵遁，奏功靖方陲。归来箫鼓竞，虎拜登龙墀。诏加端明职，赐第江之湄。自喜可佚老，主上复勤思。专礼逮白屋，悲非吾之宜。四子还上殿，拥笏腰带垂。父子拜前后，兄弟融怡愉。诚由积善致，玉音重奖咨。次政尊职隆，授官非由私。吾位等公相，吾年将耆颐。立身忠孝门，传家清白规。但愿后世贤，努力勤撑持。把盏及明月，披襟招凉飔。醉墨虽欹斜，是为子孙贻。

梅南胡氏族训

"百忙莫忘孝，万行不离书。"我胡氏历史悠久，源远流长，世代英才辈出，无愧为名门望族。根深方能叶茂，教化方能荣昌。诸恶莫做，众普奉行。善恶有报，族人谨记，福泽绵长。

敬

敬畏天地，敬重先祖。

孝

尊敬长辈，孝顺父母。

睦

兄弟邻里，和睦相处。

勤

敬业乐业，勤劳致富。

俭

节俭养身，积福子孙。

书

知书达理，书香传家。

（资料来源：梅县梅南《有道公梅南胡氏族谱》）

诚公遗嘱

尝谓水流万派而饮水者，必当溯其源。木发千柯而灌水者探其本。人之云祈相继发达者，可不思乎？祖宗一脉之流通，积德之所致也，苟不思之，记之，倘岁月之悠久，人事之消长，使骨肉无稽，籍贯无所考，基业无所识，家世无所闻。后日子孙欲闻而知之者，岂不如长星晚露，落落无所自哉！

仰思我高祖讳有通公，妣董氏，因元朝鹿失而无安，乃思于广东中洲相去万里可以避地，遂自福建长汀杨家迁于潮州揭阳卜居石子岗。山水幽胜而世家焉。生曾祖十郎公，妣刘氏，生八郎字满玉；续配妣张氏有贤德实，生我祖，讳满全公也，妣陈氏，生伯留聪、父闻聪。惟祖为人天资孝友，质实不凡，创置产业甲于闻，乃隐居陶公坑口。邑宰闻贤礼为耆实，公论得于人心。人咸颂曰〔曰〕：宁为刑罚所加，母〔毋〕为胡公短也。祖殁，伯守先入揭阳之旧址，父肇长乐双头之永居。伯配詹氏生男巫、扁，其子颇来往。父先配黄氏，以瘦而去，续配我母温氏，生兄湿与诚及弟海三人也。弟远徙复迁湖阁里。

予自十八召为邑禄，三十有三冠带荣身，五十有八蒙恩致仕，上膺天宠之褒荣，下人心之敬仰。但承奉上人之命，奔走江湖之间，水宿风餐，辛苦莫甚。今思老夫六十有一，尔母六十三，夫妇白发垂堂，桑榆

63

暮景略有纤毫。产业理合均分，以男我实不曾得先祖片瓦之居，亦不曾受父母立锥之地，皆予夫妇诛茅为屋，凿石为田，春种秋收，日夜作息所致也。尔宣等作六分均分。有次男胡宽随我往京病故，可怜生女四人，遗腹止产一儿，乳名生子，另拨田圹恩养抚恤，尔等当体我勤劳。所谓成立之难如升天，复坠之易如燎毛。为兄者当友于弟，为弟者当恭于兄，其有恃尊凌卑，倚欺弱者，必非吾之子孙也。呼为是嘱也，上以使子孙识吾祖消长之基，下以会子孙守吾夫妇经营之业。言之痛心，尔宜骨铭！

皇明天顺三年己卯岁四月初四日老父胡诚付子孙永远为鉴。

族规小引

胡　诚

宗德昭垂咸仰始谋之远，子姓云礽益思燕翼之谋。犹作室也，而底法乐有。乃祖父乃父惟折新矣克负荷，斯谓文子文孙祗恐贤智不皆，其人暴弃间或有之，虑其逞犯于既往。若预防于未然，乃考前之范训，端为今日轨趋，可以鉴芳避秽，实足就贞前淫。是训是行，勿谓吕端之糊涂，斯服斯习，无若伯鲁之失简。遂纪条例申谓族众誓信徙木幸母〔毋〕弁髦。乃别章目，序次于左：

族牒宜法欧阳之制，上自高祖下至玄孙，以五为提者，五服之义也；玄孙再提而为九世，又提为十三世，提之无穷者皆五服之义也。推而上下则见源流所自，旁行而列则知子孙多寡。

家长当执公仗义剖断是非，临事不可徇私偏轨，族众悉听理论处置行止。或有过误子侄和谏必起敬起孝母〔毋〕伤激怒。

立祠堂乃敬祖宗而序昭穆，四时祭祀，洁新荐馨，丰俭得宜，竭其诚意。敬请衣冠通引预命习礼弟子，书简祝文随情写意，所谓礼文与明德并殷，祖灵断心歆之祭毕。子孙有贤者于此奖之，不肖于此惩之。矜目之居优等与夫德义超卓者，宜厚族赏，宗庙辨贤亦达孝之一端也。

蒸尝钱谷，不论尊卑长幼，择一廉洁明义者，收执随时价发粜以备祀用，有读书清贫者量助焉，钱粮输差务要出入明白，不得浪费鲸吞。即子孙佃作最要清算注簿，或修整祖坟祭扫远墓，可将某项支出。

祖宅屋基，富贵之根，与败攸关，今后不许子孙图私架造，恣意开挖左右龙手，不得开田园塘，封荫树木，亦不许乱砍、盗卖，致伤龙坏砂，冲射厌犯，莫此为甚。又或贫富不同，富者不可立计贪谋贫者，不许另卖异姓，当念血脉，宜推恻隐，庶宗门悠久，不替可也。

先代祖坟无人祭扫，以致秃塌浅露，恐外人混冒。遇清明佳节，当念同宗以土培固，以纸挂标志，碑立石以为认识，切不可挖卖，失其无祀，灭其骸骨。

各处坟无碍龙脉坟堑之外，许可至亲傍葬，通请尊房族，若不预告明白，即同盗葬欺祖貌，族有等无籍之辈，甚至侵茔贴椁，遇有此等即同合族掘起，令其亲领私骸，不须烦官。倘若异姓侵犯，通族极宜止救。

同族遇有吉凶，当行庆吊切不可简傲，须死生相吊，博而亲睦之道斯尽。

不幸无嗣者，理该亲房承继。若无，当议从堂之子过继；又无，当依族内次序接立，不许互争，须请通族嗣帖明白，随其家厚薄以承宗祀。又或无，养异姓之子，弃之则绝其祀，存则又惹其犯，必须载纪明白庶不污宗派。

男女婚姻要择异姓，良善相称，阀阅相当，如逆、乱、恶、病、污浊、淫、嫉之家，不可议配。再有失配者，或其妇先嫁同姓共宗与不同宗共姓欲续娶者，不可苟且；贱伦即买婢妾者，亦宜审慎。

族内子孙有嫡庶生者，有继婢生者，虽妻有嫡庶而子无等杀，须内念父母骨肉，不可间隔轻视，恐至长成争财克产，呈官告府，辱及祖父。分产之日，无论多寡，即告明族老处置得均可也。

庶母先终嫡母在堂，按古周礼不敢服制，如嫡母先终而庶母后故，众孝子孙俱一体服制。若继母填房则是一体服齐衰三年。

正名分祖兄弟侄孙，或分房不及面识，未便称呼，宜询宗派排定世系，不得糊混，以致名不正，言不顺，有乖圣教。

入学子弟与食廪贡选掇科登第者，当花红奖赏致贺。虽无额银，随各房蒸尝抽赠，以劝将来日后不得倚贵凌贱，倚势欺族。

生子及孙，弥月之后，必请长者，参考前人讳表立字，呼名莫犯先世。

子孙族众宜循礼守法，详读太祖皇帝六训，母〔毋〕乱争竟，为子逆亲，叔侄相殴，兄弟残伦。有一于此，尊长执理鸣〔鸣〕鼓其恶，或抗顽不服首，官治罪，以警刁风。

本族有富贵者，不可安富尊荣，傲世慢物，轻貌宗族，特〔恃〕强欺弱，凌忽贫寡，当以礼让为先，必富者好礼，贫者守分，至不能尽读书知礼义，士农工商各安其业，切不可卑污苟且为盗贼，为凶淫泼赖无能，上玷祖宗下辱族。当慎之，戒之，母〔毋〕罹法纲贻累亲房。

子孙或不幸为人义子，为僧道，为巫祝，为隶卒，又或妇女改嫁为人待〔侍〕妾，为奴婢，为娼妓者，皆要削其名姓，母〔毋〕混宗支。

子孙不得任嗜欲多娶妾，及居家出外，贪赌花酒，交结无赖，有外风化，丧身败家，有一于此，尊长切宜戒饰。

败乱礼伦，此横目之禽兽也。人纪之坏于此焉极。如或有犯，轻则进之要荒，重则置诸死地，母〔毋〕烦官司，有玷宗族。

食药图赖，此无耻之徒，终不长进者，死则登投房族长，验明即埋，莫致鸣官，即或鸣官，合族亦共呈其药，死不致累人，若还生仍行公责。

武断乡曲，造局诈骗，刁笔杀人，兴词健讼，群居赌博。①

谣言造谤，此皆有为恶之才，又有为恶之胆者也。阴则损德，阳则害人，小则败身，大则败家。此皆轻薄子弟，交比匪类而成此恶习者也。亏行乱正雅俗关系匪浅，切宜戒之。

族中不论同居、外住，或卑微而被人种害，或高明而被贼杀夺者，我等念切同体而代为伸雪，代为报复，以尽救之力，可也。不则仆而不扶，则将焉用族众为矣。

倚尊欺卑，倚强欺弱，倚众暴寡，此亦应居横行之流。今后有此许卑寒之辈，投明房族长，即会合众击，庶会单寒并生。

禁好斗。尊卑长幼名分所关，或因小忿有伤大体，轻则原情处理，大则鸣族责罚，如因田产财谷不明，家长随事权宜处置。或不幸斗伤，吞药死赖，不可以人命为奇货，须究某事起因，排解处决。

是非或自外来，或由内构。当局者迷，旁观者醒。在叔侄兄弟之列，宜公言解劝；如是送非、架煽祸患者，通族攻击，先除家贼是也。

本族叔侄平时守本分，或因外姓欺侮，财尽力竭无可如何，当告明

---

① 此段文字原文如此，疑入新谱时漏掉。

族众锄强扶弱，大申公义，须智出谋，勇出力，富资财，合众协力，羽翼而行，母〔毋〕以小仇废大义，母〔毋〕以小利阻大事，虽不铁中铮铮亦当庸中佼佼。

此上规条皆至当不易，宜世世遵守，各房会写一道以使子孙习见而熟识，现今里役四轮不为〈不〉庶，粮丁广设不为不富。家世衣冠读书未尝不闻，由此，乐善循礼，读书秉义，拾青紫掇魏科，显亲扬名，家声丕振，岂不美哉！

（资料来源：五华《安定胡氏有通公族谱》）

黄

【姓氏来源】根据蕉岭《黄氏族谱》记载，梅州黄氏为北宋黄峭山后裔。黄峭山之子化公传至潜善公，登宋进士，官至尚书左仆射，生九子。其中潜善公第六子久养生二子：伯、僚。僚公，南宋隆兴二年（1164）进士，官琼州太守，任满归田，落籍梅州，为始祖。其后裔陆续散居梅州各处。

族规

自古以来，各姓族人的族规极严，黄姓亦然。族规是约束族人的成文法典。黄姓族规对族内成员的各个方面约束甚严，并明确赏罚，且有具体措施。所有这些规定的目的都在于训导族人积极向上，为国家、为社会、为家族立功、立德、立言，从而光宗耀祖，抬高和扩大本宗族的社会地位与影响。

尝闻国有法，家有规，国法者齐民之术，家规者敦族之方。吾黄姓太祖自明世徙居斯土，上承祖训，下裕孙谋，历数传而职司，外翰克敦孝友诗书联，三世而誉播明经，不负廉隅礼让，习有常业，行无败德。迄今数百余年，我后所由沐佑启之福也。正宜卜世卜年，家声勿替第，恐好风好雨，族志难齐，谨述彝训举其要者八条，以为我族规。凡在天亲各宜自凛，如敢逾闲，重惩不贷。

黄

孝悌宜敦

孝为百行之首，人不孝悌，余无足观。其有不敬父母，不养父母，忤逆父母，以及狎玩尊长，辱骂尊长，不遵尊长之训者，分别责斥，决不姑宽。

乡党宜睦

乡党有友助之宜，不和乡党，唇齿无依。其有以强凌弱，以众暴寡，以智欺愚，并及奸宄戾俗教唆害众，而为乡邦党之蠹者，一经察出，重加斥革。

礼让宜明

吾人在家接物，出门同入，皆当卑以下人，不宜逾闲荡检。为老者负载，后长者徐行，礼固然也。大智而若愚，分肥自取瘦，让固然也。至于宾主有仪，男女有别，视盈若虚，视强如弱，皆有礼让之，昭著者也。如或放恣不羁，仪文不整者，责无赦。

廉耻宜砺

凡静有所思，动有所接，务须冰清玉洁，不愧屋漏神明。非吾所有者，一介不取，廉也；本心有愧者，一事不为，耻也。至于暗投之，壁却之，以无因窃盗之名畏知于贤者，此廉耻之见真者也，如或贪财苟得，临事苟为者，责无赦。

习读宜勤

勤习读，可以资德性，人性皆善，类皆学，而后知为父兄者，务须培养子弟，亲师取友，使之辅相载成。为子弟者，尤宜体贴父兄，政〔种〕苦求甘，毋致画虎类狗。不必计功名，不必求闻望，学养既成，可为乡党仪型，即可为父母肖子。尚其勖之。

农桑宜重

重农桑，可以裕衣食。天生蒸民，未必尽无衣食。游手好闲者，虽粮有千箱，未必能余一粟；服田力穑者，虽家无升斗，不致委身饿殍。

男务勤耕，女务勤织，族无游民，衣食由此充，即盈余由此始。庶其勉之。

节俭宜崇

崇节俭可以节财流。奢华之习，即贫穷之媒。尝见赤贫之家，惜财如命，未几而少有，未几而富有。为子孙者承祖父赢余，纵一己之所欲，交游征逐，一掷万金，能长保其富者几何矣。吾族萃居此土，贫富不齐。富者节俭，富者常当；贫者节俭，贫不终贫。愿我族人其念之可也。

非为宜戒

戒非为可以一风俗，细事不矜，已为大德之累，况乎丧良妄作，何足为人？酒色之徒，每致败伦乱纪；贪婪之辈，间为鼠窃狗偷。甚至赌博，设洋烟馆，窝无赖贼，种种非为伤风败俗。又其甚者，以他人昆为手足，集会称雄，纠无义汉作虎狼，打家肆掠，国法必诛。彼辈之不就戮者，几人矣。吾族生齿不一，如有故犯，小则斥革，终身毋令归族；大则擒送正法，决不稍容。愿我族人其慎焉可也。

民国十一年壬戌续修族谱时，合族增补。全文如下：

一、尊亲敬长，彝伦攸叙。族中子弟，倘有以恶感对待父母及长老者，一经报明，公同到祠，重处。

二、夫妇为人伦之首，彼兄收弟妇，弟纳兄妻，实系禽兽行为。族中有此，决定男逐女嫁。

三、蔑伦通奸，大干风化。族中男妇，分有尊卑。瓜李之嫌，所宜严别。如逆理自由混居一室，非特该等不准登谱，即其双方亲友，一律削除。

四、夫嫌妇陋，妻憎夫贫，均为法律上所不许可。嗣后如有恃势嫌妻拍卖者，将财礼充公，并限以不得再娶。至若实系不守妇规，查明后亦准离异。

五、宗庙所以序昭穆。无子而立承祀，必择派行相当。当秩序紊乱，查出定行离异。

六、非种必锄，亘古如斯。族中如有螟蛉抱带之类，概不登谱。

七、继子与生子原属两途。继子而叙作生子，不特名实不符，亦且轻弃本根。世俗陋习，今概削除。

八、行为不正，曾经赶逐在外者，不准登谱。尚各懔懔励行，毋贻后悔。

家规十二则

家有规条，所以范围族人循礼守义，犹国有告谕。所以晓示天下，一道同风。

忠君孝亲

人伦有五，忠孝为先。在朝事君，心膂股肱。文经武纬，功业灿然。在家事亲，竭力勉能。倘有忤逆，众加笞鞭。精忠纯孝，感动地天。

敬兄事长

家庭里闾，兄长宜敬。让梨吹篪，手足情亲。休争财产，操戈起衅。伯叔祖辈，名分尊甚。恭逊顺从，犯上必警。乡党论齿，不独同姓。

为夫正内

男室女家，夫纲先整。夫和而义，妻柔而正。男历外事，妇工织衽。男应立正，枕言勿听。妇戒长舌，家务整营。闺门严肃，家道兴盛。

尊师信友

教尚名师，束脩勿究。时雨春风，秘旨传授。隆师训子，德业可就。丽泽磋磨，交宜益友。兰臭同心，敬信宜久。文会往来，益彰不谬。

专心习业

士农工商，习业宜专。苦读成名，荣耀家邦。勤耕广种，充实仓

71

箱。百工技艺，熟则精良。商贾慎密，捆载归藏。懒惰游戏，朽木粪墙。

安分守法

万事人为，休生忌妒。贫贱困苦，发奋安素。物非己有，不可贪顾。寡廉鲜耻，众情所恶。私宰赌博，坏事莫睹。奸淫邪盗，国法严究。

惜身节用

发肤身体，保护可嘉。酒色财气，切莫恋它。轻生任气，倾丧兴嗟。处世居室，不必侈奢。衣服器皿，不可繁华。冠婚丧葬，节用为佳。

祀祖保墓

水源木本，一脉当知。祷祀蒸尝，祭祖以时。祖山四至，立界莫迟。冢穴坟茔，先灵所栖。内宜立券，外宜竖碑。护以树木，保守勿迷。

安冢固业

光祖坟茔，焚戒昭明。上下左右，不可犯惊。钻侵尖茔，延祸非轻。余山秀穴，开取声鸣。寿基空位，父立子承。外姓异族，勿卖免争。

睦族和邻

比屋处聚，有族与邻。万年宗族，大小分明。纲常勿坏，敦睦情深。邻居附近，胜于远亲。出入守望，协力同心。救灾焦急，互帮友平。

审娶择配

选妻婚娶，才貌莫歆。德性淑慎，乃是家珍。以吕易赢，尤防乱真。为女选婿，莫急许缨。访知的实，相称结姻。妆资酌量，不必丰盈。

矜寡崇节

闺中弱质，年幼失夫。寒霜冷雨，孤枕凄然。茹茶饮蘗，冰心操坚。或守孤儿，茂龄熬煎。两宜互助，百计恤怜。铁崇劲节，代请旌悬。

家族规范十条

一、凡子孙要各安生理，士农工商各务其业，不得游手好闲，自取饥寒。

二、凡尊卑座次照依齿序，不可以富贵而骄贫贱，仍将各当体爱，不得欺凌，有则改之，无则加勉。

三、凡同族之人，有富贵贫贱，未能均一，皆是天命之所赋受也。为宗族者不可恃富而骄贫，倚贵而轻贱，盖由祖宗一脉而未视子孙固无亲疏也。富贵者当发救济之仁心，布饥寒之德泽，推其余而补不足，宗族也无贫乏矣。贫贱者不可有嫉妒之心而怀憎怨之念，各宜守分而安义，如此则宗族有雍睦矣。

四、凡子孙有善不褒，有恶不贬，无以为勤惩。是以大义虽明，或失于僭乱，或忤逆不孝，酗酒伤人，欺殴尊长凌宗亲，奸淫盗乱，欺众隐己。若有该犯，小则会族教育，大则送官处理。

五、凡宗族间有孤贫无靠者，当念其一脉而来，生则调其衣食，死则备其棺木，不忘其本福有攸归矣。

六、凡与词相害，各房务要公正是非，不得袖手旁观，以致骨肉相残，破家落产，非美族也，

七、凡族间庆吊之礼，五服之内理所当然，五服之外亦当施报，以广亲亲之仁心，不然，貌无关系，其如和睦宗族之义何哉？

八、凡宗族男妇，要别嫌疑，男女授受不亲，而各守礼法，不得忘睐祖亲，以玷家声。切重戒之。

九、凡宗族有智、愚、贤、不肖之人，未能无过不及贤智者，当以中也养不中才也，养不才常教以孝悌忠信、礼义廉耻之事，使其孝顺父母，尊敬师长，相亲相爱皆能迁善，于是仁让之风兴也。上下有伦，长

幼有序，也彝伦厚矣。

十、凡宗族人等要发扬祖宗荣耀，纪念祖先，特别是抗日战争、解放战争为国为民而献身者更要纪念，不忘今日来之不易。[1]

家教规约六条

敦孝友

孝子敬父如敬天，敬母如敬地，不是空桑生此身，须尽志养敬双亲，若还反哺不如物，却恐慈乌解笑人。至于兄弟以和为主，五脏不和为必死之病，兄弟不和为必破之家。法昭禅师倡曰：同气连枝条自荣，此须言语莫伤情；一回相见一回老，能得几时为弟兄。此孝友之当敦也。

肃闺门

凡妇女，不得羽为华丽，耽于曲蘗为取端，庄静一寡言慎行。奉舅姑以孝，事丈夫以敬，待妯娌以和，接子孙以慈爱。凡有吉凶之事，务在谨内外，别尊卑，辨亲疏，必尽闺阃之礼，不预阃外之谋。易曰：男正位乎外，男女正，天下之大义也。职中馈羽纺织，避嫌疑。三姑六婆不可入内，家人仆从不可乱进，男女不受授，内外要分明，此闺门之当肃也。

豫教诲

养弟子如养芝兰，既积学以培植，又积善以滋润之。父子之间不可以小慈。律之以严绳以法，述嘉言善行以导之，择正人君子而师友之。居处须恭敬，不得肆慢；言语须谛当，不得戏谑。凡事谦恭，不得尚气凌人，勿恃富而贪酒色、赌博，勿恃势而侵害良善。此教诲而当豫也。

勤职业

人生在勤，勤则不匮。一夫不耕则受饥，一妇不织则寒，是勤可以

---

[1] 此条是1990年加订。

免饥寒。勤则劳，劳则善心生，是勤可以远邪辟也。吕成公曰："主静劳悠远博厚自强，则坚实精明操存，则血气循轨而不乱。"内敛而不浮，是勤可以致寿考也。勤惰之心一移，祸福之应响至。人可不勤职业乎？

崇节俭

食可饱而不必珍，衣可暖而不必萃，居处安不必吉凶，宾客可备礼而不必侈，如此则一身之用易。供一岁之计可给，富而能俭可以常保，贫而能俭可以无饥寒。由俭入奢易，由奢入俭难。人可不知节俭乎？

防婢仆

婢仆亦人子也。宜恤其饥寒，节其勤苦，疗其疾病，时其配偶。然治家之法，门户垣墙，务宜严固。男女对象，当分内外。家长主妇，时常检点，不得耽于私爱。怠于防闲，致男女混杂，以贻人笑，以防婢仆不可知也。

家训

敦孝悌

孝悌为百行之首，凡为人子弟者，当尽孝悌之道，不可忍灭天性，兹惟望吾族子孙，宜敦孝悌于一家。

睦宗族

宗族为万年之所同，虽支分派别，则源同一脉，切不可相视为秦越，兹惟我族务宜敦一本之谊，共成亲亲之道。

和乡邻

乡邻为同井之居，凡出入相友，守望相助，切不可相残相斗，务宜视异姓如同骨肉之亲。

明礼让

礼让为持己处世之道，非徒拜跪坐揖之交，必使亢戾不萌，骄泰不作，庶成谦恭逊顺之风。

务本业

士农工商各有其业，古人云：业精于勤而荒于嬉，惟务其业者，乃得自食其力，可见食其力者，敢不端其事乎。

端士品

士为四民之首，隆其名，正以贵，其实是也。故宜居仁由义，以成明体达用之学，若使窬闲，不惟上达无由，且士类有玷。

隆师道

师道为教化之本，隆师重道，正以崇其教也。若不尊宗，不惟教化不行，而且有亵渎之嫌，何得漫言传道。

修坟墓

坟墓所以藏先人之魂骸，每年宜诣坟祭扫，剪其荆榛，去其垢秽，以妥先灵，切莫挖掘抛露，致使祖宗之怨恫。

戒犯讳

同源苗每派宜择定一字为名。凡属五服内之嗣孙，不得犯父兄伯叔之名，即上祖之名字，亦当共避之。

戒争讼

争讼非立身之道，凡争必有失，讼则终凶。宜以忍让处之为上，勿致有断情绝义之路，倾家荡产之悔。

戒非为

非为乃非人生可作可为之事。凡所行者，必要光明正大，天理良心。切勿贪财设计，贪色行奸，宜见得必然思义。

戒犯上

自古尊卑上下，名分昭然。不得以卑凌尊，以下犯上。务宜徐行后长，勿致有干在犯上之失。

戒异端

异端乃非圣人之道，所作为无父无君之事也。愿我族宗盟，若闻邪术妖言，务宜远之，勿致其害累矣。

畏法律

法律者，朝廷之律例也。凡人若犯王法之章，不怕尔心如钢铁，到其间必自有熔化之刑矣，宜必畏之免之。

戒轻谱

家谱之修，所以叙一本之渊源也。谱编成帙乃一家之宝，务宜同为珍重，以便考查世系。切勿抛弃，以亵祖宗也，宜共凛之。

峭山公祖训、族规

家训

天生人而赋以性，固必欲其饬行敦纪，其相葆合于不坏。人以物蔽习染，每失其初，非有以觉之。冥冥长夜，沐猴而冠，以间尝批阅前世若吕氏乡约、《袁氏世范》、王孟箕《宗约会规》。嘉言懿行，高风具在考亭朱子，更笔订《小学》一书，以垂后人。今国家于广颂圣谕万言，饬省府州邑朔望宣读。凡皆启迪，渐摩至爱也。我辈生古人之后，运际升平，务宜一一遵奉，时时书绅，爱谱简有限，未克萃镂格训，聊举日用不可缺，生人所易犯者，撰列一十六条。欲使莠顽感意，长幼共知，固意惟取其真语，不嫌于朴。凡我族族人，诚自今以始，父诫其子，兄勉其弟，人率天常，家敦古道。何患族风浇漓，裹不人美也。庶几勉之，予曰望之志家规。

忠君上

天降下民，而作之君非偶然也。山田土产，沐君之恩；政教礼乐，蒙之泽君。代天以子民，故称域中两大。为其下者，幸而班联朝端，则尝靖共尔位，公而忘私。即士农工商仰沐，平亦各宜随分，自尽丁差，粮米粉务早急也。违制舞法，必共戒训也。奉太君之训，即为草莽尽臣，守君之法，不失遐陬良士。凡我族人，不可不知。

孝双亲

父母于子，怀妊十月，裹抱三年，长大而教养婚配，一无可贷。纵或四壁萧然，未免为子全谋，而自提携，以迄成人，衣之食之，宁自饥寒，奈劳吃苦。人若不孝，鸦羝不若？枭獍何异？古之行孝敬孝者，难以枚举。大约总其要，则在爱敬兼行；分其条，则大而读书修身，次而服劳奉养。居常则奉命不违，有过则几谏，讽诤切不可任性。格肆春撞，听妇言私，财货忤嗜，好背饮食，既犯大不孝之罪，又犯小不孝之愆。或不幸而有继母，犹宜委屈承顺；有庶母，益加曲意小心。执王捧盈，未止一节。总之，不见父母不是之，一言尽之耳。至于父母既殁，即难循逾月之制，亦宜急速安厝。富厚之家，毋贪风水而久停；即贫寒之户，亦随便就土以安亲。虽卜其宅，兆古所不废，然岂不闻牛眠鹤举，固以方圆寸地乎？况乎暴露亲棺，于例有违，于亲不孝，安有违例不孝，克昌厥后者？呜呼，茹血餐膏，敢忘明发之念？高天厚地，难容不子之身！凡我族人，不可不知。

笃友爱

父母，元首也。兄弟，手足也。手足有痛，则元首亦为之不宁。人家兄弟，每不相让，或争财产，或因小事芥蒂，又或听妻子奴婢僭言，外人簧口，唆掇一日，失欢终身。莫解夫，交朋结契，每多嗅〔臭〕味相投；而共祖同祢，偏觉薰莸不入，均属伦常，情何独异？昔人有言："兄弟不和，则父母在生，其心不快；父母既殁，其神不安。"是故，同怀兄弟，固宜式好无忧。即异母兄弟，亦母异而父则本同，总应广量推逊。不然，以手足之痛，累及元首矣。试观，兄弟翕而父母顺，可知友恭所在，即孝心所在。关系何如，宁不念与，推而至于同堂兄弟？二人虽别，一本无殊。皆友爱之，不可丝毫缺者。凡我族人，慎知之。

黄

重祠墓

祖祠墓，祖宗所恁伊之地，即子孙愎见忾闻之地。自天子以至于士庶，分位虽别，而思成展敬之心，则一也。故祠宜勤勤修葺，毋浪置秽杂诸物，毋听其漏湿倒塌。思患豫防，始持永久。至于护坟，竹木宜封蓄，冢上土石，宜珍惜也。或已山相联，不可恣情侵占也。已分相共，不可因贫私鬻也。苟祠墓不重，即忘祖不孝。忘祖不孝，即逆天负良，天地且不容，岂特祖宗之不庇乎？凡我族人，不可不知。

敬尊长

临雍拜老先王，美意恂恂居乡，至圣懿行。凡今之人，岂不奉为金科玉律乎？年长于我者，须礼高年；分尊于我者，必循分位。若使少年而轻耆耋，子侄而玩伯叔；或因其朴贯，行吾巧诈；或因其孤贫，恣我侮弄，试易地以观，设我之卑幼，欺我忽我，我能自遗否？故即身都富贵，富贵不加乡党；躬身才智，才智不先宗族。苟不留好样于子孙，将见悖逆斗门，渐启其端矣。虽然为尊长者，亦必声律身度，躬作典型。若自恃尊重，不正其身保，毋言教者讼，虽令不行乎？凡我族人，不可不知。

肃家门

居室之间，必循理法，妇人何知道端？男子如读书之士，经义已明。即或未读者，亦历事已多。皆当于新妇初到时，即以所见所闻，勤迪闺阃。积久不懈，教其孝敬，饬其勤俭，启其贤淑，遵其容止，禁其悍泼，防其邪行，习成性，妇道必尽。至于间杂人等，如三姑六婆，浪子游闲辈，出入尤宜谨慎。近日陋习，乾儿宜子，叫母称父。待人多有待若亲生者，此犹不可以不防微杜渐也。又或有力之家，蓄养幼仆，曰手下贱辈，亦应谨其进止。所谓瓜田李下，各有嫌疑。他如过家聚谈，每起是非；入庙烧香，亵渎神明，皆所宜戒也。凡我族人，不可不知。

谨嫁娶

夫妇人伦之首，闺门万化之原。书称厘降，诗首关雎，此何如事也，是奠雁谨！六礼之吉，孟浪堪嗟，花烛肇百世之昌，苟且足虑。尝观人嫁娶，动曰门当户对，岂不云美。然每每归门之后，贤否互异之，自古在昔。致叹于莫可如何，于是胡定公谓："嫁女必胜吾家，娶妇必不若吾家者。"吾谓亦不必限定如此。只择其祖父本分，访其家训严肃之户，其子若女，必能仰体而淑贤。典江先生有言曰："男择女之德，女择男之行。"今诚能依此法，由是嫁女得婿之贤，何妨贫窭？娶媳得新妇之淑，何拘富贵？若徒羡慕门第，及有意低昂，总非正道，总不能无后日之悔。凡我族人，不可不知。

亲族属

宗族虽纷，本初只是一人。若恃富贵而欺贫贱，逞强众而凌弱寡，我则快矣，祖宗何无怨恫？故平时当以雍睦为心，循分敬谨，谦卑逊顺。有善则相劝，有过则委曲开示，有事则彼此商酌，纂而行之，和意蔼蔼，自无乖戾。纵或人心不齐，外言馋间，务宜过而辄化。万不获已，即面晰言清，不必藏怨记怀，庶允情意自洽，忿恨不生。昔人于每月朔望，必合族小，饮谓相见。劝则恩谊蜜，且有闲是闲非，可以面白冰消。立法甚良，久为后来准则，他如年迈无嗣，必择其亲房子弟继之，由亲及疏，持以公道，此圣人不绝人后之至意也。外家子弟，各有宗派，岂可令其冒纂。此律例，异种乱宗大禁也。至于饔餐莫给，孑立藐孤，俱属可怜，必各随力量，周济护持。此又慈祥恺悌之仰体天者也。凡我族人，不可不知。

睦乡党

友助扶持，必赖邻里，或栋宇相比，或鸡犬相闻，或田土相连，或市井相近，虽人庞姓杂，能源不等于悠悠行路。故除狡狯不可讳化之辈，勿与相近；其淳淳刚正者，必往来和蔼。有无通融，纵不能泛泛遍及，万不可倨傲自处，刻薄存心，恃势而欺侮，党同而唆拨，忌刻而侵害，利己而亏人，以致抱怨饮恨，旁观指摘。盖以此加于陌路，且曰无良矧属，裹〔乡〕党面目何在？况乎缓急，不无有待报后，原属世情，无论贫富，孰能孤立。凡我族人，不可不知。

训诵读

诗书之训，实行在其中，荣名亦在其中。子弟不读，大而忠孝节义，小则动止威仪，行无一获，而功名事业，亦让他人矣。今或因家贫，谨趋蝇头微利；或因家富，恃有银钱可通。诵读二字，阁置度外，曾亦思秉礼守义者，何自身都通显者，何来古之人？囊萤映雪，终至登朝，贫何患于不富？不识一丁，贻讥登上士，富何胜于贫？可知诗书为根本所关。稍有可读书，子弟务加训诲。而其要则，在乎敬师；其原则，在乎无吝其教之〔之〕法，又在于警立其志，鼓其精神。凡我族人，不可不知。

崇勤俭

业精于勤，而荒于嬉。食必以时，而用以礼。无论耕读工商，富厚贫寒，不勤则废，废则无经自立。不俭则败，败则无事，不妄为。故朝乾夕惕，力作奔逐，勤之道也。毋肆滥旷，毋浪制作，毋勉强而好体面，母〔毋〕饕餐而恣口腹，俭之道也。每见今人，家徒四壁，游手贫奢，酗酒妄为。久之，而贫者愈益贫矣。其或席厚履丰，纨袴〔绔〕成习，晏安逸乐，结交声势，久之，而富者亦贫矣。是故，本分勤俭，务宜自为敬〔警〕惕，劳苦不得藉口，悭吝不得为词。在昔，文伯之母，犹织东门之子，有讥①嘉言懿行，万世典型。凡我族人，不可不知。

遵训迪

人性本同，才质各异。或恣傲刻薄，或少不更事，或偶失不检，或当局昏迷。必赖老成练达者，启迪觉悟。异语法言，尽是药石。听之者，正宜深思苦索，改行易辙，惰者转于勤，奢者转于俭，刻者转于厚，傲者转于谦，刚者转于柔，邪者转于正。庶几行，出万全，品臻上哲。不然，老夫灌灌，小子蹻蹻，任其放旷之性，必且祸不旋踵；顺其颓惰之习，必且败坏终身。此时始悔，悔将何及？凡我族人，不可不知。

---

① 疑此处为衍字或错字。文伯之母，其典故于《国语·鲁语下·文公之母》中有记载，敬姜，齐侯之女，谥敬，姓姜。在《国语》中有八章是专门记载其言行的，她也是古代尚礼崇德的典范。文中的记载可见《公父文伯之母论劳逸》一文。故此处不能有"讥"一说。

慎交游

朋友为五伦之一，圣凡均不可少。读书者，风雨连床，疑有折而奇有赏。即不读之子，亦不无两心相结，此往彼来，总未有可以独行。踽踽者第友以辅仁，亦以济事。直者规之以正，谅者待之以诚，庶为有益。倘与交与游，昧不择人，也必朋比为奸，言无义而小惠是行。非诱以妄为，即为激而生事，小则寡廉鲜耻，大则倾家丧命，皆不慎之故也。然必审之于微，持之以久，萃〔华〕歆顾全，管宁割席①；黄皓比屋，却〔郤〕正绝踪②，皆此物此志也。不然，始之不谨，受其笼络。及事既败，始悟其非。如介甫之致叹，于建福建子，误我亦已晚矣。

戒兴讼

谦爻皆吉，讼则终凶。大易垂训，明明白白。每见无知之徒，怀奸挟诈，媒蘖生端，以构讼为长技，以官事为无畏。无大无小，辄经郡邑。失时，不顾废事，不顾耗资荡产，借贷纳息，即侥幸获胜，亦赢猫卖牛，殊堪悼欢；不幸而不胜，绅士受呵叱，平等受斥责，犹为小辱。甚至藕断丝连，纠葛草蔓，始于织微，终至大祸，累及父母兄弟，害延邻族亲朋，更甚而身拘囹圄，性命且丧。此其原由，于心不恕，肇于心之好胜，成千居游党，朋仔肩播弄，以致"一字入公，九牛难拽"。夫吾人自有本业，当急讼非美德，何苦所好，在此故事，苟可已平心息之。即属万不奈，或亲有和释，或听自退步之想，许多安闲，许多自在，许多快活。凡我族人，不可不知。

戒奸淫

古人有言，"淫人妇女者，杀人三世"。父母不认为女也，夫不认为妻也，子不认为母也。又有见阴律者云："淫人妻室者，得子孙淫泆报。淫人处女及寡妇者，得绝嗣报。"至训应思，危言可惕！奈何今世之人，冶容寓目，怦怦心动，百般计较，谋遂其私。不思"万恶淫为首"，花前月下，露水欢娱。甘心造孽，毫不知恤。试观头上天公，放

---

① 出自《管宁割席》之典故。故"萃歆"为"华歆"。
② 出自《三国志·蜀志·郤正传》。故"却正"为"郤正"。

过谁来？于是事久败露，不论有身家、无身家者，或受刑官府，或强逼丧命，甚而妻女偷情，玷辱家先，又甚而衰老乏嗣，孤寂自伤。种种因果，丝毫不爽。至于宗支之内，原属一本，或尊调卑，或以卑蒸尊。此则《真心经》所谓"地狱呻吟，而莲池善过"。格所谓永不入人世者，尤属至戒。凡我族人，不可不知。

戒赌博

好赌者，贪心思得，为博者，口腹是供。不知我心贪人，人亦贪我。我无妙手，则为人所贪；我有妙手，人亦有妙手以作对。人且搜集妙手以与我作对，势孤必败，必无此理。纵或幸胜，稍获银钱，半价于窝家，半耗于别人。即自己视之，无异水汤风飘。不知珍重及至一败，则分厘皆实〔失〕矣。既败思复，甘心鬻产，乐为典当。不胜，又且刮尽心血，穷思道路。由是智穷行屈，天良渐尽，廉耻不顾，或纵妻淫，或将妻卖，或为拐骗，或作盗贼。邻里掩面，亲朋羞伍。我亦人也，何苦是至于私宰？律有明条，放瞻自犯，或经报发，或经访获，始则受衙役之吞骗，既则遭公堂之法处，痛楚波累，忍自蹈之。玄帝有言："牢字从牛，狱丛犬。"不食牛犬，牢狱免兹。乃贪口腹，而罗法纲乎？是故，已赌未赌者，各念五贝之有几；败牛屠牛者，卤变牧犊之有报。凡我族人，不可不知。

峭山公庭训八条

江离幽渚，兰惠庭阶，一由于天，一由于人，方其扬芳吐秀，见渚闻者，莫不羡之。庸知乎日月星辰之华，风雨露雷之于兴乎，桔槔灌溉殷勤而培植者，由来未可诬也。汉徐氏伟长之言曰：君子修德，始乎笄卯，终乎鲐背，创乎夷原，成乎乔岳[1]。可弗念钦。谨述祖训，以为族人准焉。

一曰孝。人之一身，有所自出，肌体发肤，无敢毁伤。极其致，则道而不经，舟而不游，恶言不出，忿言不反，不辱其身，不羞其亲，其

---

[1] 出自东汉徐干《中论·脩本》。

为义精也，其锡类广矣。诟谇勃溪，锄〈其〉德色，未世之俗也。跪乳反哺，视此更不灵歁。

一曰悌。仁之本教为孝，次莫如悌。发朝廷，行道路，至州巷，故搜符，循军族，记之言，如善奈何。论斗粟尽布之谣，华鄂春鸰之咏，伊可畏也，亦可怀也。明斯旨者，尚期植荆以培之，广被以复之。

一曰忠。列于四孝，备于三省，圣贤尽己之学，莫隆于此。推而与人行政，无不皆然。折人之圭，担人之爵，为德为上，为下为民。亨泰则著忠良，屯蹇则昭忠烈，中义之大矣。回中子曰，进忠扶侯者，贤不肖所共愿也；而行违者，常苦其道，不利而有害，言未得而身败。尔口意忠，固可以成败利钝计乎哉。

一曰信。其位为中央，其于行为土，统四方而兼四德，成终成始，惟赖乎是，无是则无物。纪容落于春秋，不爽其后，此天地之信也。昭明断于赏罚，不易其人，此帝王之信也。则而效之，不贰不息，刚健笃实光辉，以新其德，庸有冀矣。

一曰礼。为三物之中，为四维之冠，以明度数，以立纪纲。王者有大福，必须礼以乐之，有大事，必须礼以哀之。哀乐之分，皆以礼终。其御事之大者乎，其在君子。则恭敬搏节，退以明礼。鹦鹉不离飞鸟，猩猩不离走兽，为无礼也。

一曰义。义秋气也，严而正，肃而杀，在心为断，处事为宜，利物之和，卒本尝不以是焉。君敬臣恭，父慈子孝，兄友弟爱，夫妇和颖〔顺〕，朋友同心，皆义也。义在则信定，义成则情冾。敛藏之余，隐寓长生，圣贤格论，与人共称，其以此㼆〔欤〕！

一曰廉。廉与贪相反，与让相成，可以砥节，可以息争。如室之有隅，跂斯翼，矢斯棘，非颓垣败壁等也。若夫磨龚主角，天性浑成，祛其敽而化其偏，成其直而泯其迹，则至廉者无廉名，是又在乎善体此意者。

一曰耻。羞耻之心，人皆有之。机变心，则天真失。一切坏法乱纪之事，蜂起猬冗，不可究语。衾影之怀，清夜之思，果炉然渐灭乎。为人子孙，思贻高曾令名，辱及一身其祸小，辱及前人其祸大。书曰，尔唯不复岡大坠厥宗，无不尔所生，尚其念诸。

峭山公训子诗①

（一）

一诫我儿念性天，从头细读蓼莪篇；
功劳十载衣衫破，乳哺三年骨肉亲。
虞顺耕田称大孝，仲由负米说前贤；
羔羊乌鸟犹知报，汝辈须当孝敬先。

（二）

二诫我儿各尽伦，棠棣竞秀乐天真；
长先幼后尊卑肃，兄友弟恭次序循。
富贵休嫌同骨肉，贫穷须念共慈亲；
笃〔茑〕萝松柏相依附，莫做寻常陌路人。

（三）

三诫我儿好立身，衣冠整肃壮精神；
行规坐矩亲贤友，脱俗离庸务正人。
虫蚁至微犹解化，蛇龙处屈尚能伸；
他年生子为人父，当效汤盘日日新。

（四）

四诫我儿当壮年，为人切莫软如绵；
刚柔相济须通变，强弱兼施要均衡。
轰轰烈烈追往哲，阖阖佩佩纂前贤；
因循萎靡将何用，发奋勿忘猛著鞭。

---

① 各地的《峭山公训子诗》略有不同，在此仅以蕉岭《黄氏族谱》为例。

（五）

五诫我儿莫大宽，致恭之礼数千端；
持家处事须当俭，款客迎宾祗尽欢。
百事辛勤管饱暖，一生懒怠受饥寒；
随时用度休虚耗，无了求人总是难。

（六）

六诫我儿莫腐儒，腐儒安得上享衢；
坚心锐志寻高第，努力抽得出下愚。
金玉运逸难保守，读书身在有盈余；
买臣宁戚如何达，挂角负薪尚读书。

（七）

七诫我儿莫好奢，闲居勤俭度年华；
瓮中有酒聊堪欢，囊中无钱勿去赊。
聚赌从来非正业，贪眠定为不成家；
世间日子如梭过，莫比朝开暮落花。

（八）

八诫我儿要主持，尔妻须要识尊卑；
东邻争斗宜防早，西舍慈仁勿效迟。
礼义门庭天降福，温和家道日余赀；
柔声下气无烦恼，孝顺还生孝顺儿。

（九）

九诫我儿语未完，起家容易守家难；
终朝火烛叮嘱慎，至晚门庭仔细看。
屋宇漏穿宜葺理，墙头倒塌要修缮；
日间吩咐儿童去，收拾牛羊一枕安。

（十）

十诫我儿诗百章，弟兄熟读细推详；
粗中带秀篇篇好，句内含情字字香。
母劳须当亲奉侍，官高犹要谦忠良；
语言警戒话难尽，尔辈寻思义深长。

（十一）

十一嘱儿性莫强，为民须要秉温良；
奸枭处世名声丑，清白传家姓字香。
一面威风休使尽，十分相识莫称狂；
英雄多少埋黄土，只怕世人话短长。

（十二）

十二嘱儿族衍蕃，兄弟伯叔及儿郎；
水出万派同源脉，树木千枝共本根。
出入言谈休犯上，往来动上要谦尊；
一门豫顺征和净，宗祖维诚万古传。

（十三）

十三嘱儿要老诚，为人心要秉公平；
亲朋有难相扶助，邻居无钱莫却情。
和气友善真是好，忍心能耐实为荣；
古人遗下千金诺，直道前行祸不生。

（十四）

十四嘱儿外出时，为人切莫讨便宜；
肩挑贸易财为让，童叟相交理莫欺。
鸟宿投林先觅早，鸡鸣上道莫眠迟；
终身当看诗书语，行遍天涯也不痴。

（十五）

十五嘱儿莫宴安，为人度量总宜宽；
家中有酒须待客，囊里无钱莫交臣。
邻居高低当逊让，亲朋贫富要盘桓；
乐天听命常知足，三戒随时可静观。

（十六）

十六嘱儿莫乱争，立心忍耐重如诚；
粮田遗世虽长享，诗礼传家得美名。
万善尽望儿守法，百行莫负我心情；
如今仔细寻思看，检点勤奋度一生。

（十七）

十七嘱儿要审时，一斟一酌莫胡为；
人心暗似匣中剑，世事危如局内棋。
志气当尊良友谏，行藏莫让歹匪知；
如今少有需陈可，结纳无钱各别离。

（十八）

十八嘱儿守分寸，人生切莫似喽啰；
酒逢知己千杯少，话不投机半句多。
有福恰如游化日，无缘空费苦奔波；
是非只因多开口，祸惹临头怎奈何。

（十九）

十九嘱儿性莫偏，人生常念忠孝全；
迁〔遇〕寒须添毛裘服，却暑还当竹簟眠。
立志礼义忠孝节，终身只望子孙贤；
我儿克允儒家业，父子恩情百世缘。

（二十）

二十嘱儿话不酸，我儿切莫做无端；

三思到底诸般稳，一错搪心百世难。
淡泊闲穷无怨恨，贪婪瞒昧失忠肝；
损人利己终无益，木葱生涯岁时寒。

（廿一）

廿一嘱儿话已完，大家休废我田园；
钱粮照数先投刘，租税依期早纳官。
父母功劳山岳重，夫妻恩爱海洋宽；
笔端难写平生语，千句拿来一句言。

（资料来源：蕉岭《黄氏族谱》）

家训

崇孝悌

孝悌为百行之首。凡为人子弟者，当尽孝悌之道。吾族香公纯孝，为继远祖美德，惟望吾族子孙，宜敦孝悌于家。

敬宗祖

宗祖本也，源也；子孙支也，派也。有本源而后有支派，有宗祖而后有子孙。故为子孙者，不论大宗小宗，远祖近祖，务必尊之敬之。对先人祠、坟，务宜保护，春秋祭扫，应及时而行，以安祖灵。

尊老幼

语云：老吾老以及人之老，幼吾幼以及人之幼。自古尊卑上下昭然，尊老爱幼，宜身体力行。

和乡邻

乡邻为同井居，宜出入相友，守望相助，切不可相残相斗，务宜视异姓同骨肉之亲。

睦宗族

宗族为万年所同，虽支分派别，而源同一脉，不可相视为秦越，惟我族务宜敦一本之谊，共成亲亲之道。

隆师道

师道为教化之本。隆师重道，正以崇其教道，若不尊崇，不惟教化不行，而且有亵渎之嫌，何得漫言传道。无知识，何来人才？

端士品

士为四民之首，隆其名正以贵其实也。故宜居仁由义，已成明体达用之学。若使逾闲，不惟上达无由，且士类有玷。

明礼让

礼让为持己处世之道。非徒拜揖之交，必使亢戾不萌，骄忝不作，庶成谦虚恭逊顺之风。

务本业

士、农、工、商各有其业。古人云："业精于勤而荒于嬉。"务其业者，得自食其力，专其事。

尚节俭

人生不能一日而无用，即不可一日而无财。财以节乃常足，用必俭斯无穷。节俭者非鄙啬之谓也。用之若得其宜，虽千金而勿惜；用之过度，虽一厘莫轻。

遵法纪

法律纲常，乃治国之根本；遵纪守法，乃为人之要责。

戒赌博

好赌者，贪心思得。为博者，口腹是供。不知我心贪人，人亦贪我；我有妙手，人亦有妙手以对。人且构集妙手以对我，势孤则败。既败思复，甘心鬻妻卖子，倾家荡产。更有甚者，沦为行骗盗窃，为非作歹，天良丧尽，廉耻全无，绳之以法，遭致毁灭，亟宜猛醒。

戒非为

非为，乃非人生可为之事。凡所行者，必要光明正大，凭天理良心，切勿贪。贪财设计，贪色行奸，则身败名裂，无地自容。

戒争讼

争讼非立身之道，凡争必有失，讼则终凶，宜以忍让处之为上，勿致有断情绝义之路，倾家荡产之悔。

戒异端

异端乃非圣人之道，所作乃无父无君之至也。愿我族宗盟，若闻邪术妖言，宜远避之，勿致其害累也！

戒轻谱

家谱之修，所以叙一本之渊源也。谱编成帙，乃为一家之宝。务宜珍重，以备考查世系，切勿抛弃，以亵祖宗也，宜共凛之。

（资料来源：梅县水车《黄氏族谱》）

江

【姓氏来源】据梅县江氏族谱介绍，从西晋及唐中期，江氏一支入闽，另一支入江西并在唐末迁福建，其之一百零一世孙墒，居江西济阳，为江西江氏之始祖。墒之六世昭生三子，皆迁入福建，其中第三子万顷后裔百十郎公，由福建永定仙师乡务义坪入今梅州梅江区长沙镇小密桥草坪上开基，其后裔传至梅州各地。

治家格言

圣天子一统之治，出于衣冠衣物高科之邦。凡有血气者，莫不知君亲之恩当敬也！方今子昧古道，弟黯纲常，皆由父兄家法不端，以致身心失守，亟当鉴者。昔燕山家庭有法，五子俱登；孟母庭训有方，一儿亚圣。今之父兄可不慕平，故寄家庭，宜以诗书为训；处家里，宜以谦让为先；治田园，宜以耕耨为本。立身行己，不出恭敬二端；执德待人，正虑骄矜二字。勤能补拙，俭可助贫。奢华乃败家之端，酒色是戕命之斧。宁可以德胜人，切勿以财傲众！不读诗书，纵富万金，亦作愚人之论；能通经史，虽贫四壁，堪称儒士之门。姓名清幽，吃菜根如尝香馥，住茅屋岂不光华？有高才者，尝受窗前苦楚；多五谷者，须从月下经营。或劳心，或劳力，人世间食无闲饭；或采薪，或钓水，天涯何处无财？王法无亲，当牢牢而谨记；人情多变，须步步而提防。人有奸媒巧计，天有森严报应。秋菊黄花，尚有绝香之气；天冠地理，可无修己之心？君子勖诸。

江

家训录要

崇孝悌

孝悌为百行之首。凡为人子弟者，当尽孝悌之道，不可忍灭天性。吾族香公纯孝，为继远祖美德，惟望吾族子孙，宜敦孝悌于家。

睦宗族

宗族为万年所同，虽支分派别，则源同一脉，不可相视如秦越，惟我族务宜敦一本之谊，共成视亲之道。

和乡邻

乡邻为同井居，凡出入相友、守望相助，切不可相残相斗。务宜视异姓同骨肉之亲。

明礼让

礼让为持己处世之道，非徒拜揖之交。必使亢戾不萌，骄忝不作，庶成谦谦逊顺之风。

务本业

士、农、工、商各有其业。古人云：业精于勤，而荒于嬉。惟务其业者，乃得自食其力，可见自食其力者，敢不忠其事乎！

端士品

士为四民之首，隆其名正以贵其实也。故宜居仁由义，已成明体达用之学。若使逾闲，不惟上达无由，且士类有玷。

隆师道

师道为教化之本。隆师重道，正以崇其教道。若不尊崇，不惟教化不行，而且有亵渎之嫌，何得漫方言传道。无知识，何来人才。

畏法律

法律者，朝廷之律例也。凡人若犯王法之章，不怕尔心如钢如铁，到其间自必有镕化之刑矣。宜必畏之、免之。

尚节俭

人生不能一日而无用，即不可一日而无财。财以节乃常足，用必俭斯无穷。节俭者非鄙啬之谓也。用之若得其宜，虽千金而勿惜；用之过度，虽一厘莫轻。

尊老爱幼

语云：老吾老以及人之老，幼吾幼以及人之幼。自古尊卑上下名照然。尊敬老人，爱护幼小，乃传统美德，宜身体力行。

戒赌博

好赌者，贪心思得；为博者，口腹是供。不知我心贪人，人亦贪我；我有妙手，人亦有妙手以对。人且构集妙手以对我，势孤则败。既败思复，甘心鬻妻卖子，以致倾家荡产。更有甚者，沦为行骗盗窃，为非作歹，天良丧尽，廉耻全无。开之以法，遭致毁灭，亟宜猛醒。

戒轻谱

家谱之修，所以叙一本也，谱编成帙，为一家之宝。务宜同为珍重，以便考查世系，切勿抛弃，以褒祖宗也。宜共凛之。

数宗祖

宗祖本也源也，子孙支也。派也有本源，而后有支派，有宗祖而后有子孙。故为子孙者，不论大宗小宗，远祖近祖，务心尊之敬之。对先人祠、坟，务宜保护，春秋祭扫，应及时而行，以妥祖灵。

修坟墓

坟墓所以藏先人之魂骸。每年宜诣坟祭扫。剪其荆榛，去其泥秽，以妥祖灵，切勿挖掘抛露，致使祖宗之怨恫。

江

戒犯讳

同源苗裔,每派宜择定一字为名。凡属五服内之嗣孙,不得犯父兄伯叔之名,即上祖之名、字,亦当共避之。

戒争讼

争讼非主身之道。凡争必有失,讼其终凶。宜以忍让处之为尚,勿致有断情绝义之路,倾家荡产之悔。

戒非为

非为,乃非人生可为之事。凡所行者,必要光明正大。天理良心切勿贪,贪财设计,贪色行奸,则身败名裂,无地自容。

戒犯上

自古尊卑上下名分昭然,不得以卑凌尊,以下犯上。宜徐行后长,勿致有干犯在上之失。

戒异端

异端乃非圣人之道,所作乃无父无君之至也。愿我族宗盟,若闻邪术妖言,宜远避之,勿致其害累矣!

（资料来源：梅县梅南《江氏族谱》）

【姓氏来源】根据五华蓝氏族谱记载，十七世万一郎，由建宁崇善坊迁居宁化石壁乡。十九世和二郎，宋时，自宁化迁居漳州。二十一世念六郎徙居梅州，为梅县蓝氏始祖，分衍兴宁、长乐等地。

祖训

语曰：人之初，性本善。性相近，习相远。苟不教，性乃迁。教之道，贵以专。养不教，父之过。教不严，师之惰。幼不学，老何为。玉不琢，不成器。人不学，不知义。我族历史悠久，出自文明之根，历代先贤，功德显赫，无论士、工、农、商，均以忠孝和勤俭为立身之本，吾宗人当尽力以效之，现收录祖训十则，刊之于谱，俾族从学习遵照执行教育子孙。

敦孝悌

生我者父母，至亲莫过于兄弟。如知此理，即宜亲其亲，长其长也，岂可不孝不弟乎？孟子云：不得上亲不可以为人，不顺乎亲不可以为子。凡我宗人，宜体亲心无私。妻子不顾父母之养，无〔勿〕听妇言而疏骨肉之亲。语云：宜报劬劳之恩，无〔勿〕伤手足之雅，不愧为人子，为人弟矣。

蓝

敬祖宗

开疆辟土谁耶，吾祖宗也；兴家立业者谁耶，吾祖宗也；蕃衍后代者谁耶，吾祖宗也。祖宗创业艰难，生男育女不易，能不斋明盛服以录祭祀乎？慎终追远，其敬祖尊宗之谓也。

教子孙

古人云：养子不教，如养猪；养女不教，如养驴。盖子孙贵于教也。愿宗亲弟子贤达，应教诗书礼乐或教农、工、商贾，父兄之责者，宜教之。

隆师友

语云：振聋启〈蒙〉，端赖夫师；取善辅仁，皆资夫友。故师友于我缺一，难以成立于天地间也，岂可不隆以礼貌以至诚哉！尚闻古人不吝千金之资聘为师保，奉若神明。况且与善人交，如入芝兰室，则与之俱化，得师友之益良多，其恩义为何如哉？凡我宗人宜尊师敬友也。

端品行，睦邻里

古往今来，无论士农工商，皆宜敦品励行，以德见称于世。倘品行卑劣，虽文章足以盖世，学问足以绝伦，亦为世人不齿。品行端正者，言可为法，行可为表，谁不敬哉！愿我宗人不作歪门邪道之逆子，甘为忠孝信义之完人。

诚以邻里。乡人非亲即友，非伯叔即兄弟，出入相交，守望相助，疾病相扶。倘不讲信〈修〉睦，定将难以谋生，并且视若国乱也。亲仁善邻，国之宝也。凡我宗人，须知唯桑与梓必恭敬之，老者安之，朋友信之，少者怀之，如此情亲意洽，谓不能收友助之益耶？

务本业，尚勤俭

士农工商，各务本业，无容放弃也。倘为士者，见异思迁，不讲道德，难冀促进文明；为农者，惰其四肢，难冀秋收冬藏；工界、商界游惰，难获蝇头之利。如本业不务，仰不足以事父母，俯不足以容妻子。当知创业难，守成亦不易，何足称克振家声之君子哉？书云：民生在勤，勤则不匮；居家宜俭，俭以养廉。勤俭致富之源，缺一不可。徒勤而不俭，虽昼夜不息而一掷千金，徒劳无功矣；徒俭而不勤，虽食粗饮淡，居陋衣单，而坐食山崩，难以致富也。族中子弟当知：勤俭为主身之本。勤能创业，俭可兴家，裨益于人非浅也。

戒恶习

甲、戒忤逆不孝。忤逆生忤逆子，报应当然报应儿。

乙、戒横暴。人生天地之间，贵在严于律己，宽以待人，切勿恃强欺弱，恃众暴寡。

丙、戒懒惰。业精于勤，荒于嬉；行成于思，毁于惰。可知殷勤为立身之本，懒惰终归盗贼出。

丁、戒嫖赌。天下坏名别无他，灭身祸国又败家；只因嫖赌无限害，妻离子散令人嗟。

戊、戒偷盗。鸡鸣狗盗，害己害人，法之不容。一旦被捉，处罚非轻。

戒悍、赖

妇人之性，静贞为贵；女子之行，柔顺为先。故贤淑闺秀，温和庄重，笑脸相迎。一语一言，悉合乎度；一举一动，皆循乎族规。重贞节，正品行，根除伤风败俗之举，以保全家声名誉。

戒贪腐、撞骗

古今中外，士农工商，素有贪污腐化、投桃报李、敲诈勒索、招摇撞骗等恶劣行为。

古语云：君子爱财，取之有道。凡我宗人，不思不义之财，弃腐崇廉。无论何时何地，一举一动有如十指所指，十目所视，洁身自好，克己奉公。

重法为人

国以法为本，民以食为天。古语：惧法朝朝乐，欺公日日忧。愿我宗人，务必勤耕。

[资料来源：梅县黄竹洋《蓝氏族谱（汝南堂）》]

黎

【姓氏来源】根据梅县《黎氏族谱》记载，唐德宗时，黎干任京兆尹，其子度，任虔州县令，籍居宁都，转徙福建宁化；传五世黎衬，宋封京兆郡侯，迁居上杭；传至天麟，仕于粤，为番禺尹，卜居梅州程乡大柘村，为入梅始祖。

祖训

教忠孝

忠者，尽心之谓也。非止对国家氏族而言，凡属待人接物，皆不可不忠。倘若应浮诈伪，虽口若悬河，笔下千言，没有用处。孝为百行先，其重要可知。观者树欲静而风不息，子欲养而亲不在，与其椎牛而祭祀，不如鸡豚逮亲存。故人子事亲，应及时尽孝，上者养志，次者养口体。若分心于妻子之爱，而父母之饥寒不问，或资财吝啬过甚，视父母若路人，是殆禽兽不如也。

友兄弟

兄弟姐妹，同气连枝，父母之遗体也。少寒同衣，饥同食，出同游，何等亲爱。后各妻其妻，各夫其夫，听妄言而乖骨肉，因财利而伤手足。昔人云：易得者山林田地，难得者兄弟姐妹。又曰：兄弟同居忍便安，莫因毫末起争端；生儿育女又亲爱，留与儿孙作样看。宜三省斯言。

和乡党

乡党先人，钓游之地，而伯叔之伦也。诗曰：维桑与梓，必恭敬让。若互生嫌隙，则失亲睦之道矣。原嫌隙之由来，因各执一是非，岂知非者不自知是非，是者未必全是，彼此相持。争端时起，不如退让三分，何等安闲。人能大事化小，小事化无，便有几分福气。

劝读书

读书所以识字，明义理。凡人立身处世，谋生作事，必须读书。试观显宗扬名，孰不从读书中来。倘若目不识丁，终身庸愚，是直与禽兽等耳。故无论贫富聪愚，发奋努力，勤求不倦。古之悬梁刺股，皆是刻苦勤读，堪为后人取法者也。

勤职业

民生在勤，古有明训。优胜劣汰，天演公例。士不勤则学不精，农不勤则田不治，工不勤则觅食难，商不勤则谋利艰。人有智愚，勤能补拙；运有通塞，勤能固守。一家勤则家道兴，一生勤则百事举。如能习劳成性，功业必加人一等耳。

尚节俭

俭，节俭也，与吝啬异。量入为出，称其财谓之礼。世人好事奢华，忘其本分，生钱偿债，以资弥补，以为不如是，不能顾全体面，以致家道中落，俯仰无资。是顾全体面者，反失体面矣。况乎用之无度，取之不得赍〔赉〕，其人兼介自守者，必从节俭中来。至于性情鄙吝，务必资财，为子孙长久之计，是或之甚，非节俭之谓。

息斗讼

斗讼，足以亡身破家，人皆知之。究厥原因，由无意识，人不能忍小忿所成。或同姓与同姓斗，或同姓与异姓斗，斗复讼，讼复斗，冤连祸结，殃及沿门，恨含累世，良可慨已。贤父兄当晓以大义，说以利害，如遇有不平事，同姓集祠理处，异姓集乡理处，何事不了？尚恐有吃亏处，解之曰：此吃亏之微亏者耳。以眼前吃亏之数，与他日斗讼损失之数比较，谁大谁小，谁易过，谁难过，如此便可涣然冰释矣。

戒闲游

人之一生，贵有职业。若无职业，谓之游民。少年子弟，当令其习劳，仆役之事，不妨为之。所以抑其骄惰之气，而养成劳苦之习惯也。俗语有云：闲游散荡枉为人，嫖赌饮吹莫与亲；能使英雄归下贱，休教富贵作饥贫。昧乎斯言，宜猛省之。

（资料来源：梅县《黎氏族谱》）

【姓氏来源】 梅州李氏，多为火德公裔孙。李火德（1206—1292），先祖原居宁化石壁，火德公与妻伍氏迁居上杭，其后裔分布很广，被称为闽粤李氏大始祖。其次子乾培迁梅县松源，嗣后，火德公的其他儿子的后裔，也在不同时期迁入梅州。

祖训

孝顺父母

盖孝顺者，人人修身之本。父母者，人之生身之本也。羊有跪乳之恩，鸦有反哺之义，鸟兽尚不能忘本，何况人乎？为父兄者，以礼让持身，以言教，以身教，使子弟心悦诚服；为子弟者，当以孝义守身，父兄教训必须服从。诗曰：

> 三年怀抱惜如珍，饮水先须溯所因。
> 酒罂饭囊伤子志，席积干显念娘辛。
> 贫来啜菽菲犹孝，老去轮班戏作真。
> 顺逆到头分晓见，檐前滴水极施匀。

尊敬长上

盖人有亲则有长，知孝亲则必敬长，未有不能悌弟，而可亲为教子。鸿雁有兄弟之序，蜂蚁有君臣之义。禽蚁尚知长上，何况人乎？昔汉时王祥孝顺父母，其弟王览敬之，继母欲加害王祥，览左右周施，时刻不离，饥则同饥，苦则同苦，母终不能害祥。遂成其母为慈母，王祥、王览成为孝子。诗曰：

> 同气分形天作缘，学行学走赖兄牵。
> 眷令原上谁相急，猛虎声中独向前。
> 妻子衣裳犹可补，弟兄手足岂容捐。
> 奉公到底安清梦，敬老何须开礼禅。

和睦乡里

乡里是吾祖吾父世代生长之地，长者是吾之父兄，少者即吾之子弟。同里共井，朝夕相见，情谊何等〔等〕殷勤，相亲爱，何等关切。人欲和睦乡里，必先和睦宗族。昔唐时有个张公艺，他书忍百字，九代同居，隋唐皆御书表其门间。凡我族子孙秉性刚正者，当学张公艺之忍，以制其暴怒之气。诗曰：

> 江流共酌溯源长，恭敬难忘梓与桑。
> 善雁依然联里井，辅章宁忍伏戍姜。
> 同报煎豆情何急，异国忘猿祸未殃。
> 狐兔犹知香火谊，为唇为齿亦堪商。

教训子孙

一家之中，生我者父母，我生者子孙。欲孝敬父母，当教育子孙。不教育子孙，便是不孝顺父母。子孙贤坻，父母光彩；子孙不肖，辱父母家门。凡我子孙当仁孝立基，以刻薄为戒，勿以离间疏亲，勿以新当旧看，勿以少居长，勿以贱防贵，勿宠妾薄妻，勿以轻邪而远君子。宁过于怒，毋过于刻；宁过于厚，勿过于薄；宁计人之长，不计人之短。子子孙孙切记。诗曰：

> 学治从来先学裘，积金未必是良筹。
> 螟蛉祝子心如口，豹虎传家牙作矛。
> 捣机岂堪重世谱，蓼茶不应植田畴。

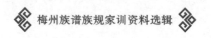

当年安史萧墙衅，骨肉支离亦可羞。

各安生路

天生一人，总要寻找生路。智慧者利于读书，即读书为生路；在家者利于耕种，即以耕种为生路；技术者利于工作，即以工作为生路；经商者利于商贾，即以商贾为生路。凡是人不安生路，则生转为死。人能安心生路，则死转为生。舜耕历山，尹耕莘野，诸葛耕于南阳，都是苦其心志，劳其筋骨。凡是为农、为工、为商、为贤、为愚，都是以教育为本。诗曰：

> 百年鹿世等鸿毛，遇水成渠不用劳。
> 凌冶晨风须性列，寻常生计莫心高。
> 事当快意抽身退，物到强求积虑多。
> 食力终安清夜梦，伐檀何必问逢遭。

毋作非为

上申五条，再加叮咛。依此五者则为是，不依此五者则为非。不依此五者而行，是作恶小人。他们不愿放弃邪恶，不孝敬父母，不敬尊长，自私自利，不睦乡里，游手好闲，不安生理，侈奢极欲，饮酒宿娼，挥金如土，迎逢拍马，百般引诱，无所不为，他处于日暮途穷，倾家荡产，退职蒙羞。凡是我族人民要禁止，毋作非为。诗曰：

> 人生第一孝为先，忠孝两门出圣贤。
> 奉劝族中众子弟，胡作非为莫沾边。

伯阳公家训

一、强梁者，不得其死，天道无亲，常与善人。
二、上德若谷，知足有辱，知山不殆，知而好问者圣，勇而好问者胜。

三、轻诺必寡信。

四、圣人安贫乐道，不以欲伤身，不以利累己，故不违义而妄取。

五、聪明深察而近于死者，好讥议人者也。博辩宏达而危其身者，好发人之恶者也。[①]

六、合抱之木，生于毫末；九层之台，起于累土；千里之行，始于足下。

七、慎终如始，则无败事。

八、圣人无常心，以百姓心为心。

九、以天下之目视，以天下之耳听。以天下之心虑，以天下之力争。故号令能下究，而臣情得上闻。

十、上善若水，水善利万物而不争，处众人之所恶，故几于道。

十一、绝圣弃智，民利百倍。

十二、民之难治，以其智多。故以智治国，国之福；不以智治国，国之祸。

十三、为无为，则无不为。

十四、罪莫大于可欲，祸莫大于不知足，咎莫大于不知足，故知足常足也。

十五、上德者，天下归之；上仁者，海内归之；上义者，一国归之；上礼者，一乡归之。无此四者，民不归也。不归用兵，即危道矣。

十六、良贾深藏若虚，君子盛德，容貌若愚。

十七、圣人处无为之事，行不言之教，万物作焉而不辞，生而不有，为而不恃，功成而弗居，是以不去。

十八、天长地久，天地所以能长且久者，以其不自生，故能长生。

十九、夫物芸芸，各复归其根。

二十、塞其兑，闭其门，挫其锐，解其纷，和其光，同其尘，是谓玄同，诗曰：

修心炼性列三清，著作混无道德经。

精气神为三至宝，抱远道教度原灵。

---

① 老子：聪明深察而近于死者，好议人者也，博辩广大危其身者，发人之恶者也。为人子者毋以有己，为人臣者毋以有己。

唐太宗遗训

一、为主贪心丧其国，为臣贪心亡其身。

二、以铜为镜，可以正衣冠；以古为镜，可以知兴废；以人为镜，可以知得失。

三、人之立身所贵者，惟在德行，何必论荣贵。次〔汝〕等位列藩王，家食实封，更能克修德行，岂不具美也。且君子小人本无常，行善事则为君子，行恶事则为小人。当须自克历，使善事日闻，勿纵欲肆惜，自陷刑戮。

四、父之爱子，人之常情，非待教训而知也。子能忠孝则善矣，若不遵诲诱，忘弃礼法，必〈自〉致刑戮。父虽爱之，将如之何。

李世民公百字箴言家训

耕夫碌碌，多无隔夜之粮；织女波波，少有御寒之衣。日食三餐，当想农夫之苦；身穿一缕，每念织女之劳。寸丝千命，匙饭百鞭。无功受禄，寝食不安。交有德之朋，绝无义之友。取本分之财，戒无名之酒。常怀克己之心，闭却是非之口。若能依朕之言，富贵功名可久。

李纲遗训

一、民恃财以生，犹鱼恃水以活。

二、任则不疑，疑则不任。惟疑与任，不可并行。

三、寇攘外患，有可扫除之理，而小人在朝蠹害本根，浸久虽去，其患有不可胜言者。

四、朝廷既正，君子道长，则所以捍御外侮〔患〕者，有不难也。

五、人以财而聚，兵以食为天。虽有良将锐卒，非财莫能使；虽有金城汤池，非谷莫能守。

六、兵家以节制为重，节制不立，难以李光弼、郭子仪为帅，亦有相州之败。

七、能守，而后可战；能战，而不可和。

家训十一则

孝父母

父母，吾身之本，少而鞠育，长而教训，其恩如天地。不孝父母，是得罪天地，天〔无〕①所祷也。凡我族人，切不可失养失敬，以乖在伦。

和兄弟

兄弟，吾身之依，生则同胞，居则同巢，如手如足。不和兄弟，是伤残手足；伤残手足，难为人矣。凡我族人，切不可争产争财，以伤骨肉。

睦宗族

宗族，吾身之亲，千支同本，万脉同源，始出一祖。不睦宗族，是不敬宗祖。不敬宗祖，则近于禽兽。凡我族人切不可相残相欺，以伤元气。

重祭祀

祭祀，礼重报本，昭穆常情。所以动先祖之格也，苟不凛如，在之，诚是渎先祖也。凡我族人，切不可怠忽，以渎先灵。

修坟茔

坟茔，先祖之所栖，尽其祭扫，修其坟茔，所以妥化者也。苟任其颓坏不修，必致他人之侵占。凡我族人，切不可名贵〔吝费〕以露

---

① 此家训为梅州、江西等地大多数李姓家族所收录，撰者为清邑庠生李廷先。从语句断句来看应为"无所祷"。据孔子所说："获罪于天，无所祷也。"

107

祖骸。

务农业

农桑，衣食之必资，上可以供父母，下可以养妻子，所以奉生之本也。苟不勤力耕种，必致荒芜田园。凡我族人，切不可偷安懒惰，以致终身饥寒。

重敬贤

敬贤乃吾族人之重望也。贤者为人之师，其学有所传，礼有所学，不重敬贤，是人之愚昧；人之愚昧，不得为人也。凡我族人，务必尊长敬贤，以示文明。

慎婚配

婚配为人伦之始，结婚合配，当审其人品性格，究其清浊明白。苟婚配不择淑女，非特为终身之害，而且倾家声之不小。

禁洋烟

洋烟之流毒于中国也，深矣！大则亡身倾家，小则废时失事。苟不〈严〉禁洋烟，不但前人被其害，而后人亦遭其毒耳。凡我族内，切不可开设烟馆，以害子弟。

禁非为

家风之坠，邪淫者，十恶之首；赌博者，倾家之源。凡我族人，务宜告戒子弟，切不可放僻邪侈，生平甘受玷辱。

正人伦

人伦，九族之源，人生所当，存于方寸之中。而尊卑长幼，各得其序；纲常伦纪，各得其次。凡我族人，务必伦正名顺，万世不易也。

处世箴言

大丈夫成家容易，士君子立志不难。
退一步自然幽雅，让三分何等清闲。
忍几句无忧自在，耐一时快乐神仙。
吃菜根淡中有味，守正法梦里无惊。
有人问我世尘事，摆手摇头说不知。
宁可采深山之茶，莫去饮花街之酒。
须就近有道之人，早谢却无情知友。
贫莫愁来富莫夸，那有贫长富久家。

（资料来源：梅县西阳秀村《秀村李氏族谱》）

拙庵公子孙训

拙庵公致仕归家，讲学松冈书院，以诗书之外无所遗爱，立十则为子孙训，尔世世云礽宝之。

其一，祖宗祠宇、田园、坟墓、书院、遗业宜守护，毋得更造伤害风水，否则我贤肖子孙共弃之，国典惩之。

其二，国课早清，以崇课务；公门少入，以继清声。否则非我云礽，我贤肖子孙宜祗听之。

其三，兄弟难得手足，毋伤相爱，凛姜见箴分财，思田范有争攘失义，非我云礽，我贤肖子孙宜祗听之。

其四，源远枝藩宗室，须睦邻人故旧烟盖，宜和难解纷，方为贤肖。凡我云礽宜祗听之。

其五，不耕则读，古哲明训，省躬守法，便是良民。有好勇斗狠，谋占欺吞，作奸犯科，匪盗杀人情事，非我云礽，我贤肖子孙宜共弃之，国法罪之。

其六，父母舅姑宜孝敬和顺，有悖逆情事非我云礽，我贤肖子孙宜共弃之，国法罪之。

其七，鳏寡饥困宜恤，否则非我云礽，我贤肖子孙宜祗听之。

其八，延教教师，勤教子弟，以继书香，否则非我云礽，我贤肖子孙宜祗听之。

其九，男端女肃，古礼则然，有淫悖情事，非我云礽，我贤肖子孙宜祗听之。

其十，刑书十恶有条，七出有典，有干犯者，非我云礽，我贤肖子孙宜祗听之。

捷公嘱子孙

捷公号搏九，性端敏，言行慎重，与人无忤，淹博书史，过目成诵，廿岁入学，公有感言嘱子孙云：昔扬子①云：知雄守雌，知白守黑，此处世之良策也；人能善柔逊以自居，俗云饶人非痴汉，痴汉不饶人。凡人家占家物田产，占赢者任他占赢，争胜者任他争胜，切勿与之争长竞短，彼苍自有处分，天道自有公平，昭昭不爽，丝毫无差。愿我子孙亟宜听之。

十一世操公丘大孺人劝夫

操公田产，被土弁残价勒去其半，操公丘大孺人贤明，谓公曰：今人创业总为子孙计，不知子孙不肖，虽田连阡陌，转盼为他人物矣。子孙若贤，即无授自有诗书，可为粮田，笔砚为之耒耜耳！何患逢年无备，宜安时命，以俟河清。

（资料来源：梅县白宫《龙岗李氏族谱新编》）

---

① 扬雄，西汉官吏，著名学者。

利

【**姓氏来源**】据蕉岭利氏族谱记载，元至正二十二年（1362）金汤公为避乱，从南雄保昌县迁入梅州蕉岭叟乐开基，为梅州的利氏始祖。

金汤公家训

一

凡我苗裔，生于天地间，士农工商，各司厥职，父子兄弟，各敦其伦。勿以游民而荒时事，勿以乖戾而伤天性。外此仁义礼智之信，羞恶辞让之情，何一人生所固有。全之为圣贤，弃之为不肖、为愚。其在朝，当为忠臣义士；在家，当为孝悌良友。至于勤诵诗书，可以扬名显亲；务本节俭，可以致富及贵。举此数端，余则皆然。后裔禀遵，必有余庆。

二

凡我后裔子孙，在家宜为孝子，在朝宜为忠臣。诵读者，宜奋志时敏；力田者，宜稼穑维勤；技艺者，亟宜居肆以成；贸易者，亟宜审时度势。时而处己也，务光明以正大；时而接物也，务谦卑以逊顺。遇饥寒则宜济，遇患难则宜恤，遇吉祥则宜庆，遇丧祭则宜赙。勿以宗族乡党之间，富贵而骄，贫贱而妒，势而凌长，众而暴寡。某为父行，某为兄齿，老老幼幼秩然有伦，斯则百福骈臻。钦听厥铭，奕世荣昌。

（资料来源：蕉岭《广东蕉岭利氏族谱》）

【姓氏来源】根据梅县松口《嘉应州梁姓仙口完梓居家谱》记载，梁姓入梅始祖为梁文生，他在元至顺元年（1330）前后和夫人带领男女老幼一百多人，举族从宁化石壁南迁，经长途跋涉抵达广东梅县松源堡（松源镇），为最早入梅州的梁氏。

完梓居家训

国有公法，民有私约。自古以来，各姓各族都立有家训、家规、家约。其作用旨在规正族人行为，提高族人道德修养，教化族人归于良善，维护一姓一族的声誉，随着社会变革，旧的苛严家法已失去了施行的法律依据。新立一则，有利于规范个人行为，维护家族声誉，推动社会安定的规约，依然是必要的。为此特编家训六则，旨在教化族人正己修身，为模范于当世，树仪型于后裔。

敬祖宗、孝父母

祖宗为家族之根，父母是生身之本。参天之木，必有其根。尊敬祖先，不为祈福，而在于明白身从何来、根在何处，明白自己身上流淌的是祖先的血脉。孝顺父母，是因为我们身体血肉是父母给的。从十月怀胎到抚养成人，父母倾注了毕生的心血，付出了刻骨铭心的爱，做儿女的自应感恩回报，内尽其心，外倾其力，欢颜奉养。

人人都会老，孝敬父母也是孝敬未来的自己，我们在做，儿女在看，要想拥有幸福的晚年，必先孝敬父母，为后辈树立榜样。

族中若出现打骂父母、虐待老人的不孝子孙，族人不可坐视不管，应公同谴责。对行为恶劣者，应向政府机关求助，以切实保障老年人的合法权益。

古人云：祭而丰不如养之厚。父母百年后事应丧葬从简、入土为安。依制量力而行，不可沽名钓誉、铺张浪费。

坟墓为祖骸所藏，先灵依此安居，崩塌损坏应尽快修补。春秋二祭，按俗祭扫，不可疏缺。至于人生之疾患贫富，儿孙多寡等，实因各人的智商能力、社会环境、时机、体质等多种因素所致，切莫轻信人言，妄谈风水，将祖宗骨骸东搬西迁。此种行为既惊犯祖先，又劳力伤财，于事无益，实为不智之举。凡我族人切莫效仿。

端品行，守诚信

从政清廉，为民守法；坦诚待人，言而有信，都是做人的原则。莫贪不义之财，莫欺弱小之人，是做人的起码道德。凡我族人均须恪守，做到不盗抢、不诈骗、不凶斗、不乱伦。宁可清贫自乐，不可浊富生忧。

训子弟，尚勤俭

养不教，父之过。要振家风在读书，儿女不论智商高低，均应读书为上。即使名落孙山，也应督促学习其他技能，以为立身谋生长久之计。对调皮子弟更要严加约束，不可姑息溺爱，任其放浪，少小不教，定将贻害其终生。

父母不可因生活贫困而让儿女失学，为儿女者应发奋上进，自强自爱。

勤者财之来，俭者财之蓄。不勤难以立业，不俭难以守家。婚庆寿诞，人情来往，适度为可，切莫铺张斗富，古人云：奢能折富，俭可养廉。应惜往日之劳苦，常思将来之生计。

和邻里，睦宗族

邻里之间田井相连，出入相伴，守望相助，缓急相援。间有争端，应互相理解、宽容，力争大事化小。不可逞一时快意，恶语伤人。远亲不如近邻，家有急难，邻居能给予最快速及时的援助。做人要厚道，要与人为善，与邻为善。

同宗一脉，同属祖宗血脉传承，尊卑次序要尊重，长幼规矩须遵循。尊长不可以大压小，卑幼不能侮慢不逊。同宗有急难，举族应相援。世上没有千年亲戚，却有千年宗谊。同宗之间，均须以尊重、关爱、宽容之心相待。愿同宗族亲以此共勉。

慎交友，遵法律

古人云：学好千日不足，学坏一时有余。交友须交正人，行事须走正道。为官为民，须遵法纪。不损公肥私，不损人利己；不拉帮结派，恃强凌弱；不偷盗抢劫，赌博吸毒。一旦犯法，轻则倾家荡产，重则牢狱苦渡，甚至弃尸刑场。上辱父母，下累妻儿。人生于世，当知身家性命为重，与其追悔于事后，莫如预警于事前，希族人自律自爱，珍惜生活，珍重家人，珍爱生命。

扶危困，力公益

人过留名，雁过留声。人生在世上一回，总得留下点痕迹，为儿孙后人做点好事，方无愧为人一世。人须常存善念，热心公益，乐于助人。怜孤恤贫。古人云：莫以善小而不为。善念存于心，而无大小之分。

要爱护环境，举凡修路架桥、保护林木等，均属利在当代又造福子孙。水为生命之源，林木为水之源。笔者以为烧千炷香不如少砍一棵树，朝神不如架桥修路，拜佛不如孝敬父母。少做虚妄之事，多做务实善举，才能真的"泽被后世"。

家训六则，言疏意切，语重心长，为人之道大抵如此。族人若能遵行，则社会安定、邻里和睦、家庭幸福均能与你相伴。

愿族人格遵家训，共相勉励。

（资料来源：梅县松口仙口《嘉应州梁姓仙口完梓居家谱》）

廖

【姓氏来源】根据《闽粤赣廖氏总世系》记载，晋咸宁二年 (276)，叔安六十八世子子璋，以武功封左卫镇国大将军，由洛阳迁南京。传十世奇可公生三子：长子延邦、次子延龄、三子延春。延龄十一世实蕃为宋参政大夫，于宋初由宁化迁上杭郭坊开基，生一子燕及，燕及生三子：彻、政、敏。其中敏之五子三十三郎，生子仲远，宋末任三院太尉，镇守梅州，偕子安叔定居于梅州，为梅州始祖。

武威堂族训

大凡子弟之不率不谨，皆由父兄之教不先。是以生聚之后，必加之教，而后上不贻天地凝形赋性之羞，下不为父母流传一世之玷。苟无教以维之，则由情虽亲而人不类，谊虽属而势必疏。聚族滋多，所忧日大，则教又曷可少也。吾族户口殷繁，为士在外尚不乏人，所惜在家既乏师资，入塾仅堪识字。固有不安本分、妄有作为，而梦梦终身者，即间有性情愿悫而狃于见闻，亦第知有俗情，而不知所以为人之理。人心之日坏，习俗之日偷，职是故耳。兹列族训并圣谕及政府命令等项以为训诫。所望族中贤达悯斯人之愚昧，尽启迪之婆心，养其德性，遏其邪心，广其器识，谨其嗜好。而凡持身涉世之道，迁善远罪之方，一一曲为开导。将化浇漓浮薄之习，成遵道遵路之风。吾知一族之人皆能不坠家声，以保世而滋大，而风俗之成，即是可操其券矣。

遵乡约

陈榕门跋，王孟箕宗约曰：一乡之内，异姓错处，尚且有约交相劝勉，况于宗族。以其尊长约其子弟，临以宗族训诫后裔，较之异姓情谊更亲，观感尤易，则为孝子、为顺孙、为盛世良民，均不外实行乡约。第以人不肯奉遵，斯自蹈于过恶。祖宗在上，岂忍子孙辈如此。嗣后宜依吕氏乡约，德业相劝，过失相规，礼俗相交，患难相恤。择有齿德者一人总其事，有学行者数人副之。置薄稽查，优游井里，共成善俗。将见成周太和之象，近在目前。而子孙宗族共跻仁寿之域，非遵乡约之明效欤。

惩不孝

孩提知爱，本自性天，苟背本忘亲，则非人也而禽兽矣。夫孝者，天之经，地之义，民之行也。人不知孝父母，独不思父母爱子之心乎？当其未离怀抱，饥哺寒衣，以养以教，至于成人，复为授家室谋生理，百计经营，心力俱瘁。父母之德，实同昊天罔极。所患习焉不察，致自离于人伦之外，则刑罚随之矣。孔子曰：五刑之属三千，而罪莫大于不孝。嗣后族中长老，宜为族中讲明此理，使知畏法。庶几各凛成宪，远于罪戾，至兄弟不和，亲心滋戚，未有不友而能孝者。故不孝与不悌，相因怀刑，方可免刑。盖守法爱身，宜先于本行加之意也。

端蒙养

易曰：蒙以养正，是为圣功。近世教法不修颛蒙，子弟入塾数年，虽读书识字，而未知所以为人之道。问以持身涉世之方，有茫然不知所谓。卒至荡检逾闲，干名犯义，有蹈于法网而不自觉矣。夫人之淑慝邪正必自为，弟子之日始诚，能于知识未开之际，即教以立身行己之道，使之束身名教之中，用力伦常之地，精审义利之关，严察人禽之界。异日读书有成，固可为国家柱石。即改习农工商贾，亦不失为乡里善人，不至流入邪僻矣。语云：少成若天性，习惯成自然。然则义方之教，切磋之功，可不豫严于蒙稚之年乎。

廖

完正供

维正之供，古今所同。拖欠钱粮，便是不良百姓。夫以下奉上，先公后私，民之所职也。吾辈食毛践土，具有天良，而可任意抗欠乎？但各邑地瘠民贫，半多山居，又多从事商业，查额载租米，民米岁收，不过数千石。每当开征，胥役四出，剥啄叩门，多方需索。大户绅户尚不甚累，若贫寒下户，或流亡绝户，苟欠旧粮升米千钱，一经差追，非数十百倍常纳不止。甚至囹圄系缧，鬻妻卖子抵偿。乡里受害者，目见耳闻，比比皆是。嗣后族中父老，每岁春祭时，敦诫子弟，将应完课赋，依期交粮，需缴库无少欠缺，虽有虎吏狼差，亦不敢到乡偶肆诛求。然后以其所余，养父母、毕婚嫁、给朝夕、供伏腊，庶几为良民、为孝子，永享无事之福矣。

息争讼

讼者危事，无理能败，有理亦能败。无如世俗好讼，睚眦微嫌，辄登吏堂，甚至兄弟叔侄累讼弗息，卒至两败俱伤。负者自觉无颜，胜者人皆侧目。衅起毫毛，祸积丘山，多由于此。夫古之人，有誓终身不登讼庭者矣。或曰：显示之弱，启侮之道也。不知侮在人，可侮不可侮在己。自守以正，人不肯侮；所行无失，人不能侮；出之以谦，人不忍侮；处之以让，人不终侮。如以暴对暴，以暴防暴，一对小人，一般受祸，吾未见其可也。嗣后族中或有争衅，族长房长必须苦口相劝，不惮再三，人自服公，感其诚而涣然冰释，不至成讼。盖排难解纷，为行门中第一义。昔人谓暗地教唆最为险恶，平情息讼最为阴功。此言当深念也。

厚宗族

家之有宗族，犹水之有分派，木之有分枝。虽远近异势，疏密异形，然其初兄弟也；兄弟虽多，然其初一人之身也。以一人之身而相视如途人，相待如秦越，薄待吾宗，是薄待吾祖也。夫宗族之间，虽有亲疏远近、贵贱不同之分，而自祖宗观之，则皆子孙也。亲之于疏，宜思何如以敦睦之；近之于远，宜思何如以周恤之；贵之于贱，宜思何如以劝勉之。始见好恶相同，忧乐与共，音问相同，声势相倚，纲纪相扶，有无相济，出入相友，德业相劝，过失相规，农末相资，商贾相合，水火盗贼相顾，疾病患难相恤，婚姻死生相助。强不凌乎众，不暴乎寡。一族之内，和气翔洽。仁风霈需，上不愧乎祖先，下不愧乎族姓，期拔去浇漓之习，挽回醇厚之风矣。如因小利而相争，因小忿而起衅，相倾相轧，相怨相角，此不肖行为，祖宗亦深恶之矣。陶渊明云：同源分流，人世易疏；慨然悟吧〔痛叹〕，念兹厥初。人宜三复斯言。

务积德

易曰：积善之家，必有余庆；积不善之家，必有余殃。又曰：善不积不足以成名，恶不积不足以灭身。人之为善，是理所当为，其不为不善，亦由此心之良不敢自丧，非欲邀福于天也。然论其常理，吉凶祸福恒必由之，是积德之事不可缓也。但积德不论贫富，如诲人善、解人厄、息人争、广劝化、襄义举，随时可积，原不俟夫有余也。至富则以能施为德，天畀我以富，托以众贫者，苟专私自私，一毛不拔，大之社仓义学无济于人，小之不闻微劳片绩为宗族，则天厌之，人恶之矣。柳州有言：吾宗宜硕大有积德者焉。范文正公曰：积金以遗子孙，未必能守；积书以遗子孙，未必能读。不如积阴德于冥冥之中，以为子孙长久之计。族之人果将两贤之言而深思之，当必恍然悟，奋然起者，破吝则公，施人则惠。吾固不敢薄待斯人，而谓其沾沾卑卑，终于自私自利也。

勤职业

士农工商，各有专业，然后可养其身家。但恐日久生厌，见异思迁，作非分之营求，生意外之妄想，势必滋生寡策，历久无成，而职业遂以废矣。夫子弟当十三四岁时，贤愚已定，为父兄者，当视其性之所近，令之专习一艺。士则矻矻穷年，服习诗书；农则春耕秋敛，不失其时；工则日省月试，居肆成事；商则通有无，权贵贱，务体公平，勿蹈欺诈。因才授业而专课其成，而又不为僧道，不为胥役，不为优戏，不为椎埋屠宰，斯所习学者，正矣。他如赌博一事，既丧人品，亦坏心术，近来相习成风，招祸速衅，多由于此。至洋烟之毒，为害尤深，俱当设法严禁。庶几一族之内，无游惰之民矣。

尚节俭

生人不能一日而无用，即不可一日而无财，然必留有余之财。然后可供不时之用，则节俭尚焉。但世人不知撙节，往往衣好鲜丽、食求甘美，以至十夫之力，不足供一夫之用，积岁所藏，不足供一日之需。甚至称贷以遂其欲，子母相权，日复一日，债深累重，饥寒不远矣。夫俭以惜费，亦以惜福。惜费则无窘迫之虞，惜福则无满损之虑，此老氏所以以俭为宝也。今后族中，宜各戒奢华。冠礼初则用小帽深衣，继则用大帽外褂，三则用金花彩红，但以肴酒果品成礼。婚则不虚装体面，一切往来但求合符礼义，女家不索重聘，男家不计厚奁。丧则以衣棺椁，必诚必信，不得务为美观，亦不得置酒肉宴客。祭则牺牲必成，粢盛必洁。不得演戏酬神，赛会祈福，为天地惜物力，为国家惜恩膏，为祖宗惜往日之恩勤，为子孙惜后来之福泽。则所以养其廉者，正是所以昌大其宗族者，亦即在世也。

（资料来源：梅县、梅江《梅县、梅江区廖氏源流》）

"世綵堂""万石堂"族规

国有国法，家有家规。四海升平，国泰民安，实赖国法家规之威。为使我廖氏子孙，人人守法，个个尽责，除以国家政策、宪法为准绳之外，另订族规十条，望我廖氏后裔恪守定规，课教子弟，勤读诗书，廉明礼义，敬老爱幼，和邻睦族，精诚团结，共展宏图。

爱国爱民，尽忠守义

热爱祖国，忠于人民，坚持真理，主持公道，不失国格，不失人格。尊师重道，重义轻财。维护祖国尊严，维护集体荣誉。

各专本业，精益求精

工农商学兵，各司其职，各尽其责，忠于职守，兢兢业业，干一行，爱一行，专一行。七十二行，行行出状元，行行有能人。

遵纪守法，自尊自爱

模范遵守国法，自觉维护公德。明辨是非，识别善恶，分清美丑。不赌博、不嗜黄、不诈骗、不斗殴，自尊自爱，文明有礼。如有知法犯法屡教不改者，扭送司法部门绳之于法；族人会议，严惩不贷。

勤劳奋发，自强不息

业精于勤而毁于惰。我廖氏子弟要以勤劳为本，发家致富。农以田为本，精耕细作，科学种田；工人要钻研技术，精通业务；学生要不懈不怠，学有所成；商人要经营有方，公平交易，财源广进；军人要文武双全，保家卫国。

节俭简朴，移风易俗

由俭入奢易，由奢入俭难。省吃俭用是中华民族的美德。我族人要以节俭为本，不要花天酒地，不要铺张浪费。婚嫁迎娶，寿诞葬礼，应移风易俗，一切从简。

坚持晚婚，少生优生

"晚婚晚育，少生优生"是基本国策。我族子弟应人人响应，自觉遵守，实行计划生育。有女无儿可以招郎入室，传宗接代。我族要一视同仁，不得歧视，不准排挤。

重视教育，提高素质

百年大计，教育为本。十年树木，百年树人。我族人要不惜财力，努力提高文化素质，适龄儿童要全部入学，要尽力普及初中、高中教育，努力造就大学人才、尖端人才，光宗耀祖，振兴中华。

孝敬父母，合家欢乐

羊有跪乳之恩，鸟有反哺之义；孝敬父母，天经地义。父母衣食住行，儿女要服侍周全。平时代为劳役，欢语膝前，有病有痛，侍奉汤药，尽忠尽孝。夫妻恩爱，相敬如宾。兄弟姐妹，情同手足。妯娌姑嫂，理应坦诚相待。全家和睦，同享天伦之乐。

和邻睦族，礼貌待人

远亲不如近邻，乡邻共处，应相亲相爱，亲如一家。一家有难，百家帮忙。切记〔忌〕彼此猜疑，互不相让。告诫廖氏子弟切不恃强凌弱、恃富欺贫、以大压小、以众压少，凡事要严于律己，宽以待人。

扫祭祖坟，珍藏族谱

先祖生前，披荆斩棘，克勤克俭，创家立业，逝后托体丘岗，安居灵山。我族子弟，每年清明务必临墓扫祭，缅怀功德，寄托哀思，开启未来。

族谱为木之本，水之源，修谱耗资费时，来之不易。我族人必须珍藏族谱，代代相传，继承祖辈遗志，光大先人事业。

家训

孝敬父母，赡养老人；夫妻平等，相敬如宾；对待子女，不可偏心；敬老爱幼，满腔热忱；婚姻自主，严禁近亲；教育子弟，莫入邪门；交朋结友，正大光明；作风正派，戒赌戒淫；邻里纠纷，息事宁人；异性相处，礼让三分；光明磊落，能屈能伸；谦虚谨慎，不图虚名；见义勇为，不辞艰辛；奋发图强，自力更生；尊师重教，百年树人；移风易俗，革故鼎新；兵农工商，业精于勤；遵纪守法，文雅言行；立志报国，勇于献身；不欠赋税，勇于应征；为官廉洁，勤政爱民；群策群力，共建文明。

（资料来源：丰顺《丰顺廖氏族谱》）

诚子孙文

余幼失怙恃。遵祖训、读父书，惟以丕承先志为念。所承祖父遗产，兢兢恪守，自我兄弟婚娶用费外，遗产无几。余以勤俭持家，笔未墨耜，阅毕生如一日，以其赢余，殚力经营，自三男三女婚嫁之余，薄置田宅，皆余一生勤苦，积累所成。今年已八十有四矣，应将所置产业，立为我丞〔蒸〕尝外，作三分均分，令尔子孙管业。

今以邱安畲田租三十九石一斗、陈衙坡大坑里田租府印斗一十八石，立为我祀田，其余物业，三份平分，无有多寡。所立祀田，今仍余收用，俟归世后，尔三房轮收办祭。我夫妇三人忌祭、墓祭，依所定规例，至淑静陈氏祭仪，务宜一体，不得稍分隆杀，必诚必洁，庶不失为子孙之道。长子宏，昔为人倜傥，能为我出力，其弃世日，妻子寡弱，余心忧之，间有扶助，费用多少，为父相其缓急，为之周全，非有私心也，尔等不得妄生说话，不体父意，致开家道不和之端。夫和气致祥，乖气致异，理必然也。愿我子若孙，恪遵家训，和睦兴家。念余毕生劬劳，将遗业世守而扩大之，所谓既勤垣墉，惟其涂塈茨也。期之，望之。

（资料来源：大埔《大埔廖氏族谱》）

求可堂家训

一、读书：生员监贡举人进士鼎甲，以之教读，不失为斯。文职出仕在读书之列，武职亦是出仕之列，然读书尤以立品为先，故为第一。

二、业医：良医共并良相，有大医院之设，故为第二。

三、地理选择：地灵人杰，有好地将有好子孙，地理重焉；选择助学以为人，故为第三。

四、商贾：生意为求财之路，行货曰商，居货为贾，皆为求财也。礼义生于富足，财不可少，故列为第四。

五、耕田：耕田为更艰苦之业，然能力农使丰衣足食，为读书商贾等提供基地，以其浮夸毋宁务实，故第五。

其余技艺即糊口而已，然百姓百务路，肯学亦可，至于打钱一艺，则余所深恶焉，不愿我子孙有学此者。

戒使性、戒赌博、戒贪酒、戒游手，要勤俭、要谦恭、要慎言、要和气；慎交游、慎起居、慎闺开〔门〕、慎祭祀。此四戒、四要、四慎，乃人生立身持家处世之务。凡我子孙须一一恪遵，毋忽毋违。至于量大则尤为难学，福大之人方能大量也。

（资料来源：梅县桃尧《黄沙村廖氏族谱》）

林

【姓氏来源】根据蕉岭林氏族谱记载，二十三世林显荣，宋理宗时，以进士官翰林院编修，居汀州府宁化县石壁村林家城（后改石壁塘李家庄）。生子二，长评事，宋末避乱迁居大埔，后转蕉岭。

家训①

崇孝道

孝始于事亲，终于报国。移孝以作忠，即显亲以全孝，此谓之大孝。

孝为立身〈大〉本。若不孝于亲，必不能忠于国，友于兄弟，睦于宗亲、乡党，合群于社会，则反为社会之蠹虫。

如何能使人之行为皆善？请必自孝父母始。人能以父母待子女之心行事，则万善之本以立。由是而友兄弟，而睦宗族，而笃乡里。由是而居乡则为善，入仕则不为贪吏。

人子事亲，无论穷富，当以奉养为先。富者能备供甘旨，〈而〉贫者能菽水承欢，各凭其力，务能承亲志，和颜婉语，不可貌奉心违，以贻父母忧。

子之孝，不如率媳妇以孝。媳妇居家之时多，洁奉饭食起居，自较周到，故俗谓孝妇胜一孝子。

---

① 各地的林氏族谱中记载的家训略有不同，本书以兴宁林氏为例。

人之事亲，有一分力，即应尽一分力，不能稍有吝惜。有兄弟分家，各丰衣足食。而于父母身上应尽之责，竟彼此推诿，计较分毫，此谓之大不孝。

人之事亲，晨昏定省，久出必告，返必面〈亲〉。古人父母谢世后，若有远行，必拜墓而去。

父母教育子女，未有先存子女报答之念者。子女幼而能志于学，长而能忠于事。进而能立德、立功、立言，为国家社会有用人才，皆所以报答父母教养之心，皆孝之大者。

亲有过失，子女当轻言柔声委婉进诛〈谏〉，若亲志不从，则俟亲心愉悦时再说，不陷父母于不义，亦为孝之一端。

坟墓乃先人藏骸之所，年时务须拜扫；家庙乃先祖神灵栖托之处，年节必修祭祀。力之所及，勿以代远而不顾，勿以路遥而不往。届时族人相处，正可以联族谊而敦一本之亲。

孔子曰："身体发肤，受之父母，不敢毁伤，孝之始也。"后世陋俗，有割股断指以疗亲病者，此迷信之谈，背人伦之旨，非子女行孝所当为。

葬亲陋俗，风水之说，谓先人葬佳地，后人可致富贵。从无此理，亦无此事。所以历代家训，皆以此为诫。安先人体魄之地，惟择高阜，土质干燥，僻静不易受人畜破坏之处为佳，从来贫富贵贱无常，与风水何干？古代帝王之家，亦同此理，今则举行火葬，事简而费省。当视亲之生前意愿而行，不违亲意，即是尽孝。

旧俗丧亲，必请僧念经超度，声乐鼓吹，奢侈浪费，于死者何益？历代家训，谆谆示诫，应知警惕。

睦宗族

族人虽有远近亲疏，要其本源则一，族中人有喜事或凶事，必先行庆吊之礼。遇有合族之事，必同心商榷。平时聚合，亦以联族谊为重。人情不见则疏，日疏日远，大非睦族之道。

宗族于我，固有亲疏。自祖宗视之，则均一人之子孙，能以祖宗之心为心，自知族人之当睦。睦族之要有五：一曰敬老，二曰亲贤，三曰矜恤孤寡，四曰周济急难，五曰解纷。此前人古训，实有深意。

睦族有四务：一曰矜幼弱：幼时失去亲人，难以自立成才，则须有怜悯之心，随时给以助力；一曰恤鳏寡：贫者则体〔恤〕以善言，富者则恤以财力，资其生活；一曰周窘急：族人有衣食无着者，则谋给以生路，量己之力，为之接济，亦尽己之心；一曰解纷争：族人有纷争者，得多人劝解，往往得心平气和，重归于好，此亲族之所责也。于此之外，若有力量，捐义田，设义仓，立义学，置义冢，使合族之生死均无所恨，实为睦族之大者。

睦族之要有三：一曰尊尊：对尊辈则恭顺有礼；二曰老老：虽属平凡，而年纪已高，亦须尽扶保护之礼；三曰贤贤：凡德行学识可为族人模范者，虽年辈较低，亦须待以故〔敬〕贤之礼。

家庭亲戚，不外有三党。待父党宜念木本水源，待母党宜念生身恩谊，待妻党宜推爱及人。待人忠厚，常存敦睦联谊之心。

凡族中鳏寡孤独无依者，果能安分守己，当念同族一本之义，联通族合力量情以周济之，不可漠然视如路人。有婚嫁丧葬不能举者，或品学兼优而无力上进者，联族人量力而助，义不容辞。

睦族必以叙伦为先，叙伦必以正言为先。一族之中，祖孙、叔侄、兄弟之间，各有定名，不可紊乱，尤不可因尊长寒微，遂致径呼尔我，避加尊称，以失人伦之序。须知敦本睦族，切不可重富轻贫，少存异视之心。

族之兴盛，在乎族人之贤否。子孙贤，族自兴，乃不易之理。族中男女儿童，不论天资悦〔锐〕钝，皆应善为教养。虽钝拙者，亦必使其有一技之长以谋生；有可造之才，以家贫而难于就学者，应量力协助，使其有成。

族谱所以明水木之本源，辨支派，维族系，敦人伦。睦族之道，莫大于此。古人谓家谱三十年一修，今交通发达，印刷便利，或二十年，或十年一修，新增出生子女皆无不可。务宜勤修，以免遗漏。子女凡十岁以上，皆宜指导其读谱，以奠其敬宗睦族之根基。保藏族谱，宜于干燥通风之处，以免屋漏、虫鼠之害。遇有大故迁徙，则奉谱而行，庶无亡谱失系之虞。

重教养

天下无不慈之父母，但庭训不立，别〔则〕溺爱不明者有之。故父母之于子女，必幼而教以孝悌，稍长而授以学业，其顽劣者，亦必严为教训，勿姑息以养是非。为父母者尤须以身作则，务使其子女自幼即有行为矩范。

人家子女，多于儿童时任其所为，日渐月清〔染〕，乃逾规矩，此养而不教之过；及其长大，爱心渐疏，见其小过，又以为大恶，怒责拳打，此柱〔极〕憎之过，二者皆非父母教养子女之道。教育必自孩童时始，若幼即骄惯、语言不逊、举动不端，而以其幼小无知不加纠正，习久成自然，日后虽欲变其气习不可得矣。为人父母者，当深体此意。

子女姿质敏俊，固然可喜，然应防其天才外溢，流于非途。宜早训诲，以学礼范其行，以读书励其志。长大之后，习与性成，行为自不逾矩。

子女童稚之年，父母、师长之训教，宁严勿宽，然严勿失于厉，宽勿失于纵，方为恰当。稍严以收其身心，俾其举动知所顾忌，而不敢肆为非礼。

子女敬长之道，古有明训。凡年长二十者，以待父辈之礼事之；年长十岁者，以待兄辈之礼事之。凡遇尊长，坐必起，言必逊，貌必恭，行必让，侍坐必居偏，应对必用称呼，方得后辈体统。凡为尊长者，亦不得以辈尊而轻视卑幼，遇后辈有德才出众者，亦当以贤者之礼相待。

士农工商，皆为正业。随子性质所能，兴趣所近，各事一业。宜专宜勤，毕生以之。成事兴家，皆由于此。

子女幼小学语时，父母即教以对人称呼之礼；能学时，则教以起居之礼。幼而习之，既长则规矩自谙。子女幼年可不避宾客，年少见识未广，正当于周旋接间学习。

训蒙之要，重在语言举止。自幼不逾规矩，则长大自合于礼法。

子女事父母尊长，则其言必即应，所教之事必速行，不得怠慢自任己意。

坐势要正，上身要直，齐足放手，勿倾倚侧偃，勿交胫摇足，勿踞坐斜靠桌椅。与人同坐位，尤不能摇摆手足，妨碍同坐之人。

站立要垂手正身，不可背向而立。若立近墙壁，不得倚靠。

行走姿势要正常，若非急要事，应步伐整齐前进，上身勿摇摆，举步宜常视足下，过门不得踏门槛，以防跌倒，勿跳跃而行。路遇尊长或熟人必致敬意。

子女童年处尊长或宾客前，如遇尊长呼唤，当即起应，有问随事对答，发音清朗，语勿太高。长者有问，词毕而答，勿从中插话，喧笑戏谚〔谑〕。

凡饭食须从容举箸，勿乱扒乱拨，咀嚼勿有声，适腹而止，勿贪多过饱。碗箸安放，要整齐安稳。

凡视听务要耳目专一，如看书则一意在书，勿旁视或旁听他事；听父母、师长训诫，亦须一意领受，勿杂听他言，注意他事。

按时寝息，宜平心静气，勿言语，勿乱想，心安神定，自易入眠。早睡早起，可使精神焕发，获次日工作良好效果。

同学之间，当互相亲爱如兄弟手足。学胜于己者，品行端方者，要虚心向其学习；勿结伙嬉游争闹，荒废学业而沾染恶习。

教子女习礼，以明大义为要。临凶礼，不可有嬉笑之容；临吉礼，不可有惨戚之色。衣服不求新而求整洁，仪容要端庄而戒轻浮，举动要从容而勿失态。

人生在世，非教育不能成器，非读书明理不能成就大业。教育以培养其立身致用之本，读书以达其为人处世之用，二者缺一不可。

古人惜寸阴、分阴。时不可失，少年立志学习，当惜阴趋时，为一生事业成功之基础。熟记此语，终生受用。

齐家政

治化之道，必先齐家。然政行于天下易，而教施于一家难。盖骨肉之间，恩胜情深，则家法难申，自非身先德化不为功。治家之难，难于治民，良非虚语。故善治家者，以正己为则。己正，则子女相率以从；己不正，虽有治家严法，亦无以为功。

治家以正人伦为本。正人伦以尊祖睦族、孝父母、友兄弟为先，以敦亲党、和乡里为要。近正人如近父兄，远恶人如远虎狼。以勤俭立业，慈让为怀，约己而济，有礼而好德。如此者可以兴家，可以安身而立命。

治家内助最要。男人性每多刚，或临事愤怒，得解劝一声，可省却不少意外事。或激怒一语，每种下无限祸根。每日开门七件事，莫不操之于内，俭约节用，亦理家要政。

后妻对于前妻子女，世间颇多难处。非妻之不贤，或子女不孝也，缘自私之心而然。有自私心则猜疑，则妒忌，因而渐至失欢，终成大恨。持家者应观微知变，预为之防，则善矣。

天下之人皆同胞，而同出于父母者有几？兄弟姊妹之间，若有贫困急难，俱当尽力救助，不应漠如路人而伤手足之情。世谓处兄弟姐妹间者，勿妄怒妄怨，真处家良言。

子弟纷争于外，虽以曲直为礼，仍须自家约束，有理亦宜容忍一些。理屈者，必严自教戒。若为亲情、为体面回护其短而纷争，乃自伤体面，自毁子弟前途，每肇不测之祸。

父母不幸中年亡故，所遗幼年弟妹，长为兄姊者，当抚之如子女，尽衣食教诲之事；弟妹之待兄嫂，亦应事之如父母之礼。

家庭中兄友弟恭，姒娣随之，全家和气，父母愉快，亦孝之大者。或家庭有异母，如兄弟和睦，亦可消除偏爱之私。

婚嫁为人道之始，立家之基，尤宜审慎。对方应求品德才识为本，勿贪图聘金，勿看重妆奁，勿攀高门，勿慕贵势。

家庭中贤否，难尽齐一。如父子不能皆贤，或兄弟不能俱佳，或丈夫放荡，妻子悍暴，譬如附身赘疣，不能割弃，惟有自身善以处之，庶收潜移默化之功。

家庭日用所需，不可奢靡，不可吝啬。一日不再食则饥，终岁不制衣则寒，衣食既足，生理自旺，礼教德行由是而生。凡安乐之境，莫不由勤俭而来。

勤俭为立身立家之本。人不但贵乎有一长，有一业，且贵乎能勤其业，发挥其专长。不论士农工商，凡勤且俭者，家必日进，否则莫不致败。

世间惟财与色，最能败坏人心。赌钱淫色，近毁己身，祸贻子孙，败家伤生〔身〕，实由自致。持家者必以之自律其身，必以之教诫之〔子〕弟，若涉足其中，将不能自拔，一失足成千古恨，悔之晚矣。

创业之难，每难于登天；毁业之易，则往往由于不知不觉之中。谚曰："由俭入奢易，由奢入俭难。"大抵事业有成，总由勤俭，而其覆败，每恩〔因〕怠奢。故谨身节用，量入为出，勿失其度，则罕有倾败之忧。

一家之中，男女皆不坐食，虽操作辛苦，然而知物力维艰，由是养成节俭朴实美德。小则可以一家自足，大则可以利物济世，矫俗成风。

"体面"二字，误尽古今天下人。若丧葬婚嫁，交际之类，不自量力而行，只贪图体面，至负债积穷，后悔莫及。一家之中，生财有数，苟取之尽锱铢，而用之如泥沙，所入不足供其所出，则将何以为继？多见富贵子弟，先人所遗产业至厚，不及数年而家产荡然无存。盖败家之由，不知节用为其一端。俗语曰："常当有日思无日，莫待无时想有时。"

父祖之贻子孙者，惟义为善，否则，如违背天理而取不义之财。跋扈乡里，强取豪夺，徒贻子孙以祸根，非爱家之道。

正礼节

国家治乱，系于人心之邪正。守礼法，合人群，世风必正，国家必治。人心邪则悖礼犯法，贻害人群。故验国家治乱，必先观礼法盛衰。

人之立身于世，重在争人格，讲礼节，重名教。卑污之行，有如白圭之玷，终身不能磨灭。可不慎哉！可不戒哉！

尊长生辰称庆，世有此俗。遵礼致庆承欢，铺张宴会，非显亲之道。宁俭勿奢，谁云非孝？待小人物不可有轻视之态，犹不可妄自踞傲，亦不可近于狎昵，为人所轻，自失仪容。

苍蝇附骥尾，驰虽千里，难免附着之羞；茑萝附松柏，虽上接云霄，难免攀援之耻。故有志者重立身，宁风霜自持，严于操守，不为狗马亲人。

饮酒适量，而饮不可过度，尤不可沉醉喧器，致乖礼节。奉筵宾客，惟诚恳致意，不可强人饮酒，致人所难。

人不能无过，有过自觉则改，方可立身成人；饰非文过，便一生无长进处。人惟能改过为第一美事。

古人敦厚，虽婚庆大典，尽礼而已，不事铺张。所见历代族谱，对此多有训诫。〈处〉今之世，风气所趋，虽不能尽法往古，然节约从事，利己利人何乐而不为？

务读书

家不论贫富，子女不论智愚，第一要读书。读书则能知事理，古人所谓致和〔知〕、格物、正心、诚意、修身、齐家、治国、平天下者。使人知为人之理，立业之方，有益于民，有功于国，而不至为非作歹，为世人所不容。

幼年读书，尤须专心一意。务要读得字字分晓，须背诵者，尤要背诵，幼年所读书，可终生不忘。谚云："读书千遍，其义自见。"故读书要熟，明其义理，则为有成。

读书"十则"：静坐则神清；澄思则理透；好问则识广；多读则识博；笔勤则文兴；功纯则德进；好冷僻则有炫奇之戒；务细碎则有穿凿之嫌；无卧薪尝胆之志，则心思不至；无破釜沉舟之勇，则功夫不深。

人生有限，时光如奔电逝波，一去不返；学问如逆水行舟，不进则退。且不可因循姑待，白首徒悲。食〔贪〕恋无益之为，虑〔虚〕掷韶华，误〈有〉为之学问。古人爱惜分阴，真为金玉良言。

善读书者，于人不置疑处，须教有疑问；人已有疑者，却要会其理出而无疑。读书能致如此地步，才算是有悟。

少年读书，能记忆而不知其用处；中年读书，知有用而常苦善忘。其上焉者，著书立说；下焉者，摘要笔记。书中精义，经手自写，则记忆自深，且可留为他人读书之参考。

读书在勤勉，在能刻苦。古人如囊萤，如映雪，如悬梁，如刺股，莫不从刻苦而致有成。须记勿怠勿骄，勿自恃聪明，勿半途而废，勿安于小成。如此必可致大成，成大器。

明德性

大丈夫须有顶天立地之志，处世存心，要有容人度量，而勿求容于人。

人必善忍，其业乃有成；必有容，其德乃得大。君子立身，未有不成于忍而败于忍。惟能忍，方能恕于合众志，以成大事业；不忽视小事物，方能谨慎处世，而致成功。

忍辱一事，自古为难，虽豪杰之士，多由此败。处之之道，当察辱自何来，若其来自小人则理直在我，何怒之有？若来自君子，须知吾过当改，亦何怒之有？不辨其由，而以一怒应之，或致相仇而不能已，何异乎树敌以困我、孤我，自取失败之道。故曰忍辱是人世交际第一关头，为立身立业，成功失败之第一关键。

人不可炫己之长，揭人之短。须知人各有所长短，故云："尺有所短，寸有所长。"如只见己之长，不知己之短，对人则专视其短而蔑视其长，入世处事，必感世路多阻而寸步难行。

凡强来亲近者，必非寻常，宜稍持距离，以观其趋向，然不可露故避之迹。

人于交往时，不可尽倾私秘于闲谈中，若有变化，将被执为口实。朋友失好，不可有过分语言相加，古人谓："君子交绝，不出恶声。"

心口皆善，吉人也；心口皆非，人得而防之，尚不致为我害。惟言貌称圣贤而心肠似蛇蝎者，不可不防，当慎之、远之。

人世间交际之诀，律己以谦，待人以恕，接物以信，临事以义。可以受用终身。

处世事

明是非，辨忠奸，守节义，权生死，才算得大勇。不自用，能用才算得大智。

以爱子女之心事亲则无不孝，以责人之心责己则无大过，以恕己之心恕人则可全交谊，和人群。

立身处世之道，见识要远，保〔操〕守要严，器量要大，谋虑要长。行事审其当否，行之在我，不怨天，不尤人。处众以谦退、礼让为先。言欲逊，逊则人和；行欲严，严则远侮。

端重勤俭是居身良法，仁恕正直是居家良法，恭宽容忍是居乡良法，洁法奉公是居官良法。

人之处世，不可有轻人之心，怀此心者类乎薄，挟上人之必〔心〕者类乎狂。虚心以接物，乃为进德修业之本。

济人为美德，固无贫富之分。富人济人以金钱，自是富厚长者情怀，然贫者力不能及此，只须存一片方便心，具三寸善言舌，为人解忿息事，虽不是金钱施予，却有金钱办不到之效果。

凡遇事先想道德如何，有了主意，再参详众议，即决断而行，切忌依违因循，随人指挥而致败事。

我以厚待而人竟以薄待我，应思我之厚或有未至；我以礼接而彼仍薄我、虐我，则思我之礼或有未洽。然既厚以心、洽以礼，而彼仍薄我、虐我，则当如敬鬼神而远之矣！何处无小人，当思处之之道。

勿以吝为俭，以刻为严，以谄为礼，以傲惰为厚道，以狡黠为聪明，以愚钝为宽大。苟如是，则何啻毫厘千里矣！宜有临事分别。

群处之间，即到和易极处，亦只是情款浃洽，而胸中泾渭，自当分晓，不可随波逐流，漫无主宰。

听人说人是非，莫轻信，亦莫轻答。须知凡爱说闲说、爱管闲事、爱图闲钱之人之言，皆不可轻信，其人尤不可轻交。

虽至亲兄弟姐妹之间，如有缓急，可自我量力助之，万不可存求报之心。

虽为姻亲，家富而心不正，行为不端者，敬而远之。

客筵赏赉，寺观施舍，不如移之以助孤独无依、残疾无告者。

人每因一些小便宜，随事便起忿争，既伤和气，又损心神，实是因小失大。

众人事须凭公议，如公议不可者即止。犯于公议，虽为善事，亦难使众人心服。

处乡里当以敦厚谦和为心。若有横逆之来，可晓之以理，不可以暴气怒骂应之。

居必有邻，故睦族之外，尤须睦邻。睦邻之道，如有应接，大而财产交易，小而借贷往还，以至酒食应酬等事，皆宜谦让以敦情谊，始可有无相通，守望相助，出入相扶持，而臻群居安乐之境。

居邻不幸而有强梁巧诈，为非作歹之〈人〉，能容忍处仍以包容为宜。万不得已，可托故迁徙，另择善邻。古谚有云："百金买宅，千金买邻。"择邻不可不知。

睦邻之道非一端。我居是方，必致力是方之风俗教化，务使善善亲亲而恶者自孤，必有所惮而不敢恣意为非。古有君子居乡化盗者，其庶几乎？

讼狱之事，为大冤不白而起。如父母之仇不共戴天，兄弟之仇不与同国，不申告于官则无以白其冤，讼仍不得已者。若田产婚娶细微之故，是非则宗族里党可以和解，若稍有不平，亦宜忍耐了事；涉讼公庭，结怨愈深，耗财破家，祸害更大。语云"讼则终凶"，可以为戒。

为人处世，心胸要阔大，意度要安闲。约己而丰则群下乐为之用，所得常倍。周虑而审处，则成事可免劳而易集。惟有心胸狭小，性情偏急，好利己而薄人之辈，未有不致败者。慎之！戒之！

以忠孝为本，以礼义为纲，不论职位高低，职业殊别，皆足以风世俗而正其身，励其行，以范后昆，以型乡里，岂曰于世无补哉？

（资料来源：兴宁《林氏族谱》）

【姓氏来源】据兴宁刘氏族谱记载，南宋嘉定年间，河南宣抚使刘龙第七子刘开七，因出任广东潮州府都统制（潮州总镇），把家人从宁化石壁村迁到潮州，后落业在程乡（今广东梅县）。刘开七被后世尊奉为由闽入粤始祖。刘开七只有一个儿子刘广传，刘广传有马氏、杨氏两个夫人，马氏生了九个儿子、杨氏生了五个儿子，十四个儿子繁衍出十四房人，人称"一脉宏开十四房"，也叫"二七男儿"，分派在各府州县，成为各支刘姓始祖。

家训

敦孝悌

孝悌为百行之先，凡为人子弟者，当尽孝悌之道，不可忍灭天性。兹我族子孙，宜敦孝悌于一家。

睦宗族

宗族为万年所同，虽支分派别，实源同一脉，不可相视为秦越。兹我宗族，务宜敦一本之谊，共亲亲之道。

和乡邻

乡邻为同井之居，凡出入相友，守望相助，不可相残相斗，务宜视异姓如同骨肉之亲。

刘

明礼让

礼让为持己处世之道，非徒拜跪坐揖之文〔仪〕，必使亢戾不萌，骄泰不作，庶成谦谦逊顺之风。

务本业

士农工贾，各有其业。故古人云：业精于勤，毋荒于嬉。惟务其业者，乃得自食其力。可见食其力者，敢不专其事乎。

端士品

士为四民之首，隆其名，正以贵其实也。故宜居仁由义，以成明体达用之学。若使逾闲，不惟上达无由，且士类有玷。

隆师道

师道为教化之本。隆师重道，正以崇其教也。若不尊崇，不特教化不行，而且有亵渎之嫌，何得漫言传道。

修坟墓

坟墓所以藏先人之魂骸，每年宜诣坟祭扫，剪其荆榛，去其泥秽，以安祖灵，切勿挖掘抛露，致祖宗之怨恫。

戒犯讳

同姓子侄，每派宜择定一名字以为名，凡属五服内之嗣孙，不得犯父兄伯叔之名，即上祖之名字亦当讳之。

戒争讼

争讼非立身之道。故争必有失，讼必有凶。以忍让处之为尚，勿致有忘身及亲，倾家荡产之悔。

戒赌博

赌博非人生正业，一入场中，不惟百业俱废，而且身价亦轻，宜自守本分，切勿贪财，害累终身，勉之戒之。

戒淫恶

淫为万恶之首，天所不宥，报应循环。所谓淫人妻女，报在妻女，宜检身防过，勿致损人败节。

戒犯上

自古尊卑上下，名分昭然。不得以卑凌尊，以下犯上。宜行厚长，勿致有犯在上之失。

戒轻谱

家谱之修，所以叙一本也。谱编成帙，正是一家之宝。务宜珍重收藏，以便考查世系。切勿轻弃，以亵祖宗，宜共凛之。

[资料来源：梅县《梅县刘氏族谱（澄坑世系）》]

广传公嘱十四子诗（族诗）

骏马骑行各出疆，任从随地立纲常。
年深外境皆吾境，日久他乡即故乡。
早晚勿忘亲命语，晨昏须顾祖炉香。
苍天佑我卯金氏，二七男儿共炽昌。

内侍诗

源溁渊海及涟江，淮汉与浩共马娘。
洲浪波河深同腹，列数五子是从杨。

刘

广传公十四子诗

源潦滚滚出洲源，海浪滔滔似波涟。

江淮河汉满天下，浩深渺渺出神仙。

公洲亲睦堂刘氏先祖《勉·戒辞》

勉辞：祖考命工祝，勉尔合族子孙曰：凡为我后，冀慰我衷，父慈子孝，兄友弟恭，夫妇义别，男女礼崇，子弟教训，乡党敦隆，士勤于读，农勤于耕，工勤于业，商勤于佣，各相劝善，以大吾宗，富贵绵远，继述之功。古云积善之家，必有余庆，吾愿吾子孙勉之。

戒辞：祖考命工祝，戒尔合族子孙曰：凡为我后，勿玷我先，无为盗贼，切莫赌博，息汝争讼，戒汝凶拳，凌伦须禁，嫖荡须鞭，无以强凌弱，无以惰贻艰，无以信小人唆，无以听妇人言，各相警戒，以勉不贤，贫贱愚拙，继述之愆。古云积不善之家，必有余殃，吾愿子孙戒之。

（资料来源：大埔洲瑞《大埔洲瑞赤水庵前刘氏族谱》）

传家宝①

勤俭立身之本，耕读保家之基。大福皆同天命，小富必要殷勤。一年只望一春，一日只望早晨。有事莫推明早，今日就想就行。明日恐防下雨，又推后日天晴。天晴又有别事，此事却做不成。夏天又怕暑热，

---

① 又称《刘氏治家格言》，相传为明初开国功臣、万代军师刘伯温所作，为全体刘姓族人所认同的家训。

冬寒又怕出门。为人怕寒怕热，如何发达成人。请看天上日月，昼夜不得留停。臣为朝君起早，君为治国操心。寒窗苦读君子，五更雪夜萤灯。官商盐埠当铺，万水千山路程。若做小本生意，必要起早五更。乡农春耕下种，一年全靠收成。男人耕读买卖，女人纺织殷勤。勤俭先贫后富，懒惰先福后贫。用特体惜检点，破坏另买费情。纵有房屋田地，乱用终久必贫。每日开门两扇，要办用度人情。自食油盐柴米，总要自己操心。一家同心合意，何愁万事不兴。若是你刁我拗，家屋一事无成。近来年轻弟子，为何不做营生。总想空闲游耍，不思结果收成。年轻力壮不做，老来想做不能。别人那样发达，我又这等身贫。别人妻财子禄，我今一事无成。别人也有两目，我有一对眼睛。又不瞎眼跛脚，为何不如别人。自己想来想去，只为赌博奸淫。务须回心转意，发愤做个好人。为人忠厚老实，到底不得长贫。忍让和气者富，争强好讼必贫。粗茶淡饭长久，衣衫洁净装身。不论居家在外，总要节省殷勤。若是出门求利，总要积赶回程。银钱勤勤付寄，空信也要常行。父母免得悬望，妻儿也免忧心。若是赌嫖乱用，一世不能成人。赌钱不是正业，本来有输有赢。赢钱个个问借，输钱不见一人。即刻脱衣押当，无人来帮半文。回家寻箱找柜，想去再赌转赢。谁知赢不收手，再赌又输与人。输多无本生意，耕读手艺无心。输久欠下账目，田地当卖别人。父母妻儿丢贱，自己被人看轻。嫖赌从今戒尽，耕读买卖当勤。每日清晨早起，夜坐必要更深。伙计同心协力，商量斟酌方行。银钱交点清白，戥称斛口两清。算盘不可错乱，账目登记宜清。开店公平和气，主顾富客常临。兄弟忍让和睦，外人不敢欺凌。夫妻更要和顺，吵闹家也不宜。亲朋不可轻视，弟妹不可断情。贫富都要来往，免被别人看轻。奴婢务宜恩待，必有护主之心。切莫使气刻薄，忍耐三思而行。村坊和睦为贵，不可唆害别人。瞒心骗拐莫作，斗称总要公平。钱粮不可拖欠，关税更要报清。安分守己为贵，奸猾造次莫行。亲戚朋友识破，谁肯赊借分文。必然饥寒受饿，定起盗贼狠心。偷盗有日犯出，吊打必不容情。先捆游街示众，然后押送衙门。板子夹棍难免，枷锁怎能脱身。自身监牢受苦，父母妻儿忧惊。劝君回心转意，耕读买卖为生。嫖奸更不可作，出钱还愁丧命。纵死不遭砍杀，拳打也是伤身。先刑脱衣剪发，然后捆送衙门。官坐法责审问，招认奸恶淫行。枷身当街示众，羞愧难见六亲。男人羞见子侄，女人一世污名。丈夫当尝休出，外嫁无脸见人。奸淫第一损德，报应儿女妻身。我嫖别人妻女，我有姐妹女人。倘若别人嫖戏，我知岂肯容情。妻女定然砍杀，姐妹我必断情。想来人人如此，为何我去奸淫。善恶终须有报，不可损坏良心。嫖赌若能谨戒，天涯海角可行。功名连升高中，买卖财发万金。粗言虽无平仄，贫富都可读行。为恶化为良善，懒人听了必勤。劝君抄本回去，教训子侄儿孙。口教恐怕不信，此乃有书为凭。佢能留心熟读，定有结果收成。

批曰：怕贫休浪荡，爱富莫闲游；欲求身富贵，须向苦中求。

（资料来源：梅县《刘氏族谱》）

【姓氏来源】据《范阳卢氏梅县族谱》记载，泰公十六世孙天保公，于南宋末年抗元失败后，避居梅县及大埔三河坝。

宗泰公谕十六条[①]

敦孝悌以重人伦，笃宗族以昭雍睦，和乡党以息争讼，重农桑以足衣食，尚节俭以惜财用，隆学校以端士习，黜异端以崇正学，讲法律以警〔儆〕愚顽，明礼义以厚风俗，务本业以定民志，训弟子以禁非为，息诬告以全善良，诫匿逃以免株连，完钱粮以省催科，联保甲以弭盗贼，解仇忿以重身命。

卢佣公家训

不因果报勤修德，岂为功名始读书？
慎言宜守三缄训，处事常悬百忍图。

---

① 此与康熙所颁训谕十六条同。

卢

百行孝为先

父母恩情大似无，不能忤逆在堂前。
忤逆还生忤逆子，孝顺儿孙代代贤。
花花世界轮流转，万事都是有相连。
千古以来皆应验，记住心里种良田。
养子方知父母恩，曾经不少大贡献。
为谁辛苦为谁忙，教养功劳要思量。
谁个将我来养大，今日应要记从前。
如此深恩应尽孝，报答爹妈到晚年。
老弱无能由子养，责任应份要成全。
将来自己也会老，那时一样望人贤。
饥寒每日要关怀，莫把慈亲来作贱。
若然经济是方便，孝敬多点零用钱。
但得高堂有温暖，问心无愧便安眠。
平日饮水也思源，做人怎可无孝念。
薄待爹娘难剩米，人算不如天上算。
惟有内心存孝义，孝义方会感动天。
往往神明来显现，福寿携手到门前。
孝心定然有好报，从来好报没拖延。
因果循环无改变，自古至今万万年。
欲求添福又添寿，一生百行孝为先。

祖训

孝父母

人之有父母，犹木之有源也，生养教育，恩莫大焉。人苟不孝，如水无源，其流不长；如木无本，其枝不茂。是故百行，以孝为先。儿女生也，呱呱坠地，三年怀抱，出入提携，教以语言，常顾温饱，五岁从师，七岁入学，二十娶妻，继以谋食兴家，父母一生远为子计，费经营，无一怨言，父母老之将至，能不孝顺乎？鸦有反哺之义，羊有跪乳之恩，人为万物之灵，岂能不孝敬父母？若不孝敬父母，不如禽兽矣。故圣训教人，以孝悌为重，叮咛反复，至深且切。凡我族人，必须孝敬父母。

敬长辈

生人类聚，厥有长幼；伯叔兄弟，同气连枝。凡分尊于我，年长于我，皆长辈也。苟操一慢易之心，以富欺贫，以贵夺贱，以强凌弱，以众暴寡，是禽兽也。礼云：有礼则生，无礼则死，可不畏哉？曲礼曰：母〔毋〕不敬。盖礼以敬为主，人而无礼，非人类矣。故凡长于我者，须诚以待，以礼相处，出入敬重。

友兄弟

兄弟（姐妹），同胞手足，最为亲近。自兄弟（姐妹）视之，虽分为二，而父母视之为一体也。世有因财产而乖和气者，殊不思我之子亦有兄弟（姐妹），子视兄弟（姐妹）亦我之视兄弟（姐妹）也。我以不友教之，子必以不友效之，作法如此，何以善后？故要念父母养育之恩，抚养儿女之义，兄友弟恭，互相忍让，上下和睦，团结合作，不因小事而争吵，不听旁人、妻室不正之言，则举族甚幸。

夫妻和睦

夫妻乃人伦大事，夫义妻贤，家昌之本，所受所识，原名有异，既经结合，须同心同德，互敬互爱，凡事共商互谅，相济而为，决不可仍从旧习，男尊女卑，亦不应掀疯发泼，展现淫威，应心心相印，夫妻互敬，男女平等。若然夫妻之间反目相顾，各行其道，男者游手好闲，不务正业，寻花问柳，猎艳女色；女者不守妇道，好逸恶劳，贪图私利，甚至沦为娼妓，妖为淫夫，处处皆是。家庭败坏，妻离子散，事故生变，互相谩骂，朝嘈夜吵，甚至殴打伤残，父母悲伤，儿女啼哭，惨不忍睹，此情此景，能不痛心乎？古语云：娶妻但求淑女，勿论妆奁；择婿只配贤良，休分贵贱。妻贤夫祸少，家盛赖贤良，不可怠忽。

卢

教子孙

子孙有智有愚，有贤有不肖，虽天之赋性不齐，亦视祖父训何如也。祖宗一脉相传，惟勤惟俭，子孙四行，士农工商为正路，斯言尽之矣。盖人当童蒙之时，尤资训诲。其智存在过人者，必择师明经之师，以成就之，继祖宗一脉书香之家，耀我门闾；次则使之为农为工或商，凡以仰瞻俯畜。拾〔舍〕此四端，皆非训子之正道也。凡我族人，必先勤工农务根本，保衣食，求发展，名业善艺，务求精深，身体力行，不应愚而不非，惰而不行，子女受业所为，长者尽力筹足。如有特殊可造，本家无力者，应想法扶持，乃至合族维护，不应一时一家之艰难，耽误可育人之才。

睦宗族

千子万孙，皆祖亲一体所遗，今虽异地分居，实乃同宗共蒂，休戚相关，不可秦越歧视；即有争执，当以祖亲为念，不可记仇怀恨，致使同宗不认，视为乱寇。凡我族人，有无宜相恤，援急宜相济，庆吊宜相通，出入宜相友，往来宜相礼，孝悌并重。

和乡里

人之处世，同居则为宗族，邻居则为乡里，交际聚会，情不容疏，礼不容忽。苟不以和好相与，或致侧目切齿，则成一乡之类物矣。故凡相处，当从其厚，即使曾薄我，而我则不薄他，久之且感而化，若恃强凌弱以众暴寡，持富欺贫，此种恶薄之风气，不惟浅福，抑且惹祸。

肃闺门

家庭内宜法肃词严。夫妻为起化之原，人伦之始，青年配合，相守齐眉，天然之福，不可必得。有夫妇，然后有父子；有父子，然后有兄弟。为丈夫者，不得宠妻逆母，爱妾害子，偏听妇言，伤残兄弟，必严加管束，随时教导。首孝翁姑和妯娌，训子女洁身守道，严禁高声疾言；不能私自出入，乱作妄为，致使家声败露，覆宗绝嗣。

爱国家

人民安居乐业，坐享太平，皆为国家，必须靠国家所赐。为此，我族裔孙，必须爱国家，为国家尽自己所应尽的义务，仅当兵纳税而已；任土作贡，当兵为国，自古已然；为国民者，以养易治，以力为国，实相须之道。

族规

勤俭节约，兴家创业

创业要立足于勤，能吃苦耐劳，敢创敢干，不懒惰，动脑筋，勤思考，不盲目，讲效果。凡事节约，量入为出，不铺张浪费，不讲排场，不摆阔气。

团结和睦，文明礼貌

父母子女、兄弟姊妹、叔侄、妯娌、婆媳、翁姑之间，都要互爱、互助、互谦、互让，有事多商量，不争吵，不打架，团结合作，和睦相处。做到上下左右，家庭内外，和睦共处。待人要谦让，言语文雅，举止要道德。

提高文化，改善族人素质

现代社会是科学技术发展的社会，不读书，不识字，子孙必愚，万事不能成。凡我族人，必须十分重视文化科学知识，努力学习，刻苦钻研，大力提高族人素质，要注意智力投资，不论男女要一视同仁，给予读书学习的机会；有困难者，省吃俭用也要送子女入学；确实贫困者，可广泛发动集资，成立奖学基金会、互助会，存储生息，支持和奖励青少年入学求知。

戒吸毒

吸毒者，不顾钱财之有无，价钱之昂贵，富裕之家，数年而扫一空；中产之家，转眼掷耗殆尽。兄弟规劝不受，父母强训不从，合家尝尽饥寒，满门儿女号哭，从前之适从何在？今日之吃苦何穷？耗资财，荡家产，不孝不友，灭祖绝嗣。愿吾族人，深思猛省、痛戒，远离毒品。未染者，仅〔谨〕防失足；已犯者，及早回头。慎毋自投陷阱，虽悔而不能自拔。

戒淫嫖

万恶淫为首。若心术不正，游手好闲，仗势仗财，猎艳姿色，必将败人名节，坏人家庭，自己亦损失声誉，伤身败业。更有甚者，为色所迷，为娼所追，为匪为盗，沦为败类，触国法，犯刑律，身败名裂，家毁身亡。况乎野花招蝶，晨夕采捉淫秽之气，蒸为疫疠，苟沾染成病，则头额手足溃烂跛瘫，父母不以为子，妻室不以为夫，其何以颜面见人世乎？劝吾族人必戒淫嫖。

戒赌博

赌博，轻则为争闲气，论输赢，钩心斗角，互相争斗，重则结亲仇，引族怨，贻害子孙。赌金钱，赢时不劳之财，大肆挥霍，去不心痛；输时认为倒霉晦运，垂头丧气，梦想挽回。故致当家产、贷高利、卖儿女、典妻室，甚至流为盗匪，作恶行凶，难以自拔。劝吾族人严戒赌博。

戒酗酒

酒醴为人生需，承祭宴宾养老疾病，皆不可废。而圣人深呕切戒者，以酗酒之害，足以失德丧义，非细故也。劝吾族人须切戒。

戒为匪作盗

为恶作盗，善者不齿。窃钱财，毁他人家产；窃女色，坏他人名节。拦路抢劫、杀人放火，实乃大恶，道德不许，国法难容，到头来岂不是自误！

用派字命名，不乱世辈

吾族过去命名重复，同姓同名者不少，致使祖宗不同来历，宗友世系不清，上下尊卑不分，给社会生活带来诸多不便。凡我族人，尽可按

147

各宗支派字命名，毋标新立异。

纪念祖宗，追源报本，扫墓祭祀

树有根，水有源，追宗念祖是子孙后裔的天职，祭祀扫墓是孝敬先人的义举，以慰先人，启迪后辈。为劝我族人，祭扫祖祠、墓，宜勤勿怠。

（资料来源：梅县《范阳卢氏梅县族谱》）

罗

【姓氏来源】根据大埔罗氏族谱记载，元至治三年（1323），为避蔡九五（蔡久武）之乱，大一公由宁化石壁村迁居大埔湖寮开基。

祝融公家训

不求金玉重重贵，但愿子孙个个贤。

人生天地，首重常伦；男女以正，婚姻以时。处己以孝悌忠信，接人以礼义廉耻。存此八德，四海一家。

勿以权势凌人，勿以富贵骄人。毋阴谋害人，毋败德损人。莫说人是非，莫谈人长短。

罗珠公诫子孙训

诰尔子孙，诫尔子孙：原尔所生，出我一本，虽有外亲，不如族人。荣辱相同，利害相反；宗祖为重，财气为轻。为父当慈，为子当孝，为兄者宜爱其弟，为弟者宜敬其兄。士农工商，各勤其事；冠婚丧祭，必须于礼。乐士敬贤，隆师教子，守分事公，及人推己。闺门有法，亲朋有义，立行必诚而无伪，御下必恩而有礼，务勤俭以兴家庭，务谦厚以处乡里。毋事奢淫，毋习赌博，毋争讼而害俗，毋酗酒以丧德，毋以富欺贫，毋以贵骄贱，毋以强凌弱，毋以下犯上，毋以小忿而失大义，毋听妇言以伤和气，毋多言以取祸，毋责人以求备，毋为亏心之事以损阴骘，毋为不洁之行以辱先人，毋以小善而不为，毋以小不善而为之。勿谓无知，冥冥鉴临；勿谓无人，寂寂闻声。依我训者，是谓孝也，我其佑之；逆我训者，是不肖也，与众弃之；不惟弃之，倾覆随之。子子孙孙，咸听斯训！

醒世诗①

罗洪先②

富贵从来不许求，几人骑鹤上扬州。
与其十事九如梦，不若三平两淡休。
能自得时还自乐，到无求处便无忧。
于今看破循环理，漫倚栏杆暗点头。
戈盾随身既有年，闲非闲是万千千。
一家饱暖千家怨，半世功名百世冤。
象简金鱼浑已矣，芒鞋竹杖与悠然。
有人问我修行事，云在青山月在天。
尘世纷纷一笔钩，林泉乐道任遨游。
盖间茅屋牵萝补，开个柴门对水流。
得觉闲眠真可乐，吃些淡饭自忘忧。
眼前多少英雄汉，为甚来由不转头。
独坐青山一举觞，醒来歌舞醉来狂。
黄金不是千年业，红日能烧两鬓霜。
身后碑铭空自好，眼前傀儡为谁忙。
得些生意随缘过，光景无多易散场。
新命传宣墨未干，栉风沐雨上长安。
低头懒进三公府，跣足羞登万善坛。

① 此文与明代罗洪先所撰《醒世诗》的原文略有不同。
② 罗洪先，字达夫，号念庵，江西吉水人，彦明公后裔。生于明弘治十七年（1504），卒于嘉靖四十三年（1564），享寿六十岁；二十四岁中举人，二十六及第，嘉靖己丑科一甲第一名进士（状元）。

罗

受戒固多持戒少，承恩容易报恩难。
何如及早回头看，松柏青春耐岁寒。
要无烦恼要无愁，安分随缘莫强求。
无益语言休著口，非关己事少当头。
人间富贵花间露，纸上功名水上沤。
勘破世情天理趣，人生何用苦营谋。
为人不必苦张罗，听得仙家说也么。
知事少时烦恼少，识人多处是非多。
锦衣玉食风中烛，象简金鱼水上波。
富贵欲求求不得，纵然求得待如何。
有有无无且耐烦，劳劳碌碌几时闲。
人心曲曲湾湾水，世事重重叠叠山。
古古今今多改变，贫贫富富有循环。
将将就就随缘过，苦苦甜甜总一般。
得失荣枯总在天，机谋用尽枉徒然。
人心不足蛇吞象，世事到头螂捕蝉。
无药可延卿相寿，有钱难买子孙贤。
何如安分随缘去，一日清闲一日仙。
逐利贪名满世间，不如破衲道人闲。
笼鸡有食汤锅近，野鹤无粮天地宽。
富贵百年难保守，轮回六道易循环。
劝君早觅修行路，一失人身万劫难。
自古为人要见机，见机终久得便宜。
事非关己休招惹，理若亏心切莫为。
得胜胜中饶一著，因乖乖里放些疑。
聪明慢把聪明使，来日阴晴未可知。
急急忙忙苦追求，寒寒暖暖度春秋。
朝朝暮暮营家计，昧昧昏昏白了头。
是是非非何日了，烦烦恼恼几时休。
明明白白一条路，万万千千不肯修。
人情相见不如初，多少贤良在困途。
锦上添花天下有，雪中送炭世间无。

时来易得金千两，运去难赊酒一壶。
堪叹眼前亲戚友，谁人肯济急时需。
别却家园出外游，当时冷眼看公侯。
文章盖世终归土，武略超群尽白头。
不如静坐铺床上，勿惹人间半点愁。
一日三餐充饱腹，得休休处且休休。
红尘看破待如何，新燕由来补旧窝。
辛苦到头还辛苦，奔波一世枉奔波。
金堆万两空思虑，名到三公尽折磨。
看起千般浑是梦，何如急早念弥陀。
荣辱纷纷满眼前，不如安分且随缘。
身贫少虑为清福，名重山邱长孽冤。
淡饭尽堪供一饱，锦衣那得几千年。
世间最大为生死，白玉黄金尽枉然。
终日忙忙无了期，不如退步隐山居。
布衣遮体同绫缎，野菜充饥胜肉鱼。
世事纷纷如电闪，轮回滚滚似云飞。
今日不知明日事，那有工夫理是非。
衣食无亏便好修，人生在世一蜉蝣。
石崇未享千年富，韩信空成十面谋。
花满三春莺带恨，菊开九月雁含愁。
山林幽静多清乐，何必荣封万户侯。

家训

（清）罗允玉

追思祖德，宏念宗功；毋忘世泽，创造家风。遵循孝道，睦族教宗；济困扶危，意志一同。毋因小忿，以伤和融；毋贪小利，以失大公。团结合作，共存共荣；父慈子孝，言顺语从。为尊爱幼，为幼敬尊；为兄则友，为弟则恭。夫妻相敬，和乐相容；治家勤俭，常虑穷通。处世待人，至诚为重；认清善恶，辨别奸忠。须识持物，莫贪虚荣；良朋多结，恶友毋逢。步步踏实，贯彻始终；遇难不缩，励志前冲。克苦需劳，自得成功；至于宗族，或荣或辱。发展落后，全关教育；百年树人，十年树木。所谓子孙，诗书宜读；聪者共勉，愚者加督。先求裔贤，后求金玉；莫因贫困，精神退缩。迈向前途，创造幸福；思念水源，裔孙多诵。

[资料来源：梅县《豫章堂罗氏族谱（梅县尚立公系）》]

九世祖录课子读书和教儿立志之训言

课子读书

生平自愧博青衿，学海汪洋未遂心。尚友直追千载上，谈经须耐五更深。研穷性命天人界，感佩名言药石箴。世事纷纷何足扰，惟期努力到儒林。

教儿立志

君子从来素位行，漫将奔竞化浮名。淑身莫外谦和让，操业惟堪读与耕。雪案诗书绳祖武，布衣勤俭绍家声。而今堂构经营定，轮奂高华待汝成。

霖公子孙曾元图后序[①]

锡　琦

盖闻积善之家必有余庆，观于霖公子孙曾元图而益信矣。霖生于明崇祯辛未，初年生子维艰，三十六而失元配钟妣，三十七而继温妣，四十三而生我凤公，五十三方生锦公，五十五而生汉公，及五十九而即得长孙君振公，八十一而得曾长孙锡畴，八十三癸巳而终世。卒之日，三子十孙，而曾孙亦三岁焉。此亦差慰乎霖公之愿矣。自此财丁渐多，衣

---

① 以前有积德序，故霖公三代此云后序。

冠渐进，由康熙癸巳及乾隆乙卯，八十余年财丁功名方兴未艾。虽未登科第列仕途，总来子孙而计，丁之多四百，田之广五千余亩。衣顶之众亦将百焉，尤可异者。子有三则皆有孙，有十四而皆贤，五十之曾孙与一百七十二元孙，亦循礼守法，而鲜有不肖者焉，或者曰地灵人杰。此殆鸳塘阴宅之所钟也，或又曰：霖公钟姚、温姚一阴宅之所发祥也。然地固灵矣，而实我祖霖公积德之所致也。思我霖公，孝敬笃于祖父，睦惠洽于族邻，诒谋燕翼奕世，难忘厚德深仁，百年如见，然此又姑勿论，但即度量而论之，已非等常所可及矣。当其时感恩戴德者，固不乏人；而欺侮讪谤者，亦闻有之。乃霖公遭讪谤而不失其常，遇欺侮而怒不形于色，终其身未曾出恶言以骂人。至于今，乡族之父老犹称道而勿衰，夫量大有者，福大，则吾族之兴也。又岂仅如是而遂已耶，故锡琦之绘是图以表之，也非以是为足报。霖公之德也，非是以是夸耀于闾里，也盖亦以示乎。凡为霖公子孙，皆当学霖公之存心、霖公之行事度量，亦学霖公之宽宏。富贵则利物济人，贫贱则安分守己，而勿坠乎霖公之家声云尔，不然则虽多男子广田园，而且掇巍科登显宦，亦岂足为霖公荣耀哉。

十三世均开基落成训后读有序

余于乾隆五十七年壬子岁八十三矣，始在邑东竹丝湖堡羊头领双肚塘创建围屋，又在外横屋一所相连外楼三鬲，每鬲上下两栋科五间过，号三十间，并筑仰山书屋一所，惟时创造未毕，儿媳相继弃世，孙三幼弱，朝往暮回，不惜劳苦，越嘉庆甲子落成，名其围曰双全，堂额崇本，即于是年六月初十日卯时之吉率孙等由龙光围迁而居之。因作七言八韵诗一章，以见其志，并以重训后人云：

壬子开基八一秋，经营区画费绸缪。
朝来暮返星同伴，雨后风前仗作俦。
尺寸是图时不懈，锱铢必计夜无休。
非夸轮奂涂丹艧〔膜〕，只冀垣墉树远谋。
创业多艰常耿耿，守成弗易莫悠悠。

四维克谨行方重，五典能敦品自优。
勤俭御家为要道，文章华国壮鸿猷。
惟期奕世承吾志，福寿双全愿遂酬。

十四世读高祖应宾公拨田屋于曾祖作霖公分单记

锡　琦

此单乃拨于康熙十四年乙卯岁，及乾隆丙申盖一百有二年矣。捧而读之乃知高祖固有田六石，除立尝外，四大房各分一石二斗，其余宅场地基具载明白，乃其末训诫之词。其曰：日后各宜和气勤俭，勿失礼义家风。细而练之，何其简而赅也。锡琦谨此时，高祖已八十矣。古人云：年弥高则德弥邵。又曰：询兹黄发，则罔所愆，言老成之言，可细味也，况先祖之遗训乎？夫：居家之道多端，而高祖之遗训必先于和气者，盖自古国家未有不兴于和顺，而败于乖戾。古人云：和气致祥，乖气致异，断然不诬也。且和也者，天下之达道也。是故和于家则家道兴，和于乡则乡时安，和于朝则同寅协，恭而天下治，则和之所系，岂不重哉？而又曰：勤俭者虞书之称。大禹也曰：克勤克俭。盖自天子至于庶人，俱未有不勤俭而可兴其家治其国者。由是观之，则和也勤、也俭也，固高祖传家之宝训也，抑亦凡为人者之常经也。且又戒之曰：勿失礼义家风耳。则其警戒之，意益深切矣。夫人之所以为人者，以有礼义耳，故尊卑内外之大，闲冠婚丧祭之大节，悉依乎朱子之家礼，乃为礼义家风也。如其不然，则无礼无义而近乎禽兽矣，复成何家教耶？此高祖所为谆谆致戒，勿失礼义家风也。吾闻大高祖（元声公）读书，以古昔圣贤自期；高祖履洁怀芳，一遵庭训，故其所流贻者，如此呜乎！读斯单也真令（小子锡琦），有悠然之思矣。

让斋公家训

盖闻积善之家必有余庆，积不善之家必有余秧。故忠厚乃传家之宝，宽和实乃修福之丹，日用常行不出，孝悌忠信人生大节。岂外，礼

155

义廉耻忍乃百世和好。恕则终身可行，忽略必生错误，敬慎为先，骄矜必至招尤。谦让为本，持身须存天理，庶几俯仰无愧，处世必顺人心，然后远近可行。责人不如责己，正己方可正人，守家法须是不听妇言，学立身自当肃凛先训。无忘一本九族，须念天地祖宗，裕后光前始成克家肖子，安上全下乃是当代名臣，无善可称王侯同于腐草。至行足法，儒士重于公卿，百年必尽者，身体发肤万古留传者，忠孝廉节文艺必遵于先，正制行宜法乎。古人须有老安少怀之意，莫忘仁民爱物之心。遭困穷则须安命，履丰厚自应济人，既是任贤虽微，亦当敬属。在宗族遇贫苦尤宜周全，勿视异姓而疏同胞，勿厚交游而薄骨肉，须亲君子勿近小人。内外之限当尊卑之分，宜肃勤俭乃可以兴家，嫖赌则定然败产。肯饶人岂是痴汉，不结讼便是神仙。养身之分寡欲为先，教子之方择师为要。第一可羞者奸淫盗贼，第一当怜者寡妇孤儿，勿贪不义之财，勿淫非己之色。学莫要于不欺暗室，行莫要于孝顺双亲，为士为农，而小学一书必然热读。或穷或达而人生必读。定要推求阴陟〔骘〕。文本来切要感应，篇岂属空谈。所赖身体力行，勿徒出口入耳。善事本分当为况为，善而必获，福恶事本不当作矫作，恶而且受殃。所以恒言云：为善必昌，不昌必有余殃，殃尽必昌。为恶必灭，不灭必有余泽，泽尽必灭。凡我族孝慈其奉行之。

（资料来源：兴宁《豫章堂下走马岗龙光围罗氏族谱》）

【姓氏来源】 根据平远马氏族谱记载，清康熙十二年（1673）马二郎（又名世兴）之后裔，从福建永定县仙思乡西洋坪迁至平远东石枭米岗开基。

诫兄子严、敦书

马 援

援兄子严、敦，并喜讥议，而轻通侠客。援前在交趾，还书诫之曰：

吾欲汝曹闻人过失，如闻父母之名，耳可得闻，口不可得言也。好议论人长短，妄是非正法，此吾所大恶也。宁死，不愿闻子孙有此行也。汝曹知吾恶之甚矣，所以复言者，施衿结缡，申父母之诫，欲使汝曹不忘之耳。

龙伯高敦厚周慎，口无择言，谦约节俭，廉公有威。吾爱之重之，愿汝曹效之。杜季良豪侠好义，忧人之忧，乐人之乐，清浊无所失。父丧致客，数郡毕至。吾爱之重之，不愿汝曹效也。效伯高不得，犹为谨敕之士，所谓刻鹄不成尚类鹜者也；效季良不得，陷为天下轻薄子，所谓画虎不成反类狗者也。讫今季良尚未可知，郡将下车辄切齿，州郡以为言，吾常为寒心，是以不愿子孙效也。

驯公家俗四首

田不用多，屋不用高，奉身何用大奢豪。黄金屋，管弦箫，一安饱外枉奔波。陋巷车瓢终是乐，阿房宫殿竟如何，不才子孙，如火烧毛。

富不用求，贵不用求，休夸肥马与轻裘。千间屋，万顷畴，命中无时到底休。渔翁老尽无耕土，也曾安饱百千秋，问渠活计，一叶扁舟。

财也是宝，子也是宝，财子双全家更好。这般事，不由我，算来都是天公造。有财无子富何归，有子无财贫亦可，生也有靠，死也有靠。

金也可惜，银也可惜，不如冥冥积阴德。人有善，天必格，管教滚滚生佰侯。富贵多养破家儿，着意贪酒与贪色，金也留不得，银也留不得。

戒条四则

一、戒子孙不可随众结盟："慎行"免与坏人交拜把兄弟，危及自身，害家族，身败家亡，"慎行"安身立业，保家兴族。

二、戒子孙毋得擅卖祖山："敬祖"守住祖田，安家兴业，裕家兴族。

三、戒子孙不可自相残害："合家"一家之和，一族之团结，不要斗气争讼。

四、戒子孙毋得窃葬祖坟："合族"严守昭穆，尊卑长幼秩序，合族齐心，共富贵。

（资料来源：丰顺《马氏族谱》）

缪

【**姓氏来源**】根据五华缪氏族谱记载，缪氏源出于鲁缪公之后，以谥为氏，居于山东兰陵，是为该族得族之始。宋时，虔州邮镇司衍真公，携二子卜居江西龙南县，至七世祖聪四公移居江苏崇明县，八世祖允宁公移居福建宁化县后，再迁广东惠州府归善县都乐里居住，生三子，第三子曰文智，迁居长乐蒲溪约，即今五华长布镇，为五华缪氏落居之始祖。

瑜公家箴六则

一曰好读书

林文安公家训，嘱子弟读书，其言有未备者，今特补之。谚云：读书必登科甲，苟不然是稂不稂莠不莠，不如早弃之，去营生理，免费了钱财，又惰了手足，此俗见也。予谓多读一岁书，多一岁之受用，多读一月书，多一月之受用。下笔之际，腕如心转，理路既熟，出口成章，不事求人，以致言词自然，雅训理节，自然娴熟。然后知祖父多遗我十亩田，不如多送我诵一岁书也。若曰不登科甲，尚可舌耕，又其然后又有言焉。读书必有暗地工夫，方能进益。一边读一边想，坐则读，闲则记，夜则思量。至于虽与众玩游，亦念念在心，必求理路透彻而后已，此真能读书者也。若口咿唔而心玩好，身学馆而心花丛，日计有余而月计不足，徒糜饩廪，以瞒父兄，其父兄不知。亦曰读书无益，此乃伪读，与不读书者同故。予读书而加之以好，好则嗜之如饴，慕之如宝，

159

而于读书思过半矣。

二曰谨交游

交必择友，阳名先客，座铭言之悉矣。然知人甚难，益友损友，何从辨之。予有一法，教尔曹分别：凡其人于吾前事多箴规，言多药石，望之俨然，不作献谀之态者，益友也；窥我唾余，投我所喜，谬为恭敬以奉我者，损友也。所谈吐者，皆古昔先贤，贯穿经史，问及时事亦深中窾綮，此益友也；发人阴私，谈人妇女，诱人入于嫖赌，骨董津津垂涎者，损友也。又有一等柔顺之人，嘱以事能做，托以专对能言，我有时怒骂亦能消受，以为可做一臂之用，而不知柔顺之中常存狡猾，他日得权又一番面孔矣，慎之防之。

三曰治生勤

古人云：自食其力，惟力然后得食，未有坐而得食者。世惟有两样人，曰贵人之子、富人之子是也。祖父用许多力得了富贵，而子孙享之，此享祖父之余力。若祖父既不富贵，而我又不用力，食其可得乎？所以"勤"字为治生之至要也。然勤又有美者先正云勤有三益，曰：民生在勤，勤则不匮，是勤可以免饥寒，一益也。农民昼则力作，夜则甘寝，邪心淫念无从而生，是勤可以远淫僻，二益也。户枢不蠹，流水不腐。周公论三宗文王必归之无逸，是勤可以致寿考，三益也。然治生之道，读书之暇，即当用力农圃，不惮胼胝之芳，与夫亚旅杂作，自获有秋。至于商贾以为末作，当自量行，有余力间而为之。若夫衙书役，虽曰捷径，恐坏心术，子孙虽至窘甚，切勿濡足。

四曰处家俭

粒粒丝丝，皆是辛苦。人谁不知用度流于侈者，为门面故也。与士绅交游，便学士绅用度；与素封结姻，便学素封用度。苟不能然，恐被士绅、素封耻笑。世人为体面二字，荡却家资者多矣，堪做殷鉴。语云：自奉要俭，待客要丰。今观文公家训，待客也是俭，且不怕怪；温公待客尝食三簋，盛席五簋，东坡公效之。吾曹读其书，独不可法其事乎。且俭也有四益，曰：人之贪淫，未有不生于奢侈，俭则不至于贪，何从而逸，是可以养德，一益也。人之福禄，只有此数，暴殄糜费，必至短促，搏节爱养，自能长久，是可以养寿，二益也。醉浓饱鲜，昏人神志，菜羹蔬食，肠胃清虚，是可以养神，三益也。奢则妄取苟求，志气卑辱，一从俭约，则于人无求，于己无愧，是可以养气，四益也。当审之。

五曰恤困穷

眉公先生夜雨聚谈，大有佳趣。一丐者冒雨啼号，谈兴索然，何者？一体故也。譬如，轻裘肥马，踏雪寻梅，遇着翳桑饿夫，寸缕不掩，则必为之恻然。恻之，则必为之恤之，非恤其人也，以宽我一难忍之心也。吾家先世元德公，常粜仓米，以赈饥民，收掩遗骸，皆出己俸。予莅任进贤，每际时艰，亦捐俸赈贷。厥后子孙有显达者，宜法祖而为之。但施之有序，先宗族，后乡里，次鳏寡，若夫沙门游僧其最后者也。诗云"哿矣富人，哀此惸独"，非此之谓欤。

六曰行方便

凡济人之事有二：以钱财济人，是为施舍，功德诚巨。不以钱财济人而能益人，是谓方便。汝曹所当念念记忆者，何谓方便，隐人之恶，扬人之善。或有为恶者，出一言劝诫之；有为善者，出一言诱掖之。或所劝诫是两冤家，其人听吾言而不结，则阴德大矣。盖有善之事，而无为善之名，虽曰方便，实曰阴德常规。孔子何曾有财利施人，不过诲人不倦而已，是言语亦做得大功德，吾辈岂可泛然而出者乎。然诱掖奖劝之事，惟宿学能为之，苟不能然，不如作磨兜坚。语云：不交好友，不如闭门；不出好言，不如沉默。是又一道也，不妨并识。

家训五则

昔陶庵公曰：凡为人父者，当要正心修身。所谓其心正，不令而行，训儿孙不在凿凿，恐大忍则至于离。孟子曰：中也养不中，才也养不才，是也。如万石君可为治家之法，为人子者，父召应诺，父忧亦忧，父喜亦喜，劳而不怨，游必有方，能劳养悉备爱敬兼至者，庶无愧于人子。至于侍严父之下，不致忤亲；立继母之傍，克尽恭顺，尤为所难。若田真、薛包、王祥事继母，不多得也，亟当效法。

凡为人兄者，克尽友爱，若玄宗之长枕大被，薛包之取予分产。为人弟者，奉承恭顺，若温公之事伯康，王览之同甘苦，庶称难兄难弟。诗曰：岂无他人，不如我同夫斯言至矣。日当三复。

凡为人夫者，治家严肃，正己有方。若太姒之德，归美文王；孟光之贤，交赞梁鸿。于诗曰：型〔刑〕于寡妻，谓夫能纪纲正身。虽有长舌之妇欲骋其词，而巧说无由施矣。

凡处宗族，最宜敦睦。昔范文正曰：吾家宗族甚繁，与吾固有亲疏，自祖宗视之，均子孙也。读此可不敦睦哉？睦族之道，必有灾相恤，有急相济，庆吊相集，毋使情隔。苟不能睦族，断不能敦友。所谓其所厚者薄，而其所薄者厚，未之有也。孔子曰：不爱其亲而爱他人者，谓之悖德；不敬其亲而敬他人者，谓之悖礼。圣贤垂戒，凡我族人务宜凛遵。

凡治家当以勤俭为最。裕衣食之源无如勤，防冻馁之患无如俭。故先子春夏勤稼穑，以供人口之需；秋冬牵车牛，以佐洗腆之用。晨兴夜息，总核家政，以致丰裕非幸得也。浦江郑氏家范，每旦击钟二十四声，家众俱与男女齐入有序，登堂男左女右分坐，家长命子弟诵训诫之词，揖而退，即各执其事。又置夙兴簿，令各人亲书其名，以稽勤惰。有家责者，宜知效法。

家规

吾家先世四代，俱登仕籍，厥后世守良善，耕读为业，颇云无忝。若瑜祖所遗家箴六则，已言之凿凿，似无庸赘。但今子孙殷繁，应立家规以为程式，俾贤能相为劝勉，愚不肖知所警惕。士农工商宜各执一业，必勤必俭。至为父当慈，为子宜孝，为兄当友，为弟宜恭。勿以卑凌尊，勿以少凌长，勿以小加大，毋以众欺寡，勿作奸淫，毋为贼盗，勿酗酒，毋斗殴，勿赌博，毋刁讼，勿游荡，毋好闲。倘族内有能型

缪

〔刑〕仁讲让，贫而安分，富而不溢，恪遵家规者，谨守礼法，族长宜会众表扬之；或有怙恃成性，不孝不悌，不守家规者，谱墨其名，不许入祠。凡属子孙，共宜勉旃。

（资料来源：五华《缪氏源流志》）

欧阳

【姓氏来源】根据兴宁《苏茅坜欧阳氏族谱》记载,明代时期华甫公任福建汀州太守,生仕清、仕达二子,其中仕清公生一子孟良,孟良生一子端,端生七子——贤、质、贵、实、资、宝、贯,其中贯公迁兴宁开基。

族规

重谱牒

谱牒所载,皆祖、父名讳。保守贵严,各房必择。贤能子孙,收藏递年。清明交众稽查。或有不肖辈,鬻谱卖宗,及撰写原本。联众觅利致使以假冒真,族长呈官,追谱究惩。

急赋役

国赋丁役,朝廷甚重。赋宜早完,役宜急赴。不惟见风俗醇良,亦小民食德报功之要务也。古语云:"若要宽,先了官,征言六包含万端。"

孝父母

孝为百行之首。锡类、展亲,自古无几。然问寝视膳,分所当尽。户内族长,每于朔望,为之申明、劝勉,以动其萌发不昧之怀。嗣后倘有愚顽,仍蹈故辙,族长当鸣鼓而攻之。

164

欧阳

友昆弟

兄弟乃天显之亲，诗曰：死丧孔怀。又曰：鹡鸰急难，要在友恭，而莫远也。近有因财而忘骨肉，酿成阋墙之变，以致同室视若仇族。纵有此，族长据理劝解，如竟执迷，送官究惩。

宜夫妇

从来骨肉相残，大都妇人阶之也。然妇人之言，固不可听。夫妇之义，不可不笃。务必鸡鸣昧旦，琴瑟谐好。而求和气致祥，子嗣昌炽，家道兴隆。此螽斯，所以致咏也。但刑于之化，不先友自之患旋，作为丈夫者宜自责也。

严教子

家以养正，端其始也。父兄之于子弟，苟能由小学而大学，严加督责，则不惟天资明敏者，克底于成。即顽钝者亦可识字，化愚不致越理妄行，败坏先人之体面，愿族人不论贫富，总以教子为首，务则甚幸。

训诲女

古云："生男莫喜欢，生女莫心酸。"盖谓养女，亦有门相之光，但视母仪为何如耳。为父母者，必自幼小严加教诫，积长益慎防娴静。处闺中毋使越户窥窗，则在家为淑女，出嫁为贤妇，甚可嘉也。吾族礼法世家，乃门风所系，故尔切切示戒，亦思患预防之道也。

肃闺门

闺门为万化之源，人伦正而风俗醇。至若牝鸡司晨，惟厉之阶，古有明鉴矣。倘能别嫌明疑，授受不亲，则循规蹈矩，何有玷常乱家者？愿族人慎之。

别尊卑

随行隅坐，古训昭然，不可紊也。倘上下不分，成何体统。吾族诗礼世家，毋容此也。凡遇庆吊、燕饮，务必循分，自处毋犯乎规矩。可也。

谨慎终

人子惟死，可以当大事。凡一切衣衾棺椁等项，不论贫富务宜早备，临时益加检点，倘有不及终天之憾，不能免也。愿族人慎之。

守丧制

父母大故不幸，执甚三月内，理应哀灵泣血，夜宿柩侧，寝苦枕块，所谓事死如生，事亡如存也。近有丧良之辈，居丧未次，便不服麻，甚至博弈饮酒，有戏高歌，肆然无忌，罪莫大焉。知道者所必惩也。

正名分

君臣父子，各有等级，叔侄儿兄弟当别序。行周礼，凛凛法，至重也。近见世风浇漓，或狎于私怩，或狃于奉承。尊卑倒置、名分紊乱不可胜举。愿族人勿效之。

端品行

夫一事偶乖，百行俱坏。凡立身行己，节操宜端。若枉日狗人，不顾礼义廉耻，纵然目前或可侥幸，过后难过公评。愿族人存正气于生前，贻麻声于不朽。荣何如之。

勤耕种

传家之道，不读则耕。近有不孝子弟，不率父兄之教，嬉戏岁月，以致田地荒芜，甚至三餐不给，非娼即盗，败坏家门，游惰之害，可胜言耶。戒之戒之。

存心地

古云："但存方寸地，留与子孙耕。"是后人庇荫，赖先德之积厚。若人无良，勿谓无害，其害将在谓无垠，无损孔长。而族人幸毋以贫改，毋以变异，可也。

笃尚志

人之所恃以卓立天地间，惟此志耳。今人略记几篇时文，侥幸八股，遂不思求进，甚至侧身狗窦，而不以为耻。安望其奋发有为也。后学勉之。

崇俭朴

夫俭，美德也。自古国家之兴，从俭朴中来者居多。今每见庶民，家日好奢华，将祖宗产业灰烬吃亏，目前贻玷身后。愿族人早思之。

周贫乏

不通缓急，睦邻之道失矣。盖邻人虽疏，情同一体，岂可漠然视之。诗曰：凡民有丧，匍匐救之。孟子曰：守望相助，疾病相扶持。有志睦者，不可不呕讲也。

守先业

先人遗泽无论大小，凡书器、庐墓、田产等项皆先业也。礼曰：父殁而不能读父之书，手泽存焉尔。母殁而杯圈不能饮焉，口泽存焉尔。为子孙者，果能遵守先业，安分守己。总不能恢宏先绪，抑亦成家令子也。吾嘉为族人望之。

重斯文

凡人读圣贤书，明圣贤道，乃山川所钟灵，朝廷所培植。在家则为草茅之珍宝，在国则为盛世之羽仪。试观乡中其人家，或重斯文，则子弟多贤明，衣冠人物门第亦觉生辉。其人家不重斯文，则子弟每多愚蠢，言行举动无三宝；甚且无斯文人至家，总豪富门第亦觉减，与其斯文之当重。有如此然，亦不可不砥砺廉隅，以端士品。惟以子羽为法焉，可也。

戒游赌

游赌乃盗贼之源也，误入其中，即沉迷不返，良心丧尽，必至破家荡产并廉耻而俱亡之。甚至白日四处行走，黑夜纠党放荡，为非所不至。轻则公廷受辱，重则充军流徙，一至其地悔将何及。愿族人各守宅荣，毋流于匪类，可也。

禁贼盗

物各有主，竟非其有而取之，盗贼之行。戾亦似无耻之徒，不务生理，阳似忠厚，阴实穿窬。只知肥己，不知害人。形同猎犬，受天头诛。一有犯出，难脱罗网。愿族人毋效梁上君子，则门面家声永保，勿堕矣。

杜奸淫

血气未定，戒之在色，圣人垂训严矣。从来遗秽万代，皆偷香投环、钻穴逾墙之辈。人能锡一时之邪，操免终身之祸害。凡怨女旷夫，当知谨戒。竟不知防闲，势必败坏门风。此王法所必惩，盛族所不容也。

戒头梗

同父之子，亦有贤、愚一族之人，岂能尽善然。亦以之性，尚易辑移。性有一重，心中不明理义，自生不可御驯，善言不听，好事不行，一以执拗，为是人或戒责，即匿藏祸心。此等顽徒非失教训，习惯性成，即不愚不移之人也。苟遇其人，当从容化之，不可疾之，已甚也。

平忿争

口角起衅，非不可解之仇也。然彼此相愤，当局易迷，旁观者清，须当和解，使彼此冰释。不然，则气愈急争愈坚，亡身丧家亦不计矣。凡遇忿争，即属路人，犹须劝释，况同族乎。然亦不可太严厉，以愈触其忿怒。

禁官讼

讼极终恼，易有明训，每见有此。愚夫俗子，不论事之大小，不听亲戚劝解，总以到官为能事。殊知官府嗜屎廉明，吏役难免索诈。其惰弊多端，不堪枚举。荒业败产，势所难辞。况天理良心，无容过诬。阳罚阴诛，毫无漏网。愿族人毋悔于后焉。可也。

慎风水

夫择地而葬，乃为父母永安计，非为子孙祸福计也。若听时师，贪图富贵，昧却良心，灭绝天理，纵有吉地，岂能庇荫乎？况盗葬人地，拘讼理屈，必致官骸暴露，不孝之罪谁〔惟〕大。于是愿族人欲求吉地，先存心地。

挽习俗

习俗者，渐染而成之。奸宄称兄道弟，每于戏弄诙谐，言泄沓矜，佻达执袂拍肩，甚至以诨名称呼，形貌讥诮，此恶俗也。若夫俗之美者，则异矣。八其里，但见父慈子孝，兄友弟恭，刑仁讲义，彬七儒雅，此真仁里之可封也。吾爱之慕之，愿族人效之。

欧阳修家训三则

下列语句是欧阳修在其家书中的言辞，已成为欧阳氏族后人的家训金言。

一、玉不琢，不成器；人不学，不知道。然玉之为物，有不变之常德，虽不琢不成器，而犹不害为玉也。人之性，因物则迁，不学，则舍君子而为小人，可不念哉！

——摘自《欧阳文忠公书示子侄》

二、欧阳公四岁而孤，家贫无资，太夫人以荻画地，教以书字。多诵古人篇章，使学为诗。及其稍长，而家无书读，就闾里士人家，假而读之。或因而抄录，抄录未毕，已能诵其书。以至昼夜忘寝食，惟读书是务。自幼所作诗〈赋〉文字，下笔已如成人。

——摘自《欧阳公事迹》

三、自南方多事以来，日夕忧汝，得昨日递中书，知与新妇、诸孙等皆安；官宁无事，顿解远想。吾此哀苦如常。欧阳氏自江南归朝，累世蒙朝廷官禄；吾今又〈被〉荣显，致汝等并列官裳，当思报效。偶此多事，如有差使，尽心向前，不得避事；至于临难死节，亦是汝荣事；但存心尽公，神明亦自佑汝。慎不可思避事也！

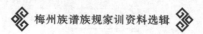

昨书中言欲买朱砂来，吾不阙此物。汝于官下宜守廉，何得买官下物？吾在官所，除饮食物外，不曾买一物，汝可安此为戒也！

已寒，好将息。不具。吾书送通理十二郎。

——摘自《与十二侄》

（资料来源：兴宁《兴宁苏茅坜欧阳氏文史》）

潘

【姓氏来源】根据梅县《潘氏族谱》记载，季孙公八十一世潘琴万十郎与弟瑟公，由寻乌项山迁福建宁化石壁村，后因兵乱迁居广东长乐县（今五华）南琇，为入粤始祖。

家训十四则

钦德行

德由心积，行以实践。德盛者誉自隆，行修者品自著。是以千古以大德为至，四科以纯行为先，故有德之人，笃行之士，族姓务宜钦崇。

尊齿高

齿由数定，高难幸获。仁至者形始固，德厚者神斯贞。是以三代有养老之文，朝廷有敬老之典，故老成之选，典型之俦，族姓务宜敬尊。

敦礼让

礼缘义起，让从心生。好礼者足以统万民，而使人敬；诚让者足以弭外侮，而化阋墙。是以唐尧以温恭为主，虞舜以克让为心。故经典之文，逊让之道，族姓俱宜谨敦。

尚和睦

和为谦德，睦乃善行。心平者气自和，度豁者态自远。是以雍和足以服四海之遥，姻睦足以孚九族之涣。故谦和之本，蔼吉之风，族姓务宜共尚。

奖贤孝

贤由德行，孝属天性。一行有亏不足为孝，一事未善难以称贤。是以颜氏有贤哉之叹，闵氏有孝哉之誉。故族有希贤之士，尽孝之子，族姓共宜奖赏。

诱英俊

英敏宜培，俊秀当养。良玉在石，不琢难以成器；大木在山，不斫无以成材。是以国家有劳来之典，宗族有公给之需。故聪明之子，特达之儿，族姓俱期善诱。

掖贫懦

人贫志馁，性懦气沮。口腹不充，何暇治乎礼义？逡巡不振，必至堕乎事功。是以君子有周急之谊，圣人有无勇之讥。故困乏之懦，退缩之士，族姓务宜护掖。

劝骄吝

骄则矜夸，吝惟鄙啬。人之招尤，多在傲情所致；民之失德，每在干糇之愆。是以颜氏有公善之志，仲氏有公物之愿。故骄盈之子，悭吝之徒，族姓务宜惩劝。

安名分

名不可替，分不容淆。人不顾名则尊卑失序，人不安分则过举滋彰。是以为政以正名为先，处事以越分为戒。故制度之等，品节之宜，族姓务宜自安。

警轻浮

轻则不重，浮则不实。举动稍妄则无可畏之威，言语涉夸必有招尤之举。是以风人有佻怛之讥，大圣有难为之戒。故轻薄之态，浮夸之言，族姓务宜自警。

戒躁率

躁因性急，率为心粗。性急则不足以握精微之理，心粗则不足以立远大之谋。是以大必有丧身之患，小不无废事之愆。故躁急之情，轻率之度，族姓端宜切戒。

禁强暴

强因恃势，暴为横行。恃势则无理而妄为，横行则忘身而不顾。是以往古有锄强之律，当今有御暴之刑。故豪强之举，暴厉之为，族姓严加力禁。

阐贤淑

淑女性柔，贤妇德顺。能柔则敬戒而无违，不顺则狎侮而遗罹。是以礼记有内则之训，大雅有维厉之讥，故幽娴之女，贞节之妇，族谱亦宜阐著。

惩淫欲

闺门为万化之源，淫欲为十恶之首。安分者吉，越理者凶。是以朝廷有诛奸之条，风人有讥刺之什。故乱伦之徒，玷辱之事，虽属疏房远族，族党务宜公结惩逐，以肃伦风。

（资料来源：梅县《潘氏族谱》）

【姓氏来源】根据彭氏族谱记载，远祖彭跃，号巨山，小居吉水，授谏议大夫；彭延年，字舜章，居江西庐陵，北宋治平元年（1064）登进士，出任广东潮州府知府。其十一世孙君达（又名均远），于明洪武十六年（1383）迁入梅州，为梅州彭氏始祖。

延年公家训

诰尔子孙，诫尔子孙，原尔所生，出我一本。虽有外亲，不如族人；荣辱相关，利害相及；宗谊为重，财器为轻；危急相济，善恶相正。为父者当慈，为子者当孝，为兄者宜爱其弟，为弟者宜敬其兄。士农工商，各勤其事，冠婚丧祭，必循乎礼。乐士敬贤，隆师教子。守分奉公，及人推己。闺门有法，亲朋有义。立行必诚而无伪，御下必恩而有礼。务勤俭而兴家庭，务谦厚而处乡里。毋事贪淫，毋习赌博，毋争讼以害俗，毋酗酒以丧德，毋以富欺贫，毋以贵骄贱，毋恃强凌弱，毋欺善畏恶，毋以下犯上，毋以大压小，毋因小忿而失大义，毋听妇言以伤和气，毋为亏心之事，而损阴骘，毋为不洁之行，以辱先人；毋以小善而不为，毋以小不善而为之。毋谓无知，冥冥见晓；毋谓无人，寂寂闻声。依我训者，是其孝也，我其佑之；违我训者，是不肖也，我其覆之。不惟覆之，令其绝之。子子孙孙，咸听斯训。

（资料来源：丰顺《丰顺子顺公系彭氏族谱》）

丘

【姓氏来源】根据蕉岭丘氏族谱记载，宋朝末年文天祥撤退到福建汀州，丘创（字文学）追随文天祥入梅抗元，见石窟（今平远上举与蕉岭交界处）一地山川秀丽，地广民淳，遂在此地开基。

家训十则

谱例之有家训，家政之谓也。子曰：惟孝友于兄弟，施于有政，是亦为政，家训此物此志也。亲亲长长而天下平，于家乎何有因立家训。

尊祖敬宗

春秋祭祀，尽物尽诚；祖庙祖墓，毕力经营。悖此训者不敬，不敬有罚。

孝顺父母

侍膳问安，必恭必敬；愉色婉容，终莫改形。悖此训者不孝，不孝有罚。

友爱兄弟

孔怀之情，如手与足；劳则同分，财不私蓄。悖此训者不友，不友有罚。

慈恤孤幼

惠爱之恩，视如子女；婚姻死丧，不吝施与。悖此训者不慈，不慈有罚。

宜我家人

闺门有防，内外有纪；孝敬翁姑，和谐妯娌。悖此训者不宜，不宜有罚。

睦我族人

敬老尊贤，有恩无怨；吉凶庆吊，礼意缱绻。悖此训者不睦，不睦有罚。

表正子孙

朴耕秀读，诲尔谆谆；打牌赌博，玷祖辱亲。悖此〈训〉者不正，不正有罚。

忠顺事上

钱粮早纳，斯为良民；凛遵法令，所以保身。悖此训者不忠，不忠有罚。

诚信待友

同声同气，然诺不欺；切勿交匪，丧德丧仪。悖此训者不信，不信有罚。

亲我三族

外戚姻党，五伦攸属；休戚相关，奈何荼毒。悖此训者无亲，无亲有罚。

以上训词，只伦纪日用之常，实根本节目之大。非特以订顽而砭愚也，即令贤知子孙，文章华国，尤当恪遵训词，以束身于无过也。

［资料来源：梅县西阳《中华丘氏大宗谱·梅州西阳文胜（存心）公族谱》]

宋

【姓氏来源】根据《梅县畲江双螺宋氏族谱》记载，六世才富公迁居嘉应州搅潭堡（今梅县畲江双螺村）开基，其次子法旺携妻迁兴宁永和镇宋罗屋开基。

家训

先祖辈，朝王官，祖宗德，非寻常。贻言训，宜记详，敬父母，尊长辈，不孝者，必自亡。勤习文，争族光，勤与信，是良方。顾廉耻，知纲常，亲与疏，和致祥。勿逞强，勿欺房，邪与恶，勿沾边。勤积德，裔后强，慈善事，多赞帮。传竹兔，振家声，赋门第，蕃奕昌。

（资料来源：梅县畲江《梅县畲江双螺宋氏族谱》）

孙

【姓氏来源】根据兴宁《孙氏族谱》记载，孙权后裔契金公，因元末荒战，由宁化南下定居兴宁，是为入粤之开基祖。

祖训

孙氏祖训曰：明明我祖，赫赫鉴临，继述者盛，颠覆者倾；敬宗睦族，安分守身，仁孝诚敬，世有余庆。

族规

宗睦族

凡同宗之人，富贵贫贱不能均一者，皆天命也。宗族间，不可恃富骄贫，倚贵轻贱。盖视子孙而无亲疏，祖宗一体之心也，使富贵仰体同爱之仁，解衣推食，以其所有余，济其所不足，则宗族无困乏之虞矣。而贫贱安守穷约之分，修身俟命，知此之仁义，当在位之爵禄，则宗族自无凌竞之风矣。

笃伦理

凡宗族之人，户口渐繁，性行百出，智愚贤不肖之不齐，也固然。

178

然当以中也养不中、才也养不才，使愚不肖之辈，亦晓然孝悌忠信，凛乎礼义廉耻，曰迁善而不知也。将仁让风兴，回邪性格，犹至昭穆未明，长幼未序，而穀彝伦者，未之有也。

旌善行

凡同宗之人，有入学中举者，通族各出多寡资助，有婚姻葬祭不能成礼，聪明好学不能给用者，众皆出资赞成其事。有孝悌可称，德行可仰者，则书之以谱，而效范文正公睦族之义，将上荣祖宗，下迪后人矣。

戒恶德

凡同宗之人，有忤逆父母，欺凌尊卑，奸盗淫乱，酗酒散泼，不事生理，妄作非为，玷辱祖宗，恃一己之强，阴谋诡计，不顾同宗之谊。如此之人，小则会族攻之，大则鸣官惩治。

（资料来源：兴宁《孙氏族谱》）

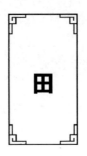

【姓氏来源】田氏出自妫氏，妫满之后，为陈氏改为田氏。田氏族谱载宋朝，祖太郎公（讳宅中，字镇纲）钦点翰林院赴福建汀州任职，落居宁化。太郎公生宗甫、政、数、德、道五子。其中长子宗甫，自字复兴，号梅坡，出仕程乡（今梅州）儒学教谕，致仕后，寓居罗衣村布心大塘面（五里亭），视为田氏梅州开基始祖。

家训十则

一、凡人之生，首重孝悌。奉亲敬长，天经地纪无忝。人伦出入须记，乖逆尊亲，忘恩负义，不可为人，不可为子。

二、大凡为人，须存忠信。为人交友，诚实抱定，日省吾身，应师复圣，奸诈待人，败名干令，州里难行，戒之宜警。

三、凡人立身，须有礼义。□〈礼〉以致敬，义以裁事，是路是门，行之莫御，舍此而行，四维失二，相鼠有皮，□能则刺。

四、我辈操守，当知廉耻。廉则不贪，耻可立志。品行清高，声名足取，名节不留，却成卑鄙，腼然人面，禽兽何异？

五、立志成人，当能勤俭。勤则有功，俭则无歉，作事用财，均宜自检〔俭〕，懈怠奢华，贫穷之渐，终遭冻馁，早宜殷鉴。

六、为人处世，尤宜和睦。和以爱邻，睦以亲族。邻族共和，同享幸福，众叛亲离，势力单独，小则被欺，大乃速狱。

七、家族振兴，全由学校。民智以开，学童获教，培养人才，势力不小，人物果无，有事何靠，热心匡助，是为至要。

八、吾人谋生，须有职业。士农工商，均宜涉猎，如有专长，谋财自捷，居家出门，无往不合，游手好闲，饥寒交接。

九、人之生命，第二名誉。闻望尊重，实学无虚，成仁取义，宜法圣书，名誉已失，不齿乡间，昂然七尺，生也何如？

十、人在社会，须顾公益。或为捐资，或为效力，济众利民，各宜负责，营利顾私，便为乖僻，人无公德，群众屏斥。

（资料来源：大埔洲瑞《大埔洲瑞大坑田氏族谱》）

【姓氏来源】 根据大埔清溪《涂氏家谱》记载，元末时期，入梅始祖十八郎公从南昌避乱于潮阳府，其间，见大埔清溪山水之佳，风俗淳厚，遂在此开基。十八郎公生二子：德弘、仁弘。其中仁弘公从大埔迁蕉岭县，为蕉岭县开基始祖。

祖训

宜黄伯祖鉴公训曰：先贤有云，为官不必高，但愿子孙贤，不失衣冠之族；居家不必富，但愿衣食足，余资可以及人，至哉言乎！凡我子姓，能以先贤之心为心，则习儒业者，砥节砺行，勿趋下流，斯为贤矣；有生业者，恤穷赈乏，毋为专利，斯守其富矣！

宜黄祖良恢公训曰：人不学，不知道。夫富不学，则亡其家；贵不学，则失其位；贫不学，则坠其宗；贱而不学，则丧其身。苟能学焉，则贫贱可富可贵，而富贵可长守。

宗规

孝父母

父为天，母为地，恩深罔极。人苟不孝父母，即为天地间罪人，是为忘本，与禽兽何异？羊有跪乳之恩，鸦有反哺之义。人而不孝，则禽兽不如矣，可不勉哉！

友兄弟

兄弟者，分形连气之人也。父母左提右携，前襟后裙，并食传衣，亲爱无间。且一本所生，薄待兄弟则薄待父母矣。故孝于亲者，又当以兄弟为心焉。

敬伯叔

伯叔俱祖所生，即父之手足也。故伯叔为诸父，侄为犹子。不敬伯叔，是伤父之手足矣，是褒祖之所生矣。褒祖伤父，何以为人？

别夫妇

夫妇为人伦之始。夫和其妇，妇敬其夫，而家道以成。使夫妇反目，则阴阳不和而生机息，且尤宜厚。其夫各有妇，妇各有夫，若伦常乖舛，立见消亡。有犯者屏之，不许归宗。

训子弟

子弟为家门之继述。智，则宜于课之读；愚，则当诲之耕。勤耕苦读，俱可为贤，父兄宜早训诫者，慎无纵其博弈，游手好闲，无所执业，以玷家风。

睦宗亲

宗族派远，则有众寡智愚之不同，本源则一，皆吾祖之所遗。倘有恃众以暴寡，藉智以欺愚，则自相戕贼，为祖宗者何乐？其有是智，有是众乎？敬宗在睦族，尚其凛之。

敦伦纪

上下尊卑，伦纪所在，无可干也。以下犯上，以卑犯尊，则伦纪何存？即以家法重惩之。然，亦不可以长凌幼也。

恤孤寡

孤儿寡妇，穷无所归告，乃吾祖之病脉也。唯赖同族扶持之、提携

183

之，庶病脉远延，不至重遗吾祖之痛焉。倘欺孤弱寡，即不念先人而于心何安？如是者，则合族共斥之。

安本分

庐墓山田，各有其主。在族中固宜各管各业，以昭穆雍睦。即在异姓，有与己业毗连者，亦毋得计图巧骗，以流为不肖之讥。

重公堂

公堂为祖宗血食。经理者，固宜公收公算，以对先人。其族中耕佃交租者，尤毋藉端拖欠，务须各存本心，同入同出。则祖宗之灵，自永介之福矣。

家训十则

修身

身为家国主宰，故修身宜首。然修身只在孝悌，故百行之原在孝。尧舜之道，孝悌而已。世未有不孝不悌而称能修身之吉人。

齐家

庭闱之内，肃若朝廷；家之不齐，教由何成？故入户问家声，子孙弦诵，登堂瞻乐事；兄弟友恭，兄弟翕而家道成，子孙严而礼义笃。

崇齿

敬老尊年，三代尚矣。况宗族高寿长上，纵富贵不敢相加，行坐不宜僭越。宗庙祭祀序齿，燕毛颁胙，例有仪式，敢有慢乖，罚同，先长不悌。

养蒙

大人赤子之心，不失童蒙，养正之功宜先。倘幼习有乖，则气质难训，纵其姑息嬉戏，不如就学训诲。德性一端，科甲无难。

涂

耕读

读书显荣，耕种饱暖。衣食足而礼义生，仕宦膺而饥寒去，为相表里。然，治生无过于耕，声名莫大于读。有志竟成，慎毋怠弃。

婚嫁

遴婿必肖必贤，嫁女当朴当素。田舍布衣而为卿相，糟糠裙钗，竟作夫人。若徒竞目前门户，竟自蹈转睫伶仃。满头珠翠，非是久长；寒窗灯火，乃至显贵。

和邻

居必择邻，智在处仁，非仅守望亲睦。抑且意气罔生，故德不孤而有邻，邻既和而安居，德业辅成，过失规戒。倘意气以嚣凌，将必孑处而寂寞。

睦族

一本相敷，张氏九世尚且同居，五服同根；姜家大被，犹然共宿。若重富轻贫，趋贵眇贱，意气傲慢，刚强凌犯，既无敦睦之情，宜严惩戒之罚。

仗义

济困扶危乃仁人之本念，解纷排难又丈夫之殷怀。情联宗党，当切同体之痾瘵；谊本宗枝，尤深休戚于痛痒。倘能缓急相需，乃称仁慈克弹。

息讼

健讼逞刁，君子所弃；公门扛帮，王法尤严。小事鸣之房长，听判曲直；大故陈之族众，公断是非。庶免坠奸邪煽诱，抑且省官方钞钱，保家全爱，毋恣一时之忿，攘臂伤和，竟罹于终身之惨。

家禁

德行有亏者，不许主奉祭祀，恐祖灵不受。倚尊凌卑者，不许庭训子孙，恐引人不慈。分卑逾尊者，不许待以族情，恐效尤失序。教唆阴狗〔苟〕者，不许各户凭请，恐滋事酿祸。鼠窃狗偷者，不许公堂决事，恐徇私武断。巧诈狂伪者，不许以诚交接，恐刻薄相还。

家礼仪节纲要

一、我涂氏后裔，对祖先春秋祭祀，应虔诚敬谨，对父母应尽孝，对兄弟应友恭，对子女应慈爱。以忠厚勤俭立其本，温柔谦让策其身，毋刻薄而伤和气，毋骄傲以铄天真，毋依势利以侮慢善良。

二、祖先坟墓原有高低、内外、分水及前庭，应于逐年祭扫时修整为旧观，斩刈杂草野木，周围务尽，以壮观瞻。

三、遇祖先父母忌辰，虽乡里中演梨园，不可往观，盖应念慈亲死亡之日，悲戚不忍也。

四、己身生辰，实乃父母忧危之日，若父母在时，宜先奉于亲，后乃及于己；父母既卒，值生辰虽物不献于祠，亦宜家中焚香陈设拜献，乃尽厥心。故毛诗天保篇，寿日谓母难日也。

五、祭物当随家资厚薄买办，富足而菲薄于祭祀，固为不孝；若贫而借贷拖欠，虽极丰盛，亦可不必。

（资料来源：大埔《涂氏族谱》）

王

【姓氏来源】根据梅县松源王氏族谱记载，明洪武十三年（1380），原居福建上杭的念四郎迁居松源，为松源王氏开基祖。

念八郎公十五世裔孙日昊公家训

一戒赌

子弟若调护不周，流于放荡，混迹纷华靡丽之场，耳濡目染，身入聚赌之地，心醉神〈迷〉，士、农、工、贾坐此尽荒，以有用之身置无用之地，成业之俦，光阴虚掷，平庸之子，蓝缕难堪，荡产倾家，致妻儿以行乞，作奸犯科，率父兄以入罗纲，灾祸及身，徒闻叹息。何不致谨于童年，栽培于初服。

二戒淫

人得两间之正气，纲常赖于立名，教赖于扶，极之家国，亦赖维持而不敝。今人乃有舍正气而蹈淫气，致令其夫妻割枕，翁姑蒙垢，子孙含羞，甚至因奸毙命，身入囹圄，报在妻儿，岂虚语哉！况乎淫气炽则正气消，纲常名教亦与之俱坠。愿尔世世子孙，制欲火于未燃，回狂澜于既倒，庶不失两间正气，而正人之道立矣。

三戒倚势

有势者，譬之乎剑，其锋甚锐，应藏在匣中。若锋芒大露，其锋日

187

钝，劲健者将转为薄弱，盖天有恶盈盛衰之道也。故须任理不任势，谦先自处，使其忘其势，而钦其德。入则为一家保障，出则为一族解纷。善用之，实为绵福之阶；不善用之，转为取亡之径。愿尔世世子孙，凛之毋忽！

（资料来源：兴宁《王氏源流：念八郎公房系》第一卷）

王氏祖训

吾王家祖训"立言，尚修身，重善行"，无价之宝也。

三槐世第，及至于今，英才萃出，卓尔不群。孝悌为先，忠信为本，惟耕惟读，恩泽子孙。不奢不侈，颗粒成廪，婚丧从俭，持家以勤。嫁女择媳，勿尚重聘，积德行善，不惟俗伦。自强自立，处事以忍，广结贤良，不谋非分。当差有事，尊上宽仁，努力进取，友朋谨慎。勿以诱善，祸及自身，勿以亲恶，招惹公忿。酗酒无度，伤其身心，聚众赌博，财帛散尽。贪婪飘荡，荒废青春，胡作非为，辱没先人。恋衙投宦，心爱人民，忌才害贤，毒族害群。怂人告讼，不如兽禽，利令智乱，灾难必临。祖灵在天，察尔甚真，阴诛阳谴，追究必深。祖灵阴佑，和顺永存，后裔繁昌，福寿盈门。一荣一辱，天地一新，世德世业，纠察昭昏。一谦受益，一满招损，神灵有鉴，莫辱斯文。阴受其殃，阳恶是因，安贫乐道，其心也欣。焚毁朝夕，何堪明晨，纨绔堕落，愧对乡邻。不肖为贤，浪子如金，振兴美族，直上青云。秉公惩戒，繁荣后昆，恭愿后裔，永传家珍。百世不竭，积厚且纯，张德扬惠，守规遵训。

（资料来源：梅县松源《松源王氏总族谱》）

魏

【姓氏来源】根据《广东魏氏家谱（日元卷）》记载，元至大四年（1311）六十九世才禄公之长子元，遇寇劫掠，从江西石城龙上唐台乡移居梅州长乐（五华）开基。

祖训

赫赫我祖，国史流芳。训诫子孙，悉本义方。仰礼斯旨，更要推详。读书为重，次即农桑。取之有道，工贾何妨。克勤克俭，毋怠毋荒。敦亲睦族，恶行严防。公私兼顾，家国勿忘。扶正压邪，定国安邦。遵纪守法，立业图强。凡我族众，避短扬长。处于家者，情操高扬。仕于国者，为忠为良。多行善举，福禄延长。最可憎者，分派相戕。不求同气，不重相帮。手足干戈，家败鳞伤。愿我裔众，怡怡雁行。通以血脉，泯厥界疆。倘背祖训，恶果自尝。若遵祖训，长盛久昌。启后承先，开来继往。祖德家风，光大发扬。

[资料来源：五华《广东魏氏家谱（日元卷）》]

温

【**姓氏来源**】根据兴宁温氏族谱记载,五胡乱华之际,温氏族人随中原士族南迁。唐僖宗时期,温同保为了避乱从石城移居宁化石壁。宋末,其后裔经过长汀、上杭分两支:一支入蕉岭至梅县、大埔;一支迁兴宁至河源。

太原堂温氏先祖遗训

一、盘古开天,蒙天鸿运;承先祖训,晋国君王;先皇赐姓,叔虞肇起;温姓始祖,名门望族;居于山西,太原府县;因此家号,称太原堂;上苍先祖,大祖少祖;分枝接脉,光宗耀祖。

二、国有史册,家有氏谱;思观大地,窥祖未龙;祖祠重修,良辰吉日;列祖历宗,庆典升龛;每逢佳节,敬天祭祖;孝子贤孙,不可忘祭;生死离别,各安寿命;喜哀悲伤,人之常情。

三、人生在世,富贵在天;若不呼天,万物则枯;人本乎祖,子孙不息;自我检讨,更加爱惜;严父教谕,慈母良言;尊老敬师,爱护妇幼;少年努力,铁磨成针;苦练成器,千金难求。

四、兄弟和蔼,夫妻如宝;万事商量,家中吉庆;天地父母,恩重如山;百行当中,以孝为先;勤俭美德,积累安康;大富由天,小富由人;凡事三思,切莫强求;不作坏事,奉公守法。

五、常感知足,欲无止境;嫖赌勿近,正人之道;言行检点,问心无愧;养儿防老,子孙满堂;福如东海,寿比南山;日落西山,夕阳即消；祖宗功德，铭监记载；留名后代，是谓祖训。

（资料来源：梅县丙村《太原堂温氏一斋公族谱》）

五郎公诰言家训

诰尔之孙，诫尔子孙，原尔所生，出我一本。虽有外亲，不如族人。荣辱相关，利害相及。宗谊为重，财器为轻。危急相济，善恶相正。为父者当慈，为子者当孝，为兄者宜爱其弟，为弟者宜敬其兄。士农工商，各勤其业。冠婚丧祭，必循乎礼。乐士敬贤，隆师教子。守分奉公，及人推己。闺门有法，亲朋有义。立行必诚而无伪，御下必恩而有礼。务勤俭而与家庭，务谦厚而处乡里。毋事贪淫，毋习赌博，毋争讼以害俗，毋酗酒以丧德，毋以富欺贫，毋以贵骄贱，毋恃强凌弱，毋以下犯上，毋以大压小，毋因小忿而失大义，毋听妇言以伤和气，毋为亏心之事而损阴惊，毋为不洁之行以辱先人，毋以小善而不为，毋以小不善而为之。毋谓无知，冥冥见晓，寂寂闻声。依我训者，是其孝也，我其佑之；违我训者，是不肖也，我其覆之。子子孙孙，咸听斯训。

祖训家规

教训子孙

一家之中，生我者父母，我生者子孙。欲孝敬父母，当教育子孙。不教育子孙，便是不孝顺父母。子孙贤坫，父母光彩；子孙不肖，辱父母家门。凡我子孙，当仁孝立基，以刻薄为戒，勿与离间疏亲，勿民新当旧看，勿以少居长，勿以贱防贵，勿宠妾而薄妻，勿以轻邪而远后子。宁过于恕，母〔毋〕过于刻；宁过于厚，母〔毋〕过于薄；宁计人之长，不计人之短。子子孙孙代代切记诗曰：

学治从来先学裘，积金未必是良筹。
螟蛉祝子心如口，豹虎传家牙作子。

191

捣机岂堪重世语，蓼茶不应植田畴。

当年安史萧墙衅，骨肉支离亦可羞。

各安生路

天生一人，总要寻找生路。智慧者利于［记］读书，即读书为生路；在家者利于耕种，即以耕种为生路；技术者利于工作，即以工作为生路；经商者利于商贾，即以商贾为生路。凡是人不安生路，则生转为死。凡人走歧路，盗、抢、骗、娟，则自寻死路。人能安心生路，则死转为生。舜耕历山，尹耕莘野，诸葛耕于南阳，都是苦其心志，劳其筋骨。凡是为农、为工、为商、为贤、为愚，都是以教育为本。诗曰：

百年尘世等鸿毛，遇水成渠不用劳。

凌治农风须性则，寻常生计莫心高。

事当快意抽身退，物到强求积虑多。

食力终安清夜梦，伐檀何必问逢遭。

婆媳关系言

做婆要想当媳时，新媳做作耐心教。轻声教媳如教女，媳必自明听婆音。家中有事不外传，免人挑拨火加油。忍让高品德，切莫争强胜。当媳凡事手脚勤，衣食自让老幼先，公婆孝敬理当先，姑嫂叔侄要热情，家中和睦外不欺，闻言怪语耳边风。生男生女同传代，重男轻女公婆介，女性成龙耀祖先。家和家兴，福如东海，寿比南山。见婆媳诗：

家婆姐婆①一样遵〔尊〕，教媳教女一样心。

家中有难齐合力，同甘共苦有福享。

钱银收支民主化，不藏私钱暗济亲。

探亲访友看家底，好话人情赢过食。

尊婆爱媳高品德，家兴家富传龙人。

① 客家地区称"外婆"为"姐婆"。

温

兄弟友爱诗

> 兄弟和心作善人，莫因小事起争因。
> 闻言外语不轻信，姑嫂叔侄多谈心。
> 尊兄爱弟相连路，万事皆成手足亲。
> 兄弟同居忍便安，和心协力莫争端。
> 后来生子又兄弟，留下儿孙照样亲。

夫妇和好诗

> 男子莫嫌妻貌丑，妇人不怒夫家贫。
> 贫穷富贵皆由命，夫妇和谐种善因。
> 夫贤妇顺两相安，和气家中少祸端。
> 同甘共苦快过日，清寒亦觉一心欢。

姑嫂和睦诗

> 妇人口舌必提防，枕上生非起祸殃。
> 姑媳不和家必败，公婆恼怒暗心伤。
> 做人姑嫂要心和，忍让招来福气多。
> 处世应知行孝义，姑能敬嫂嫂尊婆。
> 一家老幼尽相亲，孝义之心可敬亲。
> 细察是非防口祸，三从四德作修身。

毋作非为

训规名条再叮咛，依此名者则为是，不依训规者则为非。不依名条者而行，是作恶小人。他们不愿放弃邪恶，不孝敬父母，不敬尊长，自私自利，不睦乡邻，游手好闲，不安生理，侈奢极却〔欲〕，饮酒宿娼，挥金如土，迎逢拍马，百般引诱，无所不为，他处于日暮途穷，倾家荡产，忍贱蒙羞。凡是我族人民要禁止，毋作非为。诗曰：人生第一孝为先，忠孝两门出圣贤。奉劝族中众子弟，毋作非为莫沾边。

（资料来源：大埔《温氏源流》）

翁

【姓氏来源】根据五华《百梅六桂翁氏宗统世谱》记载，翁氏始祖念满公从福建永定迁居至五华小都剑公岭。

祖训

明明我祖，汉史流芳，训子及孙，悉本义方。翁氏族旨，写得周详，读书为重，次以农桑。克勤克俭，行善行良，仁义待人，礼智谦让。孝上睦邻，互助相帮，以和为贵，正气伸张。礼义廉耻，切记心上，持家讲德，为政廉上。仕途朝野，为忠为良，遵规守纪，维护宪章。背礼违德，不可包藏，羞愧祖宗，赶出家乡。手足互持，确保安康，同心协力，携手前往。

处世歌

什么事情看得通，做起事来才从容。平白无故动肝火，寿命也会减十冬。有事不妨慢慢讲，不必弄到面耳红。忍气留财千古传，做人无须太冲动。以和为贵成古训，感情完全可沟通。冤家宜解不宜结，不必冰炭不相容。行良行善积功德，刁横奸诈天不容。顾全大局识大体，日后处处事事通。君子爱财取有道，切莫贪婪羞祖宗。为人处事讲信誉，日后才有好相逢。人生难免有差错，可容人时且相容。山水也有相逢日，人生何处不相逢。为人处世广道德，礼义廉耻记心中。劝君牢记处世歌，一生平安乐无穷。

（资料来源：五华《百梅六桂翁氏宗统世谱》）

【姓氏来源】根据《丰顺湖下巫氏族谱》记载，隋太业间，昭郎公率子罗俊，迁闽之黄连峒（宁化）；唐贞观三年（629），罗俊公上平寇策，朝廷嘉其功，爵封镇国武侯。罗俊十七世大一郎六子仕敬，于南宋绍兴年间由宁化几经辗转迁入梅州，生三子：福居丰顺汤坑，禧迁居兴宁罗岗，禄居英德。

家规

家之有规，犹国之有法。然国法治于既事，家规禁于末事，所系为尤急也。我族户口日蕃，防微杜渐，不可不慎用，立规条若干，事不嫌于琐屑，语无取乎艰深。凡以求其易知易从，俾贤愚皆有所率循尔。

父子

父子之亲，天性也。父无有不慈，特患子之有不孝。孝亦不必苛求也。惟善体乎父母之心，如父母望子成名，即当奋志诗书，以图上进。父母望子耕田，即当勤力稼穑，以求温饱。父母望子学工商，即当尽力经营，以专一业。又如父母畏子疾病，即当节制嗜欲，以保身体。父母畏子贫穷，即当爱惜钱财，以成室家。父母畏子多事，即当和平血气，以求免祸。如是，虽不得为大孝，亦可以稍慰亲心，而不致获罪。若有忤逆不孝，或以家贫而懈供养，或以亲老而生憎嫌，或以督率而萌怒心，或以使令而生怨语，或以妻子之爱而疏定省，或以货财之私而忘本原，甚敢于父母之前而显然干犯者，若斯之类，万剐犹轻，族房长即当鸣之于官，颁法重究。

兄弟

兄弟，手足也。人虽至愚，未有使手与手相残，足与足相残者。以其属在一体，知为痛痒故也。而不知兄弟之与兄弟，其痛痒莫不有如是者。夫兄弟，本一父母所生，自形迹视之，则兄一人，弟一人；自父母视之，则一体也。以兄弟残害兄弟，则是分父母之血肉，而交相残害也，于心安乎？且无论其残害也，或因微嫌小隙芥蒂胸中，即如手足间，偶生疥癣之疾，返之于身，必有坐卧不安者矣！是故，兄当知友于之谊，弟尤当念天显之伦。如有同室参商，日相阋墙，不祥莫大。族房长处此，宜先详察原末，若事可稍恕，或以理论之，以情晓之，使其归于和睦，可也。如不获已，送官究治，不可姑贷。

夫妻

夫妻，道之造端也。不得戾情，亦不得溺情，而责则专归于夫男。何谓戾情，妇人见理未明，往往狃于一己之偏，而不知自反。惟为夫者，躬先倡率，事事导之以正，其或有小不是处，不妨宽为包容，默俟自化。若任一时血气，偶不如意，便恶言诟詈，必恩谊疏隔，夫妻反目，所由来矣。何谓溺情，夫情闺房静好之地，易于狎昵，不节以礼，必将陷入于淫，其在与女之贤淑者，可无他虑。若为阴险之妇，一意奉承，百般献媚，为丈夫者，渐且入其彀中，始则渔其色，继则信其言，终且畀予以权，主持家政，干预外事，甚且离间骨肉，招尤朋友。一念溺情，遂至于此，可不畏哉！有室家之责者，尚其思之。

朋友

朋友有信，固也。而要必以择交为先。人日近于老成端谨之人，则吾有不好处，必直言告戒，受益自多，且不贪我钱，不要我吃，变故患难，事事可倚。是与善人交，为天下第一大便宜处。若日近匪人，不惟坏我心术，损我品行，其设心处虑，无非谋吾所有，诱之以声色，饵之以酒肉，势不致于破钞败家，而不肯已。是与不善人交，为天下第一件大吃亏处。故曰择交为先也，人能择交，而后可以无失信于朋友。

197

戒酒

酒，固可以合欢，而亦最足丧德。旷观古来嗜酒之徒，或因此而偾事，或因此而致疾，或因此而破家者，种种召灾，不可胜道。且无论召灾也，即幸无事，而终日酗酪，笑语癫狂，成何事体？故量可饮五分，只可饮二三分；量可饮十分，只可饮六七分。总之，酒非养人之物。自冠婚祭祀外，不可多饮，亦不可常饮。愿我辈其慎之。

戒色

色者，人之所共爱也。然人知色之所可爱，而不知色之可畏。姑勿论乱人伦常，紊人宗祀，冥冥中之有报应也。惑于色，聪明蔽，而足以丧志；牵于色，钱钞破，而足以丧家；困于色，精神耗，而足以丧身。且恶有贯盈之日，一旦泄露，或为人捕获，而献丑于乡邻者有之，构讼公堂者有之，登时殒命者有之。人亦何苦贪此一刻快活，而招此莫解之祸耶！凡我子姓，各宜猛省，不特他人妻女，不可有苟且也，即自己夫妻之间，亦当相敬如宾，毋涉于淫。如有贪图非礼之色，甚且有关服制者，族房长即当鸣之于官，颁法究治。

戒财

财，为养命之源。然不爱财者，非好人；而过于爱财者，亦非好人。盖我爱财，未必他人之不爱财。因我之爱财，而遂夺他人共爱之财，人能忍乎？人不能忍，势必怀恨于心，将悖而入者，亦悖而出，吾能长保此财乎？即吾之及身，幸保此财，而显招人怨，隐干神怒，其家必有横祸。不然，或出不肖子孙，而败家荡产，前人之所得者，不偿后人之所失，庸有济乎？总之财有定分，分内之财，不可不爱；分外之财，不如勿爱也。

戒气

今人开口，动曰争气。气之云者，如见人大富，自己即当勤俭，而与人争为富；见人大贵，自己即当发愤，而与人争为贵；见人为君子，自己即当敦品立行，而与人争为君子。如此，则气不大伸乎？本无所争，而有似乎争之也。若任一己之暴性，小有不合，便忿戾难忍，以本身之言，也为怒气伤肝，必生疾病。以他人当之，君子则大度包荒，视如牛犬之不足较；小人则力相等，势相均，必致两下争斗，而大祸起矣。圣人云：一朝之忿，亡其身，以及其亲。即此之谓，然则人可不平气哉！

戒奢华

凡人处世，只犯得一个奢字，足以破家，更足以折福，何也？天地生财，原以供人之正用，非以供人之浮靡。苟不知节，一年之费，致耗数年之费；一人之用，致耗数人之用，勿论其为中下户也，即号称素封，亦立见其空匮矣。且不止于空匮也，暴殄天物，鬼神厌弃。又其人奢侈过度，嗜欲必多，或病或夭，而福亦折尽矣。是故尚书有曰："克俭于家，俭非鄙啬之谓。"惟量入以为出，不过于丰，亦不过于啬。治家之道，于此得矣。

戒游荡

人无论贫富，必有专业。自不致长其佚志，萌其邪心，而家可长保矣。业不一业，须视其人之资力以为定。聪明子弟，使之就学，上矣！若果悟性有限，亦当改图，切不可虚慕读书之名，致令年纪长大，筋力疲弱，百无一成，所误亦不浅也。须知人生天地间，断无废材，为农为商为工艺，各就一业，皆足以成家室，求保暖，特在人之能自立志耳！苟使游手好闲，虚度岁月，此即国家之游民，天地之弃物也。愿我辈共勉之。

戒争讼

争讼之端，费钱废业费心肠，居家所切戒也。戒之之道有二：一其上者，横逆之来。如孟子之三个必自反，不可及矣。其次，则当退一步思量，又进一步思量。彼如一事也，人来欺我，我便要心上打算一番，先要算着输，不要算着胜。非理之不可胜也，理即胜矣，而差役需索，门房讹诈，费几多钱钞来，受几多委屈来。与其忍辱于公堂而其费大，曷若忍气于乡党，而其费小。所谓退一步者此也。至于进一步工夫，彼无理而敢于欺人者，必属凶徒。苟与之斗，我输，则固受其辱；我胜，则亦结其仇。是不如让之为吉也。我愈让，而彼愈横，我不杀他，必为人杀。是虽以奸雄之术处世，而亦戒讼之一道也。族房长阅历深，更事多见。有争端事件，非关于切齿者，即当力为排解；若同室相伤，尤宜秉公裁处，勿任游移。

禁赌博

赌博，因钱而起也。一入其中，必欲罄他人之所有。尽输于我，是我持斨杀人也。我持斨杀人而人不服，势必百计图谋，求偿于我，是人又持斨杀人也。我杀人而胜，则所得之钱，来甚容易，随手散尽。人杀我而胜，倾囊与人，再赌而不胜，则借贷以抵之，又再赌而不胜，则售物以抵之。不数年间，田卖尽，山典完，而穷困无门矣。回视昔日与赌之人，皆视如陌路，虽欲求与之赌而不可得。因此而为窃盗计，始而窃父母兄弟之财，以为赌本；继而窃乡党邻里之财，以为赌本。是盗贼又从此起矣。赌博之家，不拘何人，呼幺喝六，入户穿房。女习惯，因此而通奸者有之，是淫乱又从此起矣。国家赌博之禁，律有明文。敷〔夫〕出此不肖子弟，族房长宜严加惩责，勿稍宽恕。

禁盗贼

盗贼之治，国有常刑，不必赘矣。而所依防盗贼于未然者，则专在父兄之责。其始，不可失于姑息。孺子无知，偶尔戏弄，匿人小物，父兄视为寻常而不之惩，日久手猾，遂成惯盗，此一弊也。其继，不可失于隐忍。盗贼之名，人所羞称。父兄救全体面，明知子弟为非，不肯声张，是讳盗适所以诲盗，一弊也。其尤甚者，不可好小便宜。父母行事，子弟奉为楷模。苟使贪谋小利，明知盗赃，贱价收买，家人习见，日与盗亲，出尔反尔，异日必出盗贼子孙，此又一弊也。除此三弊，而又有弭外盗之法在。盖贼必有窝，同里同室之人，必先知之，业已知之，不妨先以婉言开导，如不见听，然后合众力而驱逐之，否则搜获盗赃，送诸官而惩究之。此防盗之大端也。本姓族众人繁，不可不虑。万一有此，族房长必严加处治，勿稍延纵。

禁鸦片

鸦片之害有三，而荒工废事，犹其后焉者矣！吃烟之人，多不生子，即生子而亦多不育，绝祖宗之祀，一害也。烟价昂贵，过于纹银，食者必费钱钞，足以破家，二害也。食久必有瘾，考之医书，瘾为暗疾，即如腹生癥瘕之症，足以丧命，三害也。现今国家禁食鸦片，甚为森严，有犯此者，族房长速行戒止，如不率教，鸣之于官，可也。

禁邪教

邪教之所以惑人者，莫不诈言得有异书，或托符咒以治疾病，或托师巫以治鬼神，或托吃斋而拜佛念经，或托结义而聚盟拜会。其实，皆借为掩饰官府之谋，以为蛊惑人心计也。愚民无知，误以为真。其初，尚未知其害也，及一入其术中，拜师投帖，彼得有所挟以制我。拒之，则引其徒党以攻我；亲之，则引其徒党以狎我。欲钱，则不得不与之用；欲食，则不得不与之餐，将家由此破矣。家既破，而养生无门，因亦学其术以传徒，我传徒，而徒复传徒，匪党日多，渐生歹心。国家法令森严，岂能容此？势必杀身灭家而无可逃。吾辈于目所见，耳所闻，若白莲教、八卦教、义和拳、哥老会、添弟会、千刀会，无不骈首就戮，一无漏网。往事历历，可为昭鉴。族房长更事已多，其于此等邪术，须详为讲明，俾子弟知所惩戒。万一有不率教者，送官究治，不得暂宽。

谨祭祀

祭祀，礼之大经也。人之祭祖先者，徒以酒醴香帛，奉行故事，无济也。盖祭以报本。古人制礼，始为饮食者祭之，始为宫室衣服者祭之，示不忘所自也。况我为一本相传，如无祖宗，此身从何而来？与言及此，有不知其诚敬之心，何由生也？祭祀之礼，期前二三日，必须斋戒沐浴，洁具祭仪。及期，整肃衣冠，齐集祠内，分尊卑长幼，随班行礼。若有隔越失仪，跛倚以临者，当即逐出，不许分胙。

笃宗族

宗族，一本也。虽千百世以下，皆一祖宗所生，而况于五服之亲乎？自古兴发之家，太和一堂，尊长在前，凡卑幼辈，隅坐侍立，无敢少越，斯何如气象也。若小家子则不然，叔侄斗殴，兄弟分争，此等人家，销亡立见。若斯之类，族房长即当鸣之于官，颁法惩究。

201

谨闺门

闺门，为帝王起化之地。一有不谨，则长舌阶之厉。冶容诲之淫，防闲不可以不早也。防闲无他，操井臼、勤纺织，即当无事，但令静处闺阃，不得招呼娣媳们，笑话戏谑，尤当分别男女，非特外人不与交谈。即弟侄辈，亦未可聚处偶语。此闺范之大概也。至于寺观之地、演戏之场，尤当绝迹。若有犯此，除归咎夫男外，仍将该妇唤至宗祠，聚伯叔父母等，责诸□祖宗之灵，公众惩戒。

举族正

一姓之中，有族长，有房长，而尤重有族正。族房长，多属尊辈年高之人，不能任事。惟于各房之中，不拘年齿，公举正直廉明之人，奉为族正。凡同姓有是非口角事，投明族房长外，请族正判断。小事，则以家法处治；大事，则诉官究办。其理屈之家，固不得妄行怨怼，族正亦不得徇情。

护祖尝

祖尝组织凡二：一有祖手拨成，一有后裔集成。皆所以崇祀祖宗，纪念祖德，血食奕叶，以维亲善一脉之义也。倘无尝业，祭扫无由，则其祖之葬所，其人之何传，莫不茫然。甚至坟茔失考，被人占去，其他更无论矣。所以古今尝厚之家，除春秋崇祭祖先外，如兴办学校，作育人才，或助贫苦子侄远方求学，及逢荒年，酌量赈济。诸凡善举，几皆借尝业之挹注，有以成之者也。由此推之，尝业关系存殁之大，不綦重乎！是故为人子孙，须如何爱护之，方不失为贤肖之裔。勿以私害公，致起纷争；勿以尊欺卑，把持独揽。务使一本至公，永作存殁之善举。倘有不肖，只顾一己之私，攘夺侵犯者，族房长、族正，宜鸣之于官，严惩不贷。

右二十则家规，因时势不同，略有增损。凡我族人，均应恪守勿忽。

（资料来源：丰顺汤坑《丰顺湖下巫氏族谱》）

巫

罗俊公遗训

　　大丈夫，成家容易；士君子，立志何难！退一步，自然安稳；忍一句，自然无忧。让他三分，何等清闲；忍一时，便是神仙。青山不管人间事，绿水何曾说是非；有人问我红尘事，摆手摇头总不知。须交有道之人，莫结无义之友；饮清静之茶，戒色花之酒；开方便之门，闭是非之口；侍〔恃〕富欺贫之人，不可近他；反面无情之人，不要用他；饮酒不正之人，不可请他；时运未到之人，不可欺他；识高低之人，不可睬他；来历不清之人，不可留他。但凡世人，无人刷白。说我、羞我、辱我、骂我、毁我、欺我、笑我，我将何以处他，我只好容他、避他、怕他、凭他、随他、尽他、由他，再过几年看他。

　　太上曰：天神共怒，王法难容，近报在他自己，远报在他儿孙。看来识破世情，争什么气；不敬父母，修什么佛；不遵圣贤，读什么书；不惜字纸，成什么名；不敬先生，教什么子；不或耕种，作什么田；不知礼义，为什么人；心肠不好，念什么经；大秤小斗，吃什么斋；暗计算人，朝什么佛；名利心重，想什么后；子孙不贤，发什么财；急不相济，成什么亲；难中不扶，结什么友；不识破乾坤，认什么真。今日不知明日事，人争斗气一场空。

　　（资料来源：梅县白渡《广东梅县白渡巫氏族谱·嵩山卷》）

吴

【姓氏来源】根据兴宁吴氏族谱记载，传入梅州的是七十世宥公（字承顺）。公生四子，次子坤二是宋文林郎钦擢御史奉政大夫，由福建宁化县迁居永定县，其后裔传梅县、大埔、丰顺等处；三子震三公（讳震隆）由福建宁化石壁乡，迁上杭胜运里上寨头官庄坪立籍，后传广东程乡县松口墩下。

家训

家无论贫富，总要子孙贤孝〔肖〕；人无论智愚，总宜教之诗书。大之扬名显亲荣宗耀祖，小之明理达词知名识数，以及星相医卜，皆不能外纵。有贫极不能近师，鲁极不能记诵者，农、工、商贾皆为正业，亦宜从幼时教习礼义，讲明孝悌，庶知凛法章而守本分。不然，子弟之不逮，实父母之教不先，谁之过矣？

家规

国有明条，家有矩训。其谆谆复不已者，无非示人有所遵循，勉为良善而已。今圣天子刊定法令，颁行州县，命有司朔望宣讲，集众谛听，所以引牖斯民者，至详至尽。兹因族乘告成，便著家训八条，列于简端。此教家即以教国也，后人其身体力行之，毋忽。

吴

孝父母

人非父母不生，生而教养成人，其恩罔极。故为人子者，必常侧左右就养，过则从容几谏，病则服侍汤药，死则经营葬祭。在家则婉容愉色，奉命唯谨；出仕则移孝作忠，显亲扬名，方尽子职。若违逆执拗，隳行辱亲，听妻子之言，而结仇怨对，此不孝之罪，上通于天，五刑所以首严也。

友兄弟

兄弟为分形连气之人，无论同胞共乳，应以友爱；即支子庶孽，皆属一体之亲，必兄爱弟，弟敬兄。虽析居分食，无别你我，斯合友恭之道。近有因财产而衅起阋墙，听教唆而祸延其豆，同室操戈，视如仇敌者，读棠棣脊令之诗，当感愧无地矣。

敬长上

长上不一，有在官在家之长上，有同姓异〈姓〉之长上，不仅名爵一端，凡年龄先我者，皆是也。自宜称谓各正，隅坐徐行，揖让谦恭，罔敢戏豫。若干名犯分，目无尊长，或以贤智先人而〈辚〉轹前辈，或以血气自恃而污慢高年，或矜富贵，或夸门庭，皆为狂悖，不得姑纵。

和乡里

同乡共井，相见比邻，虽不敌家人骨肉之亲，然亦当和睦以相向。故必出入相友，守望相助，疾病相扶，有无相济。若势利相投，贫富相欺，强弱相凌，大小相拼；或因微资相争讼，或以小忿相仇杀，此为陋恶之俗，凡吾族中，当切戒之。

勤本业

人生各有职业，士稽古致贵，农力田得食，工精艺阜财，商懋迁获利，皆是为一生受用，以遗子孙者。故凡父兄之于子弟，必因其材质相近者教之，俾人各有事，庶不致为游惰之民。其有博弈饮酒，诡诈货奸，狐群狗党，不禽不兽者，将来穷老失归，嗟何及矣！

205

莫非为

人无论智愚，皆有所当为与力所能为之事，不得谓之非为。惟纵酒赌博，逞凶斗狠，足以败名丧节、杀身亡家者当之。族有此辈，父兄宜亟加惩戒，无致寡廉鲜耻，为猿为枭，贻害族姓。至于渎伦伤化，鼠窃狗偷，上辱宗祖，下玷家声，此王法不容者也。

择婚配

夫妇为人伦之首，万化之源，故儿女婚嫁，必择其妇之德性何如，婿之贤否何如，而家之贫富可勿计，使贪财下嫁，① 而忍若鬻儿，六礼未备，贱同纳婢，匹偶未均，门户不对，识者耻之。② 有如同姓为婚，不达周礼，乘丧嫁娶，罔遵法纪，此家族之魑魅，人类之蛇虫，士君子不屑道者。

慎祭扫

坟墓以掩祖骸，实后人发祥之始。祭祀以酬先德，亦子孙报本之心。故清明扫墓，必老幼亲临，虽远亦至，衣冠罗列，各致其恭；庶神歆其祀，人受其福。若岁时缺祭，等于荒丘，惰慢失仪，同于儿戏，必明有人，非败有鬼。豺獭不忘所自，人不若兽哉！

（资料来源：梅县畲江《吴氏族谱》）

宗规

崇祀典

祖宗功德，如天高地厚。无所用其补极，于万难补报之中，而可以少伸其意者，惟岁时节序，荐明德以达馨香耳。事死如事生，事亡如事存。为子孙者，自当究省。若诚敬未将，止以拜献虚文遂云了事，其如

---

① 查兴宁吴氏族谱，此处有遗漏，故增补。
② 查兴宁吴氏族谱，此处有遗漏，故增补。

对越之意何？吾恐在左右者，难云来格来享也。若不预行敬饬，无以崇遵祖敬宗之典。

重茔墓

坟墓，先人幽宅也。祖宗之灵爽所凭依，即子孙之瞻依所系属。古人有筑庐于墓者，亦由哀痛切怛之诚，不忍一日忘亲于己已。故立碑志铭，以示不忘；镌名定位，以存永迹。诚恐年深莫辨，湮没无闻耳。凡我宗人墓木，固人培植，而立碑尤为远策，岂可虚延故事，以时祭扫已哉？

振祠宇

祠宇之建，所以妥先灵。先灵妥而后春秋之祭行，春秋之祭行而后昭穆之序定，此非绵远之礼可行于郊外哉。然则世之建祠者多矣，未及百年而风雨萧萧，荒烟漠漠以至堂构无辉，亦由经理之乏人耳。今之骏奔在庙者金曰：三让堂，先灵所凭依也，岂不知垂百世而能保其如故乎？此惟在后之继起者，时加修葺之功耳。

置祭田

古者有田则祭，无田则荐，安于分也。然后世子孙，岂终不祭哉？是贵有以立其基耳。立基之法有二：曰助，曰罚。其助为何？有照丁之助，有量力乐输之助，有增丁之助，有婚配之助，有纳宠之助，有继嗣之助，有进主之助，有仕进之助。其罚为何？有隐讳之罚，有不逊之罚，有好争之罚，有斗勇之罚，有健讼好勇之罚，有不务本业之罚，有酗酒及乱之罚，有忤逆犯上之罚。如此行之日积月累，由一篑以至为山，亦易易也，又何基之不立、何田之不置哉？创立于先，守之于后，庶几先灵血食，绵直无疆矣。

修谱系

祖宗德业之盛，子孙生聚之蕃，何以垂百世而弗灭欤？曰：有谱在，祖宗之行实可考也，文献足征也，支派分接可稽也。但传递之久，世远人湮，殁者失其名，存者失其序，生亡辰忌其失察，而后之有志修明者，不将蹉躇于中道乎？故五年有小修之例，登副本也；十五年有大修之举，归正传也。所以勤纂修者，防遗忘也。嗟乎！渊源一本，祖功宗德，传百世而不致泯灭矣，其又在后之有志修明者欤？

立宗子

尝考先王定宗法，大宗统百世，小宗统五世。凡受命于宗子者，有无相通，庆吊相助，患难相恤，所以敦人伦存人道也。然非世家右族不能行，故有待后之崛起者行之也。按大宗为本初第一枝者，是小宗为本初第二枝者，是虽大宗子法不能行，而小宗子法五世一轮举，不可紊也。必宗子立而主祭有人，事有统属焉。

举祠正

族之有祠正，为能发公言，行正事，振饬名分，统率族人，非徒以齿年相尚，虚冒塞责已也。苟不慎之于初，将见恃尊以凌卑幼者有之，挟私以佐祖势力者有之。必遴择其严毅果敢，公平刚直，堪为一族之表正者为之。庶家道立而宗规行矣。

严义方

凡观门第之盛衰，视其子弟之贤与不肖，亦视其父兄之教养何如。故为父兄者，方子弟髫年时，即当延以正师，试以正事，助以正友，无饫以口体而生其骄佚之心，无纵以藻饰而长其侈靡之志，无任以刚愎而成其暴戾之气。慈以育之，严以纠之，躬仁义以道之，明经史以教之，又防其傲而抑之以谦，防其华而示之以朴，防其嬉游而笃之以勤谨，吾知虽堪顽劣有不绳于正者少矣。故易曰"葛〔蒙〕以养正"，圣功也。

敦孝友

人生所关切者，莫大于天性之恩。父子兄弟，天地一体之恩也。子不孝，弟不悌，是灭天性也，岂伦类哉？吾见世人奉养父母，兄弟相推，不特不能为孝子，且兄不得为兄，弟不得为弟矣。不知父母抚育之日，何曾少假〔暇〕！既虑其饥，复虑其饱；既虑其寒，复畏其热。父母之心，何时已哉！吾恐昊天罔极，子欲养而亲不在，求养一日而不可得，况堪推诿乎？则轮流之说已落下乘矣。凡为人子者，务宜竭力奉事，怡悦亲心，互相尊养为上。至于手足相残，是尤见弃于伦外也，故孔圣引诗，至"兄弟既翕，和乐且耽"而曰："父母其顺矣乎。"非无谓也，尚其最诸。

正名分

昔先王因叙秩而成礼。故礼莫大乎伦，伦莫大乎分，分者，尊卑上下所由分也。循分则下不能逾上，卑不得逾尊。富也、贵也、强也、智也，名所在，分所限也。凡我宗人，顾名思分，毋以贵加贱，毋以富骄贫，毋以强凌弱，毋以智欺愚，毋以纤利乖天恩，毋以谗言伤手足，毋以势利逐高低。穆穆雍雍，弗越伦常之序，斯同上古之风矣。

务本业

凡人必专业，业必专功，方能有成。故士不专读，不能成其功名；农不专耕，不能成其稼穑；商贾不专贸易，不能成其经营；百工不专技艺，不能成其智巧。使悠游岁月，忽忽生平，恕浪子漂流，更有不堪言者，可不惧哉！吾为宗人计，治生之道，务本为先。无逐逐于浮名，无孜孜于末利。生众食寡量，量入为出，三年余一，九年余三，家不期裕而裕矣。

继书香

赏观先贤，垂训学问，须以变化气质为先，而知圣教之入人者深也。故薰沐于诗书之泽，而鄙率之气消；泳陶乎翰墨之林，而暴戾之习化。岂止拾青紫，取荣名之具哉？苟不学，将见遇正人而失序，促然莫知所措；见君子而失言，茫然不解所闻。孝悌忠信之训，不聆于耳；礼义廉耻之风，不被于躬。尚何言哉！故论人品，必推大雅；问家声，则说书香。凡我宗人，须延一脉为贵。

族戒

骄奢〈易〉佚，不事生产。在国谓之游民，在家谓之浪荡子，皆圣王所不治，严文所不畜者也。故戒逸游第一。

酒以成礼，燕以合欢。然而沉湎废事，谌溺伤生，则亦名教之罪人

209

也。若无纵情乱性，肆暴逞凶，非人理矣。故戒酗酒第二。

白手赢财，何殊劫财；罄身输物，不异累囚。父母之供养不顾，妻子之冻馁不怜，廉耻均丧，名行胥乖，祸出非常，变生不测，皆赌博之毒所贻也。故戒赌博第三。

小忿不忍，忘兄及亲；大怒弗惩，结冤累子。仇非君父，刃不居先；怨匪弟兄，戈宜处后。逞一时之血气，坠累世之箕裘，是斗狠所必至也。故戒斗狠第四。

伺人嫌隙，坐起风波；忆己冤化，顿生矛戟。恃其刀笔，自以为所至莫当；听其舌锋，共推为所谋必济。久之，事不关己，毒遍流人，亲戚目为豺虎，乡间指为虺蛇，英〔莫〕健讼为甚也。故戒健讼第五。

亵慢成群，嬉游终日；荒我学业，误乃性情。潜移默夺，与之俱化而莫能自觉者，由失足于匪人之故也。故戒〈匪〉朋第六。

本富惟勤，末富惟俭。倾囊结客，盛席延宾，虽收旦夕之虚名，实开无穷之漏空。及乎我财既尽，众迹渐稀，昔之伺我色笑者，今皆观我成败矣。究竟思之，有损无益。故戒奢华第七。

俭以养德，自身之节省宜先；财取济人，有益之施与勿惜。世人坐拥高赀，忍心骨肉，忘多藏厚亡之戒，蹈为富不仁之讥，则悭啬之过也。故戒鄙吝第八。

才虽绝世，贤智不以先人；位即离群，崇高不以倨物。敬为万善母，惟骄足以毁之；谦为众德基，惟傲足以败之。犯上取罪，慢世招尤，皆生于骄傲而已。故戒骄傲第九。

非圣之书，乱习适以乱性；不正之技，误己即以误人。耕读之外，时或间以经商；杂技之中，独有取于医学，其余一切方技，无益人世矣。虽可资生，窃恐丧德。故戒邪亵第十。

族约

人伦有五，君亲处其最尊；大节在三，忠孝尤为至重。是以无将之戒，莫大于不忠；五刑之属，莫大于不孝。凡我宗人，事君者当思鞠躬尽瘁，事亲者当思谨身奉养。庶几上为祖宗光，下不贻子孙辱。约一。

士农各有常业，贫贱俱当立志。如有畏习勤苦，不能守正，诈害乡党，拐骗财物，及流为优隶贱役者，族长、祠正拘到，论事重轻，轻者责罚，重者削谱、斥逐，仍戒饬其父兄及亲房之长者。约二。

族中如有小忿及交易不明之类，宜先具揭到祠，听族长、祠正处分。若果情理不协，处分难决，方可鸣理、究理。如未经具揭处分，径自讦告者，议罚入祠公用。约三。

夫妇人伦之始，风化攸关。故议婚必须忠厚传家，诗书肄业，门第相当者；择配必须礼教素娴，熏陶有渐，操履无玷者。断不可贪利与暴发小姓联姻，断不可慕名而与败落乡绅合好。至赌博家、刀笔辈，尤宜远之。约四。

丧葬称家有无，有则丰，无则俭。祭祀不得用僧尼巫道，不许久停灵柩，如过二十七日不举殡者，即以悖逆论，许族长、祠正者首官理处，仍议罚入祠公用。约五。

女子之行，不出闺门，惟以孝敬贞洁为上。若有夫亡守，节与例相合者，本家具禀请旌；如贫乏不能，宗族共出力旌之，岁时祭祀另致之胙，死则以礼葬之。其夫亡改适，或夫在不谨妇行者，众共弃之。约六。

宗族无后，惟宗子乃应立嗣，其余则否，盖所重在宗与祭耳。后世此义不明，有产之家，多争继嗣，至或乞养外姓，以相混淆，甚非古法。自后无子者，务择应继入嗣，否则听其立爱〔爱〕，断不许异姓螟蛉，紊乱宗祧。约七。

祀以奉神灵，墓以藏体魄。圣人创制，达于幽明。故古之君子，虽贫不粥〔鬻〕祭器，为宫室不斩子丘。本族内祠堂，须以时修葺；祖坟树木，须以时培植。不遵者，族长会众公罚。约八。

祠中祭田、房租俱付管年人收掌；每岁香烛祭礼及纳官零用银两，须逐一登记明白，祭日当众清算。如有挟私作弊，察得实据，照数倍罚。约九。

谱书之重，上敬祖宗，下教子孙，所关甚巨。给谱自有成规，其余自备纸张印刷者，必计名登簿；冒姓螟蛉，不得滥与。外另置一册于宗祠，祠正掌之，以便岁时续书添丁、命名、婚嫁、卒葬等事，如是一族之谱一年几修，庶无遗漏疏略之弊，可免他年询访查核之劳。约十。

（资料来源：梅县蔡岭《吴氏族谱》）

位，永祀千秋。

二、有为族抗大灾，救宗族于危难者，准入祠，在神主位侧，立其神主位、牌位，连座高一尺四寸。此后入祠神主牌位，均以此为定格。

三、每年分春秋祭祀，固定春祭清明，秋祭重阳。祭祀日，礼宜斋戒沐浴，衣冠整洁。入祭时，听主祭司仪，分尊卑就位，严肃雅静。凡祭时不至，祭后至，无论老幼不准共食。祭礼毕，往祭祖坟，培护坟墓。祭毕同享神惠，分尊卑入座，严禁酒后滋事生非。

四、各房子孙有责维护祖茔。凡墓前后左右地土，均系祀业，只能维修，任何人不得迁葬。违者，族人有责予以迁出。坟地林木，不得损坏乱伐。

五、各房子孙有责保护先灵神主，不得任意移动。祀典一切财产，不得私分、盗卖、吞没。违者以残贼论，并追还赃物，或照价赔偿，逐其出祠，故事载入族谱，令其遗臭万年，俾后世子孙知其罪过，以儆效尤。

六、族内有男，年高七十以上，能登程祭祖坟者，祠颁肉二斤，未到者免给。

七、族内功名戴顶者，是光宗耀祖之秀，入祭者，祠发祭祖车船路费，年迈未至者免给。

八、族内有科第高中者，祠赠花红钱，备酒席庆贺，不分文武，祠发车船路费。

九、奖励青少年入学，凭学校通知，依学级祠发学费。德行不好，成绩过于低劣者，免给。

十、族内有青少年独居，誓能贞静守节，励志冰霜，祠内春秋祭祀，分发肉一斤，受祚后不得异志。若年过二十四独居者，促其完娶，不从者免给。不善治家理财者，祠内指导，或指定善于治家者，协助祠内指导，无使放荡自流。

十一、族内长辈，居一族典范之尊，以身教带动族人，带头遵守国法、遵守祠规家法、尊祖敬宗、尊老爱幼、关心族中子弟入学成长、当家理财、和睦家族、团结族人、同奔小康，不得恃尊欺卑，禁止族内恃富欺贫。

十二、族内子弟应遵守家规，如有以少凌长、以卑凌尊、浪荡胡为、不敬祖宗、不孝父母、不尊长辈、不睦家族者，祠内讨论教育或处

213

理。或有阴谋刁拨是非构讼者，以残贱论，逐出祠，生不准入祠，死不准入谱。

十三、族内如有浪荡之妇，慢事翁故〔姑〕、拨弄是非、不和家门、不思改悔者，逐归原籍，虽生有孝子贤孙，断不准入谱。

十四、族内如有不事家业，不教子女，抱嗜好，挥霍耗财，而致粮尽业绝，无分给子弟者，属浪荡之辈，生不准入祭，死不准入谱。

十五、族内如有在社会作奸犯科、奸淫、扒窃、偷抢、诈骗、危害社会秩序者，不得隐匿，违者出祠。

十六、每年春秋祭典，体量各房经济不一，本节俭精神，酌量举办，生活收费标准，从低不从高。

十七、祠内首事总管，阖族同举公平正直之人，能当者不得推诿，无能者不得充任。在职者，有不顾大义，不称职，因公肥私，利用职权妄行者，经众罢免，严重者逐出祠，死不得入谱，勒石不得留名。

十八、本祠规有未尽事宜，经族众提议通过补入。

此外，大宗祠还制定了祠堂十条戒规如下：

一、戒轻慢先灵。

二、戒不孝父母。

三、戒不别尊卑。

四、戒凌族乱伦。

五、戒欺宗灭祖。

六、戒以少凌长。

七、戒恃势欺人。

八、戒赌博洋烟。

九、戒结党为非。

十、戒泄露族谱。

（资料来源：梅州《入粤始祖萧梅轩宗支统谱》）

家训

萧何公家训

后世贤，师吾俭；不贤，毋为势家所夺。

萧纲家训

汝年时尚幼，所缺者学，可久可大，其惟学欤！所以孔丘言："吾尝终日不食，终夜不寝，以思无益，不如学也。"若使墙面而立，沐猴而冠，吾所不取。立身之道，与文章异。立身先须谨重，文章且须放荡。

萧嶷家训《戒诸子》

凡富贵少不骄奢，以约失之者鲜矣。汉世以来，侯王子弟，以骄恣之故，大者灭身丧族，小者削夺邑地，可不戒哉！

训廉

临财不苟，谓之廉。廉者，察也。廉其所当取而取之，是谓义然，无伤于廉也。若不辨礼义，利令智昏，虽千驷万钟，名节安在！

世间见趋炎附势、谄富欺贫，败名丧节，昧己瞒心，乃天下之最耻者也！知其可耻而毅然除之，人格自高，人纲自正。

不义之行，人所深恶；好义之士，众所感钦。

训孝

修谱旨在人伦。人伦道德，首行孝悌；古往今来，传人孝悌，循行其道，人自多出也。

羊有跪乳之恩，鸟有反哺之志。禽畜亦知尊老爱幼，人岂可忘乎？忤逆不孝者，人之败类也。

（资料来源：兴宁《兴宁大路萧氏族谱》）

215

兰陵萧氏嘉应州氏族家规

序

齐家之与治国，理本一致。然欲其家齐，则不可无法。家之有规，礼也。顾法不立，则礼不行；礼不行家，是无规。家无规，何以保其家，治家从何说起！今综修家谱，当见立家规，载于谱端，俾我阖族有所遵循。家家父教子，兄勉其弟，互相警觉，互相勉励，共同遵守家规，维护家内外整肃。一家老幼雍睦，齐心培家之基，创家之和，振家之声，纯家之风，衍家之庆，成为名门望族，胥在家规之健与否。

家规

孝父母，睦兄弟，和夫妇，笃宗族，敬长辈，严教子，重读书，重功名，勤职业，尚节俭，爱家谱，护宗祠，培祖茔，谨祭祀，慎交游，睦邻里，戒争讼，慎婚姻，禁异姓乱宗（重点是异姓不承祧），禁子女看乱戏，禁赌博、滥洋烟，禁偷、抢、扒、骗、打、杀、损人利己，禁结伙为非，禁不务正业。

（资料来源：梅州《萧氏溯源》）

谢

【姓氏来源】根据梅县谢氏世系记载，申伯七十五世孙清春公，讳新，号朴六，原居于宁化石壁村，元武宗时任中宪大夫，由江南升任梅州尉令，遂卜居梅州，为梅州谢氏姓祖。其后裔散居梅州各地。

家训

孝父母

人无父母不生，生而教养成人，宜思无极。故为人子者，居常则左右就养，过则从容几谏，病则侍奉汤药，残则经营祭葬。在家则婉容愉色，奉命惟谨；出仕则移孝，作忠显亲扬名，方尽子职。若违逆执拗，惰行辱亲，听妻几言，结仇怨对，此不孝之罪。上触天威，下犯国法，宗族不容也。

友兄弟

兄弟为分形连气之人，无论同胞异乳，皆当亲爱。即支子庶子，皆属一体，必兄爱弟，弟敬兄。虽析居分家，无别你我，斯合友恭之道。所有因财产而引起阋墙，听教唆而祸延萁豆，同室操戈，视如仇敌者续栉棣，脊令诸侍当感愧无地矣。

敬长上

长上不一，有在官、在家之长上，不论名爵一端，凡年龄先我者皆是也。务宜种〔称〕谓各正，隅坐随行，揖让谦恭罔敢戏娱。倘干名犯分，目无尊长，或以贤智先人，而凌前辈；或以气血自恃，而污慢高年；或矜富贵，或夸门第，皆为狂悖之行，毋得姑纵。

和邻里

同乡共井，相见比邻，虽不若家庭骨肉之亲，然亦当和睦相尚。故必出入相友，守望相助，疾病相扶持，有无相济。若势利相投，贫富相欺，强弱相凌，大小相拼，或因微资起争讼，或因小忿成仇杀。此为恶习，当戒之。

安本业

士农工商，皆为人生职业。可以承先，可以裕后。故凡兄弟之于子弟，必因才质相近者教之，俾人各有其职，庶不致为无业游民，其有绰白闯奸，游荡不立，其父兄尤当儆戒，否则穷老失归，嗟呵及矣。

明学术

近来学校林立，然学无异，而所以学者异焉。以义理言之，中学纯而西学杂；以功用论之，西学实而中学虚。不有西学，何以与列邦相弛逐；不有中学，何以去存国粹？偏于中者愚，偏于西学躁。惟以中学为体，西学为用，有兼营而无缺点。轻家鸡爱野鹜之俏，何自来哉？如此，则按时而学术克广，斯人材成焉。

尚勤俭

业精于勤，而荒于嬉。古之箴言：勤耕苦读，致富成名。戒骄戒躁和气待人，庶乎近矣。自古以来，杰富名流，儒家创作，无不勤操苦练，而后成功立业。即使庶民百姓，士农工商，首在于勤。四时种垦，鸡鸣夙兴；劳心苦力，戴月披星。五谷杂熟，家户充盈。私债了楚，国课宜清。亲朋往来，鸡黍相迎。

明趋向

制度可改，风俗可移，爱亲敬长，宝为天经地义，亘万古不可移。今之自由云者，自由于法律范围之内，非谓非议可谓、非礼可动也。今

218

之平等云者，非为少可凌长也，卑可犯尊也。人无论智愚，凡分所当为与理所当为之事，黾勉为之。惟冶游赌博、逞凶斗狠、纵酒嗜烟，足以败名丧节，杀身之家。于有此辈，父兄急加惩戒，毋俾不顾廉耻，流为枭獐，殆害族姓。至于渎伦伤化、鼠窃狗偷，上辱宗祖，下玷家声，亦法律之所不容。

慎婚嫁

夫妇为伦之始，治化之源。故儿女婚嫁，必须慎重。所谓嫁女择佳婿，毋索重聘；娶媳求淑女，勿计厚奁。虽然时代变更，趋向婚姻自由，为家长者，仍宜侧面辅导，切勿罔闻，勿使走入迷途。

勤祭扫

坟墓为先世体魄所藏，必时期祭扫。故清明祭墓，无论年之老幼，路之远近，总须躬诣墓所。各致其诚，庶几神歆。

慎交游

交友以信，夫子之教，无如今人外结恶头，内生荆棘。甚至凶终隙末，原其始交之际，未经审慎故也。殊不知，友以义合，必交品概端方之人，才得劝善规过，肝胆相照，缓急有益。若口是心非，则误人不浅，交际往来，一入坏人圈套，为所引诱，则败名丧节，倾家荡产。慎之，戒之。

重忍耐

夫子曰：一日之忿，忘亲及身。诚由于不忍也。诚观举世，多少暴烈之徒，不忍不耐，浅则祸及一身，深则倾家荡产，害及子孙。昔张公艺九世同堂，江州陈氏八百口共食，皆由于能忍。夫万事当前，忍则大可化小，小可化无，不至逞凶构讼，亦不至事后追悔。吾愿族房子孙，若非切己大仇，凡日常小事，忍耐为上。泛应酬酢之间，不已天空地阔哉。

戒溺爱

大抵子弟之率不谨，皆由父兄之教不先。吾族家训，千言万语，俱系责成子弟迁善改过,不如子弟之造就,责在父兄。无论贫富,父兄当知诫子勉弟,示以周行。倘有过犯,家法国法俱可惩治,若姑息养奸,贻累难免矣。

(资料来源:大埔桃源《广东省大埔县桃源谢氏族谱》)

祖训十条

孝敬父母

孔子曰:"父母之道,天性也。"故鸟能反哺,羊知跪乳。人不能全其天性,则禽兽之不若矣。诗云:哀哀父母,生我劬劳。父母对幼婴,提携乳哺,出入顾复,疾病以为忧,教养惟恐失。父母爱子之心,无所不至。为人子者,讵忍不尽心竭力,以答鞠育之深恩乎!岂能忤父逆母,使双亲老而失养、失欢乎!

老吾老,必为人人尊敬;虐其老,必遭世人唾弃。忤逆不孝,为人子而不尽赡养之义务,亦为古今法律所不容。我族如出逆子忤妇,族人可群起而攻之,如不悔改,应送官究治。

友爱兄弟

诗曰:"凡今之人,莫如兄弟。"又曰:"式相好矣,无相犹矣。"古人又云:"兄弟如手足,伤难再续,分形同气,不可亲欤。"兄弟不和,犹手足之不合作也。手足之不合作,何异木偶乎?

兄弟乃一体所分,贫贱与共,痛痒相关。彼贱如己贱,彼贫如己贫。不可因一毫之利,而兴阋墙之斗;不可以一言之忤,而乖同气之情。如遇对事物之不同观点,宜互相忍让,心平气和讨论之。以情为先,以理为准,自然相处怡然也。

敬老睦邻

古人云"老吾老以及人之老",此正敬老之谓也。祖考与嗣孙,如木本怀枝叶也。木不培本,其枝必凋;人不敬老,其嗣必替。同气相感,温馨调和。故祖德贻谋,其功浩大,慎终追远,和亲睦邻。凡我族人，皆宜信守，同宗共本之人，固宜休戚相关，远亲近邻，亦当患难与共，然后方得守望相助，疾病相扶，敬老睦邻之义，庶乎近焉。

勤俭持家

勤者不怠之谓，俭者不奢之言。谚云：勤劳者，有化万物为黄金之能；节俭者，有积少成多之用，有累尘成岗之功。勤与俭，其功极大，治家之道，岂可须臾离哉！

一丝半菽，物力维艰。年丰防饥，当暑虑寒。入奢则易，守俭较难。床头金尽，壮士无颜，妻子变脸，亲不相顾，友不踵门。待至家徒四壁，妻离子散，悔之晚矣。

艰苦创业

文正公曰：天下英雄，皆从艰难困苦中磨出，巨大业绩也从艰苦中完成。此诚至理之言也。历代之开国奠基，皆非易事，举宇宙之英雄豪杰，孰不从艰难困苦奋斗中成功？吾辈若养尊处优，思不劳而获，是痴心妄想。语云：木非斫，不成材；金非锻，不成器。人不经艰苦，不足以有为。吾后裔嗣孙，欲创业，欲进取，必须走艰苦之路，才能兴家富国，以有为也。

奋发自爱

古今之事，遇机缘而成功者，什之一二，奋勉而成者，什之八九。故闻鸡起舞，史标祖逖之鞭；朝夕勤劳，书记陶侃之甓瓮。忆彼古人，何等励志，何等奋勉。吾侪生此人时代中，可不兢兢业业，刻苦自励乎？如学问之进修，精神之振作，道德之尊重，人格之高尚，均必须"吾日三省"者也。

谦恭至诚

周公一沐三握发，一饭三吐哺。"草庐三顾"，乃谦恭之至诚也。世有奸伪之徒，假仁假义，专以欺诈谎骗为能事，罪恶滔天，此社会之蟊贼也。故谦恭必须加以至诚，始能尽人性物性，始可以赞天地之化育，与天地同参。故先哲有言曰：谦则得众。又曰：君子以诚为贵。倘能谦恭至诚，必能是社会之称誉，为生民所信任，四方照应，八方逢源。人岂可不诚实哉。

痛戒赌博

赌博之为害，可胜言哉！大则倾家荡产，小则费时失业。人以有限之精神，作无益之事，一坠迷局，流连忘归，浪荡成性，终日呼卢喝雉，人格逐渐卑下，家财因之而耗散。一旦时衰运去，典衣货宇，卖子鬻妻，家徒四壁，妻离子散，己身无一技之能，族邻鄙笑，亲友绝交，高堂委于沟壑，败德丧行，可不警哉！

培植后志

欲光门第，贵乎读书，后起之秀，尤宜及时培植。当兹科学昌明，民智日开之际，苟不力求知识，实难生存于世界。与其遗财产于子弟，不若灌办事学识于后起。盖国之强盛，本赖科学之发达；而一家之兴旺，尤凭教育之湛深。其培植后起之重，岂可忽略哉！

作风正派

伦常之理，万古昭明。男女不正，其家必倾。郑风淫乱，国亡之征。男损德行，女玷门庭。无论男女，务必行端品正，检束成性，方能家道咸兴。村村乡乡，风气良淳。一家一国，必然兴盛。

家规

教子读书第一

光大门户，莫先教子。并贵有窦，早成惟吕。杨氏著训，孟母重徙。良规具在，所当仰止。学业既富，人自贡举。大则展勋，猷于朝廷；小则拾芹，藻于泮水。父母亦与有光荣，疏远亦乐为亲迩。

孝敬父母第二

人子立德，孝行是先。父母生我，罔极深恩。竭力尽敬，顺志承颜。夏清却暑，冬温御寒。扬名以显，采舞以罔。宽酒食，虽要色，笑为难。

务本力农第三

民重粒食，教子稼穑。春耕夏耘，出作入息。虽本地利，实藉人力。三时不惰，自有储积。仰事俯蓄，不惧偏谪。衣食既裕，合室悦怿。

持家俭约第四

一丝半菽，物力维艰。年丰防饥，当暑虑寒。从奢则易，入俭则难。一朝金尽，妻子变颜。亲不相顾，友不踵门。待至四壁，悔亦徒然。

和睦宗族第五

凡我九族，本是同根。枝叶虽异，姓氏不分。当加敬恤，休生嫉嫌。和气征祥，暴慢得愆。温恭逊顺，远近称贤。无乖无戾，子孙绵绵。

怜孤恤寡第六

恻隐之心，人皆有也。穷困危难，观之泪下。坐视不求，尔心奚写。文王施仁，必先四者。我家既裕，必须借假。虽不感德，我施当舍。

尊敬师长第七

天地之大，师并君亲。生虽父母，非师莫成。面命多劳，耳提费心。教我以德，诲我以仁。开吾觉悟，指吾迷津。立雪厅讲，始成芳名。

息族是非第八

宗族相居，嫌疑易起。出入时见，基隔尺咫。若有异言，一出知矣。亲疏上下，当相劝止。公是公非，毋有偏倚。合族和睦，斯为佳美。

多取益友第九

友不若己，古人是拒。败德损行，多由于彼。惟此益友，直谅是
以。禁我为邪，规我崇礼。用可弹冠，急可救死。任黎高风，管鲍
至谊。

严别内外第十

伦常之理，万古昭明。男女不正，其家厥倾。郑风淫乱，先亡之
征。男损德行，女玷门庭。内外严肃，可敛邪心。检束既久，习与
性成。

（资料来源：蕉岭《东山堂景星谢公祖脉族谱》）

晋太傅文靖公垂训

尝思家之有范，欲子孙世守，罔敢逾越也。然一父之子，贤愚各
别，况族姓繁衍，保无一二顽劣，荡检逾闲，以环高曾矩训者乎？若非
曲为开道，何以成家教而厚风俗？自今而往，凡我子孙务须互相劝诫，
聪听祖宗遗训，庶几贤良辈出，不愧为人家子孙也。所有规条，缕具
于下：

敦孝行

人生百行莫大于孝父母，逮存时必须先意成志，凡分所当为，力所
能为者，一一致之于亲，庶于子职无亏。若门内稍有惭德，则大本已
乖，万事瓦解，纵富贵功名显赫一时，究于人道有愧。凡我族中，其以
此为首务焉。

笃友谊

孩提知爱，稍长知敬，此乃良心，亦天理也。兄弟乖离，手足生
伤，是人家大不幸之事，有筹无耻之辈，或听妇言，或因财利，遂致兄
弟阋墙，相尤相怨。试问同胞所生，于心何忍？圣人云："兄弟怡怡，

须三复焉。"

和宗族

本支百世，同出一脉。无论亲疏远近，无事宜相友爱，有事宜相矜恤。偶有不平，彼此含忍，纵使情理万分难堪，须从容理论，不得动行攘臂操戈，或添情诬告，以滋讼事。其有以强凌弱，以众暴寡，以贵欺贱，以富吞贫，尤为不念祖宗之人，祖宗所以不佑也。如违重责。

正名分

一族之中，尊卑有等，少长有序，务使等级森严。凡坐处起立，必循其分。古者父母伯叔在坐，则子侄虽老尊贵，亦各序立其旁，必长者屡命，然后揖就别席而坐。在家中是，在祠亦然，即道路行走，亦莫不然。近世蹲踞傲慢，疾行先长，薄俗可鄙，所宜深戒。

重坟墓

子孙之有祖宗，如水木之有本源，所关为甚重大。先世坟墓，祖宗骨肉所在，岂可毁伤。若年久抛荒，置之不问，任人侵害，是拔本塞源，而欲枝茂流长，必不可得。凡在族中，无论远近，每年祭扫之期不到者，议罚！如有自伤祖坟者，家法重治。

务本业

士、农、工、商，各有其职。秀者为士，当思奋志功名，光大门第；朴者为农，当思仰事父母，俯给妻子。或事工、商，俱各勤其所业。若一游惰，必至流落，渐渐流入匪路，未免为族中所弃。他如妇人冬纺夏织，亦其业也，时加劝诫，毋使放逸，方资内助之贤，久为治之道。

顾廉耻

族大人稠，富贵者多，贫贱者亦不少。但人不论贫富，总以勉为正人为要，纵极穷薄，必务正当生理。其或结交匪类，所行不轨为穿窬捞摸等事，是为大玷祖宗。固于所犯之子弟难赦，尤于疏教之父兄是问。愿吾族子孙，世世无此等事也。

息争讼

不特包揽唆摆，外干国法，内玷家声，即听人唆纵，以讼为能，亦非吉祥人家之子孙。尝见好讼之人，破家荡产，兼之子弟习为故常，日逞刁风，凌虐乡里，欺吞宗族，无所不至。能守大事化小、小事化无，人不让我、我却让人之训，则终身无讼，而家道昌矣。

严父训

子孝臣忠，夫义妇顺，伦理如斯。每有悍顽之妇，不敬公姑，不和妯娌，甚至传茶酗酒，东奔西逐，朝朝聚谈，搬生是非，日斗口角；而无用之夫，任其放纵，置之不问，成何家道？凡为夫者，务各教导，毋自辱焉。

婚配必告祖

古礼也，新婚焉，即续娶亦莫不然，盖告祖而使祖宗知之，亦可使伯叔知之，因而登之喜牒，名正言顺，不至违礼。若继娶爱妾，不具礼告祖者，与野合何异？无论本妇不得入谱，即所生子女亦不许入谱，以昭严甫。

继嗣必告祖

请齐房族，考核姓氏世派，订立嗣帖，可登家乘，免玷宗祧。若不告祖宗，通房族，其中必有情弊，不许入谱，以免混乱。

平远差干劝人戒嫖赌歌

嫖货阿哥贱骨头，检兜忧虑检兜愁，行了几多冤枉路，过了几多霜雪桥。

嫖货唔系好名声，被人讲衰又受惊，有谷拿来落秧用，始终浮起人看轻。

斑鸠落地咕故咕，嫖货赖子大番薯，他人养子你么份，死里么人端香炉。

赌博二字切莫沾，不义之财唔好贪，且看前人可借鉴，田园家产赌到光。

田园家产浪荡光，还有离妻嫁女卖儿郎，待到清醒后悔时，目汁双双泪两行。

赌博确系害死人，几多和睦好家庭，因为男人去赌博，妻离子散各一方。

涯今来讲大家知，凡系做事要三思，千万唔好去赌博，至嘱至嘱要切记。

（资料来源：平远差干《平远差干谢氏族谱》）

祖公遗言诫后人云

人生不满百，常襄千岁忧。奈何光阴似箭，日月如梭，梳中白发，暗里偷生，日渐西山，桑榆暮影。倘朝廷既加冠带累子孙，失于礼仪，上不敬祖宗，下不爱子孙侄辈，言词无逊顺，文理不能谦，诚恐自家不保，故遗此戒之。

戒曰：子孙必敬尊，忧天地，孝顺父母伯叔，和睦乡里，尊敬长上，不得计利，大秤小斗，瞒昧卑幼，贪花恋酒，懒惰赌博。诗书宜攻之，窃贼切莫为，贱投莫为之，坟墓须祭扫，门户要匡持，纲常勿扫地，见富休忌妒，见贫莫欺凌。古云：富贵莫贪贫卑幼产，贫穷莫与贼相交。百年之后，不作佛事，只依家礼而行。若尊此言，子孙奕世蕃衍，决不虚言，流传后世。

明正德十三年戊寅岁正月初十日

（资料来源：梅县白渡《广东梅县谢氏族谱：大坑头天佐公房系存谱》）

治家训导

立志

人生须立志,有志者事竟成。有了志向,作事有方,刻苦努力,定能实现,坚持志向,幸福无疆。

立业

人生必立业,无业误终身。生活需费用,举家之衣禄,不可少矣,亦不可不勤。工业、农业、商业、产业,皆须夙兴夜寐,毋游手好闲,懒惰无嗜。酒色贪花勿嗜,赌博抽烟,荒功〔工〕废业,贻误终身也。

学艺

学工艺为终身之本。有一艺成,己身衣食无亏,发家致富不在难。惟恐始勤终惰,立志不坚,虎头蛇尾,百无一成,终身废人耳。尔当勉之。

立道

人有五伦,古今天下之大道也。正道人钦,邪道败身。在家尊重长辈祖父母、伯叔、母婶,和睦兄弟、子侄、兄嫂、弟妇及六亲眷属,均是骨肉之情,务宜孝顺奉亲友。祖为先,不可悖逆,模〔横〕行乱伦,无理取闹,以至同室操戈,违犯法纪。如有此辈,通族公决处治。

立节

五伦之中有尊卑长幼,人之所其也。家有叔伯兄弟,为子侄者,具宜兄友弟敬,恭顺和睦;不得逞凶斗殴,秽言凌辱,污伤人义。至于称呼,也要有序,不许乱言无忌,如有不礼者,以家规处治。

正术

人之心术,赋性本善。心术好坏,多于平日之积习,乃至道义之损。凡人幼时,为父兄者须教其礼貌,训以义方,勿至心术变坏。子不教，父之过；女不教，母之错。以贻误终身，是父母之毕也。

正行

人生于世，品行为先。内则族戚，外则明朋，皆以品行定终身。所以人贵忠诚，不可欺诈；忠仁义，不可奸险；贵礼信，不可轻薄。生死由命，富贵在天，二念必诛之。模好品行，端德业进矣。

谨言

书之惟出口，好兴〈戎〉。古语云：躁人间词多，吉人少问词。盖言不可不谨也。嘲语伤人，痛如刀割，以至口角成仇，官司结恨。大则倾家丧身，小则败名丧节。其非不轻，不可不慎。

忍让

好事者必亏，忍让者必贵。遵理者人人敬佩，无理者众人指斥。善事可作，恶事莫为，善恶必报。忍得一时之气，免得百日之忧。凡事须三思而行。思百忍如何而雅，让三分何等清闲。

商决

为商作价者，以专心之志为上。资本无论多寡，以笃实忠厚为先。有信实，有口齿，童叟无欺瞒；毋傲慢，毋唯利是图，均宜公道；勿亲非党，恐误身家；务要刚柔相济，勤俭为先，乃为经商之要诀也。

为家

成人有家，无家不成人。家庭成员，务须爱家、为家，维护家庭利益，应团结和睦，尊老爱幼，互敬互爱，互相帮助，有福同享，有难同当，不许有败名丧节、吵闹打架、挑事弄非的败家风行为。违之依家规处之。

(资料来源：丰顺《丰顺谢氏万一郎宗谱》)

家规十五则

一、祠堂崇奉先世溯，望必恭，远游必告，佳节必薦，祭祀必诚。

二、坟墓乃祖宗藏千百年遗体，葬处必慎，不可轻迁轻易。

三、家长必尊严，方可训导子侄，垂示后人。

四、子孙须教，无论智、愚。智者教之，益生其智；愚者教之，无失其愚。

五、妇人不可使与外事，最忌祷求出入尼姑寺门，以致败常乱俗。

六、婚姻不可论财，论财必入小家，多失大礼。

七、日用服食器具必洁，宁俭毋奢，方合久远规模。

八、亲戚往来，酬酢之礼，必诚必敬，不可留流连，不可过度。

九、家塾当设，得以日就斯文，不入鄙陋粗俗。

十、士农工商，处处辛勤，则有成而老败，到底不患饥寒。

十一、坟墓当及时祭扫。不祭扫是与祖宗不相往来，其能佑尔乎？

十二、族类当辨，不可认假成真，以混世系，以乱宗支。

十三、名分当立，方有尊卑。左右得以整顿家风，操持矩度。

十四、宗族当睦，始生仁。让避去嫌疑。

十五、谱牒当修，盖谱牒乃世系之源流所由系。不修则残缺失次，且须多抄录数卷，使读书者各存一卷，庶历世久远而此忘则彼存，可无遗失之患。孝子顺孙，宜体此意。

（资料来源：梅县松东《梅县松东谢氏族谱》）

宗祠家训十则

笃孝友

有子曰：其为人，曰孝弟。孝弟也者，其为仁之本。与仁，即良心也。孝弟，良心之发现也。人乘天地之正气以生，莫不知有良知良能。凡为人者，当知孝于父母，友于兄弟。保此良知良能，以尽厥职也。夫孝者，不在乎盘之养，而在顺承意旨，博其欢心。弟者，不在乎随行偶〔隅〕坐，而在推恩锡类，和乐怡怡，将见一家之中。父兹〔慈〕子孝，兄友弟恭，同心同德，长幼整肃。故诗曰：兄弟既翕，和乐且湛，宜尔室家，乐尔妻帑。夫予诵此，诗而赞之曰：父母其顺矣乎。吾愿同族中孝友敬恭，各尽其道，奕世相承，不但家人福，亦且宗族之光也。

睦宗族

书曰：克明峻德，以新〔亲〕九族。何谓九族？上而高曾祖考，下而子孙曾玄，此系血统之亲，尤当注意者也。至于五服之外，同源分流，人从〔众〕世疏，亦不可歧视。一族之中，富贵贫穷不等，有尊贵者，富贵者，沐祖宗之余荫，自当怜幼弱，恤孤寡，用窘急，解纷争，相助相顾，相亲爱。虽世系有亲疏，自宗祖视之，则皆为其子孙，无分厚薄也。吾族人当以祖宗之心为心，自知宗族之宜和睦矣。

兴礼让

孔子曰：能以礼义为国乎？何有不能以礼让为国，如礼何？治国，尚需礼让，而况治家乎。吾族中，有尊者、老者、贵者，此不易得之人也。吾人以尊者，必恭敬，退逊不敢触犯，以崇之于老者，必拱持保获，事以高年之礼，以安之。至德行俊彦，为一族之祯干，是贵者也，当亲炙之，景仰之，每事效法之，忘年忘分以敬之。此三者，不论远支近支，言论必加逊顺，坐次必宜退让，凡事启命而行。将见一族之中，父与父言兹〔慈〕，子与子方孝，兄与兄言友，弟与弟言恭，肃肃雍雍，礼让兴而家道昌矣。

养廉耻

君子所以异于众人者，以其有廉耻之心也。久无廉耻，则禽兽不若矣。吾愿同族之人，均以廉耻相尚，非礼非义之财不取，机巧变诈之事不为，不事营求不行赞谒，安分守命。正己正人，自不为寡廉鲜耻之事矣。尚其勉励。

崇节俭

管子曰：仓廪实而知礼节，衣食足而知荣辱。人之一生，能稍丰足

231

者，皆从节俭而来也。无论农工商学兵，宜安本分，量入为出。宁可使其有余，不可使其不足。除仰事俯蓄之外，无事均宜守约。冠婚丧祭，称家有无，不可过费。吾愿同族中人，于节俭示后，则子孙可法；以节俭率人，则敝俗可挽。果能如此，治家处世自不失为谨厚。君子为众望所归矣。

肃闺门

易曰：男正位乎外，女正位乎内。一家之中，男女有别，内外整肃，即是奂家气象。凡男人必出外谋生，岂能坐食治家之事，多妥妇女亲族往来人情事务，以及家人出入，毋敢陨〔逾〕越。夫家贫富不齐，如贫寒之家，盍南亩操井，白入市肆，势所不免，必须言语谨慎，举止端方，守清白之家风，遵男子之教戒。诗曰：妇有长舌，维厉之阶。乱匪降自天，生自妇人，故君子能修身以正家，其闺门未有不严肃者也。

安本分

君子素其位，而行不愿乎，其外富贵贫贱各有定分，勿见人之富贵而欣羡，勿因己之贫贱而怨尤。尽其在己，听之于天，随遇而安，各守本分。吾愿族中子弟，毋以富而奢侈，勿以贵而骄鹜，毋以贱而缵营，毋以贫而卑谄，随分随足，浩〔怡〕然自乐，庶可为天地间之完人，亦不失为吾宗之肖子。

遵法制

先正制，冠婚丧葬之礼，以范后人，载之于经，俾后世遵守。我谢氏为世望族，尤宜遵礼而行，以为风俗，倡民间习惯，冠礼廉婚礼而行，从节俭，免麻烦也。凡男女长大成人当及时婚嫁，朱伯庐曰：嫁女择佳婿，毋索重聘；娶媳求淑女，勿计厚奁。只求门户相当，身家清白而已。不幸遭父母之丧，宜尽人子之职，慎终追悼〔远〕，称家有无。孔子曰：礼，与其奢也，宁俭；丧，与其易也，宁戚。至于葬殡之事，不可久停梓枢，以谋风水信堪舆之迸。拜杭谋吉良以异日之富贵，忍心以父母之骸骨为市？吾愿同族中人，遵先王法制，尽一己之力量，恪守礼节，家道其克昌矣。

广教育

古者，人生八岁入小学，十五入大学，各因其才，而教之法，至善也。我族人众，贫富不均，其子养有无力就学者，即以孩提之始，先以家庭教育，令其识字释义，应对进退，行止端方。于幼小时以立基础。迨六岁以后，使之入小学授课之外，即教以八孝出弟，谨言慎行，爱众亲仁。人能知此大义，将来学农、学工、学商或入伍，亦不致目不识丁，盲〔茫〕无所从。至于俊秀之弟，由小学中学毕业后必令其入大学，造成经天纬地之才，为家国之祯干。庶几幼学壮行，扬名显亲，是国之庆，亦家之光也。

重谱牒

谱牒所载，皆宗族祖父名讳。嘉言懿行，世系宗派，一览周知。凡有领谱帙者，收藏宜慎，保持久。谱中载有家规条目，宜时加翻阅，心体力行，遵守勿犯。为家长者，须恺切讲明，俾子孙知家教之严肃，宗支之繁盛，如有轻视谱牒，狼藉污坏，必严加督责，将谱牒掣消，于示儆戒。

（资料来源：兴宁水口《兴宁水口小丰九社会前谢氏族谱》）

徐

【姓氏来源】根据蕉岭徐氏族谱记载，三十三世祖鹤龄公初居于广州附近。时值地方扰乱，遂迁于江西石城县创业，为始祖。鹤龄生子七郎，七郎生三子：一郎、二郎、三郎。一郎生一子炳，炳生一子四一郎，宋末，由江西石城迁福建汀州府上杭县陈东坑（今永定徐岭）。其后子孙分派梅州的丰顺、梅县、蕉岭、大埔等地。

家戒八条

戒怠惰

谚曰："朝廷无空土，世上无闲人。"父母生子，养至十五六岁，鞠育顾复，费尽艰辛，教读婚配，许多劳苦，指望箕裘，克绍堂构相承。假如颓惰自甘，一艺无成，游手游食，流入匪党，父母为之痛心，族戚为之大息。凡我族人，务宜勤励自强，切莫早眠晏起，艰巨自任，不宜有始无终。果而力勤不倦，日起有功，庶几人人为尔父母庆曰：幸哉有子，由是丕振家声；担当宇宙何难之有。古语云："受不得苦中苦，做不得人上人。"信然。

戒奢华

孔子曰："奢则不孙，俭则固，与其不孙也，宁固。"盖谓奢侈无节，必致财谷空乏，挪借不偿，渐至寡廉鲜耻，习为不逊之事，是不若固陋贻讥，犹可，以不伤财不害人，亦不失己也。凡我族人，衣食器具等件，宜从俭朴，母〔毋〕涉浮华。朱子曰："器具质而洁，瓦缶胜金玉。"斯言可味。至于婚嫁醮祭，宾朋往来，亦宜称家有无，酌量丰啬，有无过礼，以合度为贵；苟无矣，又搬扯门风，以图脸面，恐日久不继，转觉汗颜。务留有余不尽之财，则生计不窘，而基业可以世守，虽白手亦自成家。

戒嫖荡

朱子曰："见色而起淫心，报在妻女。"又曰："万恶淫为首。"谚曰："十场人命九场奸。"然则人生易染而又绝不可染者，惟嫖为甚。盖奸人妇女，伤风败俗，明干国法，幽干神怒，一时失足，终身莫赎。凡我族内子弟，纵对如花如玉之貌，常存若姐若妹之心，倘心为之思，目为之注，身与之近，话与之调，相投则两失，其足见拒则自取谤辱。故艳冶当前，切宜知戒。至于青楼妓女，秽毒恒多，入其中者，或染恶疾而丧身绝嗣，或耽宴乐而荡产倾家，理有固然，势所必至。为子弟者，当畏如蛇蝎；为父兄者，当严为防范。如本族淫乱，则是情同禽兽，一经发觉，男逐女嫁，决不姑宽。

戒赌博

礼曰："临财母〔毋〕苟得。"盖谓钱财各有分定，不可妄取，妄得乃世风不古。赌博盛行，无论乡、市俱有赌局；至逢赛神演戏，更有赌局。良家子弟，咸被引诱，殊堪痛恨。况一人赌局不论斗牌、碛宝等款，赢又想赢，输图搬本，不顾父母之养，废寝忘餐，荒工失业，那知开赌之流，奸险已极，始则故使之赢，以坚其贪黩之志，继则党为之蛊，以倾其囊橐之金，使尔当尽卖了，无计生活，剥得赤身露体，因成狗盗鼠窃。外有碛标点图，更属阳间害人，阴间害鬼，其惑最易，其祸最猛。英雄豪杰，红粉佳人，曾有因标毙命者。凡我族人，务宜各教子弟，勿入赌流，勿听标哄。有一于此，互相儆戒，在外则执之归，在家仍重为责改而后已，庶赌风泯而家风自盛。切切母〔毋〕忘。

戒盗窃

盗窃之行，上辱祖宗。皆父兄之教不先，致子弟之率不谨。倘族内有妄行盗窃者，律干重究委，果事系属实，削去其谱，永不得归宗，并重责其父兄；若其子生于未犯之前者，许其入宗，生子既犯之后者，概行屏逐。愿族人各宜谨凛，共敦廉耻为幸。

戒洋烟

洋烟自外传来，流毒中国，伤生败家于今为烈。视观食毒者，不惟奸淫邪道共卧一床，自失其品；而且气血干枯，肢体羸瘦，甚或酿成喘咳、肩耸、目斜、阳痿、绝嗣、浑身糜烂。而之诱毒者，常以敬烟为名，一经抽一枝则上瘾，非其不爽，倾家荡产不为足。是故外出，不相识者敬烟，绝不可接抽，以免上其当。据报导：一经抽上一口毒品，以千万家财付之一炬之中，不以父母妻子为是，最终全身糜烂告终。是故，族人不得等闲视之，一经发现族人吸毒者，力劝戒之，并报官，以期戒绝，是伸其义也，为族人其父母妻子着想也。至嘱！至嘱！

戒争讼

语云："居家戒争讼，讼则终凶。"夫讼由争起，争为讼阶。故戒讼必先戒争，戒争必先明让。畔行让途，揖让成风，所以无讼。后世多讼者，弊皆由于知责人不知责己。因锥刀而构怨，逞血气以凭凌，彼以一朝之忿，讦讼公庭，是不知讼之为害最深。小则费时失业，大则荡产亡家。与其穷极而悔，曷若先事而防。凡我族人，遇不平事，务必先让一着。语云："忍一时之气，免得百日之忧。"至有挟私仇，不念宗亲，因小忿罔知大义，变起阋墙，害延族姓，轻则当族责惩，重则禀官究治。至于外人争竞，族中宜竭力排解，不可扛帮；或遭外侮被受欺凌致受屈辱者，务要协力扶持，俾得求伸，以安乐业，幸毋坐视，以废族谊。庶争端永靖，而家业可以长保。

戒斗殴

仲尼曰："血气方刚，戒之在斗。"孟子曰："好勇斗狠，以危父母，五不孝也。"而世人多好斗者，是不知一朝之忿，亡其身以及其亲。但逞血气之勇，率意径行而不能养气耳！夫养气莫先于自反，自反则我之气平，而人之怒亦渐灭，何斗之有？凡我族中有刚强子弟，务宜于幼时遏抑，见龃龉白眼对人者，辄扑诰诫，务使燥释，矜平而后已。若徒以斗殴为能，无论自伤、伤人而一经失手，后悔莫及，戒之戒之！

徐

家训八则

孝父母

父生我，母鞠我，教读婚配，百计经营，无非为其子谋。少时咸知依慕，比长受室，每厚枕边，薄堂上，父母愈老，子情愈薄，以致父母忍气吞声，时时抱恨者，是得罪父母即得罪天地也，天地岂能容乎！凡我族人，急宜猛省，毋遭天谴，毋干族惩，幸甚。

友兄弟

兄弟犹于手足，少时天性未漓，无不相亲。比长以后，听妇言，乖骨肉，瑕〔罅〕隙遂开。或以食口较多而生嫌隙，或以此贤彼拙而怀鄙夷，或以为异母所出而存歧视，以致分家析爨争长竞短，哓哓不已，甚至公庭讦讼。同室操戈，天理何存？人伦何在？兄弟之间，无论孰是孰非，须当再三忍让。每见兄弟和好之家，日新月盛；不和好之家，立致消亡。及早慎之。

重祖先

先人往矣，其迹何在，在乎坟墓祖堂而已。故祖坟虽远，祭扫必亲。一以伸霜露之情，一以防侵失这〔之〕弊。祖堂虽小，享祀必集。一以伸拜献之忱，一以全敦睦之义。至于祖业，乃先人血食所在，后人义举攸关，均宜世守勿替。倘有谋分祖业，□骗会众者，会族严责处罚；若仍顽梗不化，藐视先人，宗义已绝，当逐其人，削其谱，禀官究治。至辨理公事，矢公矢慎，毋得假公济私，侵蚀公项。不然则查实勒补，另举正直有才能者经理。

爱国家

国家者，人民之保障；人民者，国家之基础。国无民则无以成立，民无国则难以生存。吾人既赖国家才能生存，自应输捐出力，捍卫国家；至于完粮纳税，尤为人民应尽之义务，更宜先期输纳。若典买产业等契，亦宜随立随税，既表热烈爱国之忱，且免胥吏骚扰之患。朱子

237

曰："国课早完，即囊橐无余，自得至乐。"诚至言也。凡我族人，倘有拖延粮米，隐瞒税契，不但国法难逃，族众应先惩治。

睦宗族

宗族乃休戚相关，理宜式好无尤。倘所行不轨，残害一本，恃尊压卑，以少凌长，强欺弱，众暴寡，挟同舞弊，不经族人理论，遂行构讼，或走风送信，教唆外人而伤本族，或含沙射影，教唆本族而使参商，或因小忿而弃懿亲，或挟私仇而废大义，均属可恨可痛。族长务必秉公持正，据理论责，使之改过自新。如有强顽不允，鸣官究治，削去谱名，不许归宗。至若逼勒诳骗，无论滋事于本族外姓，经官审明情亏者，亦不齿于族。若果被人欺凌，族间务必出身扶助，不得坐视弗救。愿我族人，忠厚传家，各端心术，惩忿窒欲，整饬纲常无忽。

正婚姻

男以女为室，女以男为家。择之不慎，最足贻患。朱子曰："嫁女择佳婿，毋索重聘；娶亲求淑女，毋贪厚奁。"诚格言也。至低人下户，不齿人群，荡检逾闲，素无家教，虽厚拥资财，立见消亡，夫何取焉？至同姓不婚，自古已然；嫂叔别嫌，于今未改。彼兄亡而娶兄妻，弟殁而纳弟室，名曰转婚，大伤伦理，例在不赦；又或族疏而结秦晋，祖远而配鸾凤，虽曰同姓不宗，究竟本源同一。斯二者，大义攸关。犯者削其姓字，勿使玷我祖宗，特揭之以示警。

教子弟

欲端人品，必择益友；欲振家声，必读诗书。若家有读书之人，则礼义可以讲究，纲纪足以维持，忠孝节义从此而生，功勋德业由此而建，其关系岂浅鲜哉。即或聪明有限，不堪造就，而曾读几年书，识几行字，亦有受用。为父兄者，岂可吝其束脩而不殷课读，以致可造者无成，不可造者遂一字之不识也。虽然诗书已读，交游又不可不谨。试观人家子弟好者，半由朋友做成，不好者亦半由朋友带坏。今有一等邪僻之人，引诱良家子弟，吹弹歌唱，花酒赌钱及食鸦片，浮华放荡，朝薰夕染，性情因而淫靡，识见因而卑污。辱身丧家，莫此为甚。愿我族人，严束子弟，以绝比匪之伤，收讲习之益，庶几人品端而家声振。

徐

勤职业

一族之中，四民俱焉；各有职业，总宜勤习。为士者，读圣贤书，当思希圣希贤，人居世上，当思济世济人，酝酿既深，英华自著，上可以文章华国，次亦不愧经生，为乡里所矜式。为农者，深耕易耨，地不可使有余利；出作入息，人不可使用余闲。庶足以耕三余一，耕九余三，仰事俯蓄，可以无憾。为工者，一艺称长，食其食，必事其事，要在精于勤，毋荒于嬉，通工易事，以养父母妻子，与农事亩一也。为商者，阜通货，财务宜诚实，以资本为重，切不可浪荡浮华。盖此刻人心崄巇，稍不自觉则妒者忌者乘间而入，多方引诱，进其笼络，丧尽资本。要必严以自持，和气公正，方足以云生财有道。倘有好逸恶劳、不务正业、学习邪教、私结党盟，大干例禁，法所不容！其亲房房长，必查实禀究，然后告知祠内，削去谱名，以免牵累，否则并将其父兄，从重处罚。

（资料来源：平远《晓英公世系徐氏族谱》）

【姓氏来源】根据梅州杨氏族谱记载，杨氏入梅始祖杨云岫，在唐中和元年（881）出生于浙江，由进士官授都御史出刺潮阳，诰封朝议大夫，后迁居梅州水南里，筑室建轩而家。

家规家训（遵朱子格言）

顺父母

父母者，天地也。顺父母即顺天地，逆父母即逆天地矣。故百行以孝为先，养育之恩永世难报。孝顺必有孝顺子，忤逆终养忤逆儿。只顾妻子儿女而不赡养父母者，如禽兽也。敬老好儿女，为人知之榜样。虐待父母者，家法之训处也，国法应惩之。

睦兄弟

兄弟者，手足也，骨肉也。世间最难得者，兄弟也。兄弟间，或因语言伤和，或因财产相争，或听妻子谗言，萋菲便成贝锦，以致骨肉相残，大则惨伤拘讼，互打官司，小则朝夕怨言，一时之忿，终身阋墙。所谓内室操戈，或家破人亡，或不如相交朋友，成为父母之过错。你本身又何必生儿育女也！为人者，以友为兄弟，族人当睦更有于别。宗族之兄弟，是一脉相传，何又不如朋友也。

和宗族

宗族者，同宗共祖之人也。虽有亲疏贵贱之别，其始同出于一人之身，故尧典曰：亲睦九族。周室则大封，同姓宗亲之谊，由来重矣。今世俗沦薄，间有挟富贵而厌贫贱，恃强众而凌寡弱者，独不思富贵强众，为祖宗身后之身乎。观于此，而利与害共，休戚相关，一体同视可也。凡我族人，当和宗族。以强欺弱者，家法诛之，国法惩之。

完国赋

赋税者，朝廷国课也。依期交纳，及时完成，是公民之本分。抗税不交，抵赋不纳，有损于自身的人格，拖欠欺骗，贻误乡村，严重者则受法律之制。凡我族众，应以自觉完成所任赋税，则是报国之表率也。

务勤俭

勤俭者，起家之本，传家之宝也。立业之基，人生所当务也。勤而不俭，则财源于奢；俭而不勤，则财终于困。人世间，常见名门世族，莫不由祖考勤俭，以成立之本，下代之福；莫不由子孙奢侈，以败家业之旨哉。是言，盖俭则富贵长保，家计不难振兴。倘男子不务耕作，女不事机杼，好逸恶劳，鲜衣美食，一旦娇惰，习惯俯仰无资，将祖资财一败而空，拖衣漏食。凡我族众，当务勤俭。

勤耕读

我祖教诲，守祖宗一脉相传。克勤克俭，教儿孙两行正道。宜耕宜读，耕读者遂生复性之良策也。王政首重，农桑大学，必先明德，语云：地内出黄金，一字值千金。又古训曰：少壮不努力，老大徒伤悲。有志者，事竟成。一夫不耕，或受之饥。又曰：子孙虽愚，经书不可不读。凡我族人，当勤耕读也。

谨丧祭

丧祭者，慎终追远之大事也。丧尽其礼，祭尽其诚。父母应己在生之时，尽力供养，逝后要从俭治丧。勿须无财大操大办，丧事从简，也不能俭而不顺民情。凡我族人，当谨慎治丧者也。

肃闺门慎嫁娶

闺门，为起化之源，家规不可不肃。男大当婚，女大当嫁，古之常情。应扫除旧的男尊女卑、重男轻女的思想，提倡男女平等。嫁女乃人伦之始，联婚不可不慎。男女婚姻，不能包办代替。嫁女择佳婿，娶媳求淑女，勿计厚奁，勿重取聘金，贻误后世子女。凡我族人，当共凛之。

安本分

本分者，人生分内当为之事也。未老不能享老之福，未富不能享富之福，未官不能享官之福。凡事尽在其中，不以干名犯义，而取优辱。人要经少中壮老，享要与年龄相当，超前享受害自己，勤劳勇敢富终身。安分守己，立志做人。好逸恶劳，贪图享受，葬送自己。凡我族人，应共戒之。

禁非为

守法奉公，全躯保身之要道。灭理犯义，亏体辱亲是污行。工、农、商、学、兵，各有本业，为官为民，社会之分工。偷抢嫖娼，为非作歹，法律之不容。为人者，切忌把个人幸福建筑在他人痛苦之上。目不视恶色，耳不听恶声。长幼有别，老少有分，敬老尊贤，社会之美德。好淫喜赌，则是偷盗之祸根。吾族忠厚传家，清白世宗，岂容不肖子孙败坏家风。凡我族人，立应禁之。

守公法

公法乃治国之本，执法是爱国公民；杨震家风名千古，清白世代把名扬；文明礼貌人称赞，知法犯法罪应当；当官要为民谋利，为民要为国担当。

记铭言

黎明即起，洒扫庭除，要内外整洁；夜睡早起，关锁门户，为安全着想。

米粟一粒，半丝半缕，银钱毫分，当思来之不易。祖宗虽远，祭祀不可不诚；子孙虽愚，诗书不可不读。居身务求质朴，训子要以孝义方，言传身教，当启蒙者。一言一行，必须有利于儿女成长。莫贪意外之财，勿饮过量之酒。肩挑贸易，勿占便宜，见贫苦亲邻，必加温恤。刻薄成家，理无久享。伦常乖错，立见消亡。弟兄叔侄，勿争多论寡；长幼内外，宜法肃词严。听妇言，乖骨肉，岂是丈夫？夫妇平等，互相体谅，才是男人！勿歪戴帽子斜穿衣，正人先正己。重资财，薄父母，不成人子。嫁女求佳婿，勿索重聘；娶妻求淑女，勿计厚奁。见贫贱而有娇态者，贱莫甚；见富贵而生淫者，最可耻。居家戒争讼，讼则终凶。处事戒多言，言多必失。依仗势力，而凌孤逼寡，捧红踏黑，非人生之价。欺穷敬富，乃不道之人。

六言家规明训

古遗家规明训，裕后房族儿孙。先祖历代厚德，尔我后人沾恩。但我族众人繁，贫富不以均匀。富者休夸福分，穷者莫怨祖人。人生勤俭为本，懒惰难了终身。父慈子孝尊重，兄友弟恭和平。有子必须教读，有女谨慎闺门。幼儿从小教训，惯惜娇养不成。年轻学习正业，吹赌两字害人。财要公平义取，酒能好人误人。兄弟同胞手足，休听闲言伤情。昔有张公百忍，九世同居不分。江州陈氏孝和，家口七百余人。家和人兴财旺，勿以小利相争。亲富难靠大力，好歪还是族人。邻里乡党和好，是非不入其门。九族五伦敦重，国家法纪钦遵。此系人伦道理，族正万古标名。世有朱子家训，后代传子传孙。

戒谕族众

要父义母慈，兄友弟恭，子孝孙顺，夫妇有恩，男女有别，妯娌相和，姊妹相爱，子弟有学，乡闾有礼，贫穷患难，婚姻相扶，死丧相助，农无惰耕，士无惰读，商无惰出，工无惰作，女无惰织。毋作贼盗，毋学赌博，毋好吃讼，毋以恶欺善，毋以富吞贫，毋以势欺弱，毋听小人教唆，毋听妇人谗言，毋谈官吏长短得失，毋议他人是非曲直。不可从道士烧炼，不可信浮屠看经，不可容师巫出入，不可容媒娟往来。见善必亲，见恶必避。凡我宗亲，务必遵守。

正家训

孝父母，敦人伦，睦宗族，明尊卑，敬长上，亲手足，和夫妇，爱子女。严家训，正婚姻，重文化，爱科学，尊师长，专习业，和邻里，避是非。义亲情，信友谊，重耕读，尚勤俭，倡义举，爱公益，奉公法，安本分。崇文明，齐风俗，喜必庆，丧必吊，纠必解，困必助，讲团结，共和平。

家规

不准虐待父母，背离伦理。

不准忤逆无道，不孝行为。

不准歧视兄弟，姊妹妯娌。

不准在族淫乱，禽兽行为。

不准虐待子女，重男轻女。

不准夫妇相欺，损害家庭。

不准包办婚姻，骗取钱财。

不准血亲结亲，影响后裔。

不准奢侈淫逸，败坏风俗。

不准纵子非为，罪及父母。

不准好逸恶劳，拨弄是非。

不准铺张浪费，腐化之为。

不准偷盗赌博，触犯法律。

不准骄横无惮，欺族凌戚。

不准叼〔刁〕唆进谗，制造事端。

不准窝藏坏人，陷害好人。

不准酗酒滋事，扰乱秩序。

不准趋炎附势，行为越轨。

不准损害公益，肥私利己。

不准打击报复，倒直真理。

如有故意违犯，诉之公理。家规国法昭彰，族众谨遵。今立明训家规，告诫族人，汝等遵依执行，乐及平生。如若置之度外，纵性非为，轻者必当损财，重者丧身。此乃合族拟订，示尔谆谆，族众谨遵勿忘，福荫子孙。

诚斋①家训

吾今老矣，虚度时光。终日奔波，为衣食而不足；随时高下，度寒暑以无穷。片瓦条椽，皆非容易；寸田尺地，毋使抛荒。懒惰乃败家之源，勤劳是立身之本。大富由命，小富由勤。男子以血汗为营，女子以灯花为运。夜坐三更一点，尚不思眠；枕听晓鸡一声，全家早起。门户多事，并力支持。栽苎种麻，助办四时衣食；耕田凿井，安排一岁之种储。育养牝牲，追陪亲友，看蚕织绢，了纳官租。日用有余，全家快活。世间破荡之辈，懒惰之家，天明日晏，尚不开门，及至日中，何尝早食。居常爱说大话，说得成，做不成；少年专好闲游，只好吃，不好做。男长女大，家大难当。用度日日如常，吃着朝朝相似。欠米将衣出当，无衣出首卖田。岂知浅水易干，真实穷坑难填。不思实好，专好虚花。万顷良田，坐食亦难保守。光阴迅速，一年又过一年。早宜竭力向前，庶免饥寒在后。吾今训尔，莫效迤遭，因示后生，各宜体悉。

忠：上而事君，下而交友，此心不亏，终能长久。

孝：敬父如天，敬母如地，汝之子孙，亦复如是。

勤：日出而作，日入而息，凿井而饮，耕田而食。

---

① 诚斋，即杨万里（1127—1206），《宋史》有传，今江西吉安人，官终宝谟阁学士。南宋中兴四大诗人，被誉为"一代诗宗"。宋光宗曾为其书"诚斋"二字，因而学者称为"诚斋先生"。他曾于庆元五年（1199）六月初一日，为重修杨氏族谱作序，他所作的《家训》亦刊于此时。

俭：量其所入，度其所出，若不节用，俯仰何益。

慎修公①家训

勤耕务读

祖训依然在，常怀读与耕。〈惟勤堪致富〉②，能务亦梯荣。牛背催三月，鳌头占五更。荷蓑皆主伯，释菜谒先生。仓廪如云积，功名指日争。后嗣敦本业，家训妙兼并。

敦伦孝亲

彝伦垂禹范，爱日在双亲。怀桔情宜笃，遗羹孝始纯。彩衣披莱〔莱〕子，春酒介芳辰。顺矣原因翁，伤哉岂在贫。鸤鸠恩及尔，鹡羽咏凄人。莫谓行无忝，须听祖命申。

卑无犯上

达尊何可犯，逊顺最为宜。莫谓人堪上，须知我自卑。望中收白眼，让处有黄眉。进履真谦也，阋墙且戒之。割牲侬莫倦，衿臂尔能施。祖训谆谆在，从兹慎幼仪。

富莫骄贫

同是苍天命，贫人独寂寥。纵然推我富，绝莫向他骄。絮拥寒风透，庐斜细雨飘。何人怜魄落，哪有为魂销。得意曾扬气，关情且折腰。昌黎穷可送，转瞬又扬镳。

居仁由义

吾性从天降，存存岂外求。须知仁是宅，便觉义堪由。爱勿分秦楚，行宜学孔周。广居高许许，正路遇头头。善长功符夏，辞严道叶

---

① 慎修公，即汉寿花园杨氏的明迁始祖杨昌敬。一生以务农为业。由于勤劳节俭，家训有方，子孙才繁荣昌盛起来。家训内容以"五言六韵"表述。
② 此处应遗漏，查大埔杨氏族谱亦缺此句。

秋。大人征事备，此诣尔思不？

睦族和宗

莫以源流远，而忘梓里恭。敦伦须睦族，饬纪在和宗。葛蕊情宜笃，鸤鸠咏可从。支分休妒忌，缺陷应弥缝。好戒忘争讼，还期共吉凶。扪心思一本，祖训即晨钟。

布衣菲食

节俭人堪效，须防习俗移。衣兮布足尚，食也菲为宜。莫厌昭其质，还思训以时。蕴袍原不耻，菽水自无饥。寒恤王章卧，鄙贻曹劂嗤。唐风真足羡，蟋蟀一篇诗。

气忍家宁

不识宁家术，休云产荡然。谁言气可暴，我道忍为先。物至经三反，心平养十年。一朝惩小忿，此境即中天。福萃华堂五，仓储宝稻千。张公殊可法，壮士应拳拳。

（资料来源：梅县、梅江《杨氏族谱》卷一）

四戒文

杨缵绪

戒淫

美色人所同好，然淫秽之行，□〈败〉伦伤化，实可丑也。人各有夫妇，因一念之淫，而致他人之妻，身玷名辱，无颜以对其夫，且使其夫与子闻之，终身抱恨，无以自立于人世，其罪孽，较之诸恶，尤为深重。故曰百恶淫为首。此之谓也。人于淫念初起时，当反己自思，假若他人淫我之妻，羞怒愤激，必欲杀其人而后快，然则淫人之妻，其人痛恨切齿，岂有不以利刃相加乎？度人知心，则淫念不禁而自止矣。余历外任三十余年，办理故杀谋杀命案，因奸而死者，居其大半。然则好淫者，未有不死于刀刃。人何苦捐七尺之躯，以快一时之欲乎？至于同

247

宗妇女，名分攸关。倘或蔑乱伦常，便是行同禽兽，岂止伤风败俗，实为玷辱祖宗，此真乡党不齿，人神共愤者也。天道好还，丝毫不爽，淫人之妇，人必淫其妇。奸淫之报，殃及子孙。故有识者，以色欲为火坑，又以为苦海，皆极言其祸烈而深也。

戒赌

人品有清浊，有贵贱。至于赌，而污浊下贱极矣。士农工商，各以类聚，惟赌则不论娼优隶卒，乞丐盗贼，并肩围坐，皆为朋侪，岂不可耻？其原总由于贫，见人钱财，必欲诱赌局赌，使他人之钱财，尽归己囊而后快。不知钱财分定，冥冥之中，有司之者，可以勤俭力挣，不能以智术巧取。同赌之人，固倾家荡产，即诱赌局赌之人，钱一到手，随即花消，从未闻以赌贱之，人何苦甘居下流乎？近见有读书秀士而好赌者，尤为可鄙。士为民望，何等清高贵重，一染赌习，斯文扫地，是自暴自弃也，且子弟效尤，将何所取则焉。谚云，富无三代，贫无三代，此为不赌者言也。若富而好赌，立见其穷，何俟三代？贫而好赌，子孙相习成风，虽迟至五六代，未见其能自振拔也，可不戒哉！

戒斗

好斗者，必死于斗，此一定之理也。试思父母生我，仰事俯蓄，皆赖此身。今以一念之忿，或死于凶刃，或死于刑戮，亡身辱亲，非不孝而何。然为父母者，亦与有责焉。子弟幼小时，不教以敬谨退让，见子弟与人争斗，不惟不加扑责，反以为幼小而庇护之，养成桀骜不驯之气，及其血气方刚，逞凶散〔撒〕泼，不畏伯叔尊长，甚至欺凌其父兄，终日在街市，酗酒打架，致遭人命，问成大辟，卒死囹圄。然则父兄之庇护，爱之乎，抑害之乎？在好斗者，恃其势力，暴横乡曲，自以为莫敢余侮也，不知人怕天不怕，待其恶积，而祸至无日也。身受刑夹桎梏，长途解审，则解差得以凌虐之，长年监禁，则狱卒得以窘辱之，此时捶胸顿足，呼应无门，虽欲悔罪自责，安可得乎？物类莫恶于虎狼，虎狼不得善终，人身莫强于齿牙，齿牙终归毁折。老子云，柔弱生之徒，刚强死之因。好勇斗狠者，盍三复斯言。

杨

戒惰

传曰，民生在勤，勤则不匮。人之才智有高下，福量有厚薄，然果勤其四体，早作夜思，无论农工商贾，肩挑背负，皆可以养生。惟忧于安逸，终日嬉游，比□〈之〉匪人，博弈饮酒，不顾父母之养赡。迨衣食不继，辄思非分之财，或诓骗人钱，或偷盗货物，种种恶绩，皆由惰生，惰之为害大矣哉！人家子弟，到十五六岁时，察其资性聪明，可以读书者，令之就传；若性质愚钝，又无资本经纪，便当授以常业，或耕稼，或畜牧。凡百工技艺之事，皆可督令学习。盖人有恒业，则无外慕，身常劳，则心不放。终岁勤劳，则无闲游比匪之伤。衣食自给，则无机械变诈之习。土物爱，厥心臧。此保世承家之本也。昔东汉郑禹，身为帝师，位居侯王，富贵极矣，有子十三人，读书之外，皆令各习一艺，推其心以为富贵为可长保，一旦失势，子孙有技艺以营生，不至于饥寒潦倒，何其思深而虑远也。况士庶之家，子弟无常业，相率为游惰，其不至于穷困无聊者几希？

（资料来源：大埔百侯《大埔百侯杨氏族谱》）

【姓氏来源】根据梅州叶氏族谱记载，八十五世大经公，于南宋宝庆二年（1226）进士中式，历官二十余年，咸淳间升闽制置使。德祐二年（1276），元兵大举南下，见战乱不已，辞去官职，在梅州曾井（今梅城西区）住了下来，遂为梅州叶氏一世祖。

叶氏祖训

明明我祖，奕世流芳；基肇春秋，功显汉唐。宋元明清，德业煌煌；胥缘义训，授受有方。追维先德，提示要纲；凡我后嗣，静听彝章。古今所向，诗书农桑；文明进化，并重工商。各执一业，毋怠毋荒；矢勤矢俭，力图自强。百行之本，首在伦常；孝亲事长，必敬必庄。渊睦任恤，诚信是将；行之有常，物望孚乡。礼义廉耻，立身大防；张此四维，荣逾冠棠。国犹家也，为栋为梁；扶危定倾，美济忠良。遄迹宗族，一本南阳；互相亲爱，视同一堂。岁时蒸尝，济济跄跄；享祀不惑，降福孔长。服膺拳拳，长乐永康；我言维服，勉旃勿忘。

（资料来源：梅县雁洋《叶氏宗谱》）

叶氏家约九条

国有明条，家有公约。其谆复无尽者，皆示人有所持循，勉为善良而已。古者金口木舌，徇于道路，提撕警觉，以启愚蒙，圣人之用心良苦。今天子刊定法令，颁行州县，命有司朔望宣讲，集众谛听，功在生民，犹古道。然明太祖训民六条，万历间沈龙光为之诠注，极其详明，载在方策。兹因家谱告成，为遵六条增三条，只如俗说著为家约，列于简端，此教家即所教国也。听之。

孝顺父母

人非父母，不生也不长。生而教养成人，劬劳万状，其恩罔报。凡为人子者，常则左右就养，过则从容几谏，病则服侍汤药，死则经营祭葬。在家，则下气怡声，奉命惟谨；出仕，则移孝作忠，显亲扬名。若违逆执拗，亏体辱亲，并听妻儿僮仆之言，仇怨父母，斯为不孝，五刑首以严之也。

友爱兄弟

兄弟为分形连气之人，本同一脉，无论同胞共乳，所当友爱。即异母同父，支子庶孽，皆为一体之亲。必也兄爱弟，弟敬兄，德业相助，过失相规。分炊共炊，无分彼此，在外在家，不别你我。倘因争产而衅起阋墙，或因刁唆而祸延萁豆，同室操戈，分门裂户，读棠棣脊令之诗，当感怀无地矣。

尊敬长上

长上不一，有同姓异姓之长上，有在官在家之长上。不持名位高等，凡齿行先我、前我者，皆长上也。宜其称谓确正，隔坐随行揖让谦恭。因敢戏谕，或干名犯分，目无尊长，或摇唇鼓舌刺及姻亲，或以贤智先人而凌铄高年，或以血气自恃而污漫前辈，皆为狂悖，不得姑纵。

和睦乡里

同乡共井，相见比邻。朝往暮来，相交姻戚。乡里虽不敌家庭之好，气谊之交，宜亦和睦相尚者。故必出入相友，守望相助，疾病相扶，缓急相资，有无相济。若相卖相挤，相倾相轧，势利相投，贫富相欺，强弱相凌，大小相并，或以微隙相猜嫌，或以小忿相仇怨，此为偷俗。族教诫之，毋滋狂浪。

各安生理

人生各有职业，士稽古致贵，农力田得食，工精艺阜财，商懋迁获利，皆足为一生受用，成家业以遗子孙者。故凡父兄之于子弟，必相其材质，所近教之，俾人各有事，率其勤力，不至流为匪僻。其有随行逐波，游手好闲，狐群狗党，不禽不兽之辈，将来穷老失归，坏名灾己，辱先丧家，嗟何及哉？

无作非为

人无论智愚，家无论贫富，皆有分所当为与力所能及之事，不得谓之非为。惟纵酒赌博，好勇斗狠，及奸邪无赖，恣意妄行，所谓非为也。族有所辈，宜亟加惩戒，无致寡廉鲜耻，为猿为枭，贻累族姓。至于渎伦伤化，鼠窃狗盗，以及闻风思乱之徒，上辱祖宗，下玷家声，所当屏逐不许归宗。

早完课税

钱粮乃国家正供，固国用所必需；租谷为田主家常，亦赋税所出，皆当及时早纳，免致追呼。若自恃愚顽，忍捱刑杖，希图苟免，或学为刁欠乾没肥己，贻累子孙，无论昭昭王法，必不汝省！而恢恢天眼，能有疏而或漏者？固宜父训其子，兄诫其弟，勉为善良。无愚顽必省，偷生于天地，作民朽蠹不顾也。

择配婚姻

夫妇为人伦之首，万化之原。故儿女婚嫁，必择其妇之德性何如，婿之贤否何如，而家之贫富勿计。使贪财下嫁，而忍若鬻儿，六礼不成，而贱同纳婢，匹偶不均，门户弗称，伦常所耻。有如同姓为婚，不达周礼，乘丧嫁娶，罔遵法纪。此乃家族之魑魅，人类之蛇虫，又国法之所不宥者。

敬慎祭扫

坟墓为掩祖骸，实后人发祥之始。祭扫为酬先德，亦子孙报本之心，不可不敬。如清明拜扫，必老幼亲临，不择远迩。祭则衣冠整肃，必敬必恭，黎明骏奔，则神歆其祀。若岁时缺醮，等于荒丘；惰慢跛踦，同于儿戏，必且神人胥怨，幽明共罚。豺獭倘知报本，人岂不若兽哉？

（资料来源：五华《五华县叶氏族谱》）

【姓氏来源】根据梅县余氏族谱记载，余姓入梅州最早的为六十七世（余靖十一世）余百二郎、百三郎、百四郎，由福建汀州上杭迁入广东梅县、饶平黄岗和大埔。

家训

家训之一

各处祖宗坟墓，岁节轮流祭扫，务孝敬以尽报本之诚。盖坟墓，祖宗所依归，而子孙赖祖宗而庇佑。亡者安，存者也安，理之常也。人所贵者子孙，其死而坟墓有所托耳。世未有坟墓不守祭，而子孙昌盛也。

家训之二

子孙盛衰，系积善与积恶而已。何谓积善？居家则孝友，处世则仁恕，安分守己，无作非为，凡所以济人者是也。何谓积恶？恃己之势，以自强剥人之财以致富，存心奸险，作事枭横，凡所以欺人者是也。是故，爱子孙者遗之以善，不爱子孙遗之以恶。传曰：积善之家，必有余庆；积不善之家，必有余殃。天理昭昭，各宜深省。

家训之三

子孙和气处乡曲，宁使我容人，毋使人容我，宁使人敬我，毋使人畏我，绝不可存怒人之心。恃势作威，欺凌穷愚，事有不得已者，则当以理斥之，岂可与人炫奇斗胜，两不相下，彼以其奢，我以吾俭，吾何歉乎哉！

家训之四

子孙当以正直处宗族。凡遇家庭有事，或因田地争竞，或因小忿争斗，务须披诚劝解，处断公平，不可旁观隐忍，唆是弄非，以起争端。至于外人或有欺凌，义所当行者，务必同心协力，亲疏一体，则毁侮不生而窥伺永免矣！语云：家和福自生，凛其然也。

家训之五

子孙处世之道，不可过刚，亦不可过柔。凡百应对及一切交际，须适中。钱粮必须早完，公事预先料理。凡官甲有事应对，必须和顺，不可逞其私智，刚强逆上，自取罪戾，以辱家门。

家训之六

子孙居家，须恂恂孝友。见父兄，坐则必起，行则必随，应对必以理，称呼必以字，甚不可以贤智傲先人，亦不可与伯叔同坐。然为父兄者，亦不可以当众詈骂，使人无存身之地。尊长有此，甚非教养之道。子弟倘有非为，当反复教训，使之自改。

家训之七

子孙治家，尚俭朴，毋浮靡，安分守己，甘淡薄，习勤苦。房屋不可过奢侈，用度不可僭分。冠婚丧祭，当以家礼，宜从俭约。不可斗胜以炫耀耳目。

家训之八

子孙局量器识，须要宽洪深厚；处事接物，须谦卑逊慎。守富贵而若虚，处贤智而若愚。不攻伐人之阴事，不谈论人之过失，勿称量人之有无，勿妒忌人之胜己。苟盈满自足，骄傲接人，则祸可立得矣。各宜自思。

家规

敦孝悌

尝思祗母恭兄,无事勉强;爱亲敬长,率乎自然。人之气质不齐,秉性亦异,陷于不孝不悌者,习焉,不察故也。夫人子,自怀抱以至成立,教养婚配,百计经营,心力俱瘁。父母之德,实同天地。人子欲报亲心于万一,无论富贵贫贱,务使得亲之欢心,庶无遗憾焉。至若家有长子,则当家督弟,有伯仲之日。家长凡日用出用入,事无大小,众子弟皆当秉命焉。饮食必让,语言必顺,步趋必徐行,坐立必居下,所以明其道也。夫不孝与不悌,相因事短与事长并重。能为孝子,然后能为孝悌;能为孝子孝悌,然后能为忠臣。愿我族人,各宜身体力行。

隆族谊

书曰:以谊隆九族。礼曰:尊祖故敬宗。敬宗睦族,是则睦;正人道,更为重也。宗族虽远近各异,亲疏不同,其本源则一也。人不知隆族谊,独不思我姓之众出自一人之身。分居各地,族人为途人,愿族人当念祖宗,亲之爱之,长幼必以序相治,尊卑必以相称。喜则相庆,戚则相怜。或立宗祠以隆蒸尝,或设家塾以训子弟,或以盈优以赈贫乏,或修族谱以联疏远。即使单姓寒门,或有未逮,亦各随其力所能为,以隆族谊,使一族蔼然。有恩以爱秩然,有礼以相接。族谊隆而孝悌之行,愈笃矣。故以敦孝悌,而继之曰隆族谊。

和乡党

古者五族为党,五州为乡,同礼一乡,三物教万民。有曰:"睦姻任恤,是则乡党贵和,由来尚矣。"顾乡庭中,人烟稠密,毗户相接。睢眦小失,狎挟微嫌,一或不和,凌竞以起,甚至屈辱公庭,委身法史,负者自觉无颜,胜者人皆侧目。以里巷之近,挟嫌疑猜,疵寻报复,何以安生,何以长子之计哉?然我族于乡党中,概接之以温厚,毋恃其人之亲疏,皆处之以谦。毋持富以凌贫,毋挟贵以凌贱,毋恃智以欺愚,毋倚强以凌弱。言谈可以解纷,施德不必望报。人有不及,当以情恕；非意相干，即以礼道。此既有包容之量，彼必生愧悔之心。一朝能忍，乡里称为善良；小忿不争，闾党推其长厚。乡党之和，不甚重哉。

重农业

汉书曰："孝悌力田。"以是知农业者，日用饮食之所自出也，岂不重哉！一夫不耕，或受之饥；灌溉偶荒，或受之馑。盖饮食之道，生于地利，长于天时。力田稍不尽力，坐受其困，故勤则有储有岁，不勤则仰无其事，俯无以蓄，理固然也！故凡力田者，务竭力南亩，勿好逸而恶劳，勿始勤而终怠，勿因天时偶歉而轻其田园，勿慕市可倍利而辄改固业。必须胼手胝足，不误其时，而后遇荒有备，水旱无忧，岂不懿欤！愿力田者，各自努力。

尚节俭

人生不能一日无粮，也不可一日而无财，而后可供不时之用，故节俭尚然。夫财犹水也，水流不蓄，其涸无余；财流不节，而财立匮矣。自古民风，皆乎勤俭焉。勤而不俭，则数人之力，不足供一人之用，甚至称贷出逐，其所欲壑所欲，日复一日，债台高筑，饥寒不免，可甚浩叹！凡我族人，家中应用，必须量入为出，用其所当，宜俭毋奢，省所当省，当俭毋繁。盖财为养命之源，可不节俭也哉！

明礼让

礼者，天之经，地之义，民之行也。其礼至大，其礼至广。大而纲常伦理，小而动作仪表，莫不有礼。是以知礼者，风俗之原也。然礼之用，贵于和；而礼之实，在于让。徒习于文而无行，意以将何？则所谓礼者，挂之口齿何用？如事父母，则当孝；事长上，则当恭。夫妇之有倡随，兄弟友爱，朋友信义，亲族款洽。天理之自然，人事之融合，则不倚求而得也。苟能和以处众，尊卑以自睦。在家室，而父子兄弟肃雍一堂；在乡党，而长幼尊卑有序。一切非礼之举，自不加乎其身矣。

兴学校

古者家有塾，自古皆然，今何独不然？朝廷以学校培人才，图阁以诗书训诫子弟。然朝廷之人才，实图阁之子弟，即朝廷之人才，皆学问中来也。朱子曰："子孙虽愚，经书不可不读。"又曰："读书志在圣贤。"诚以学者也，固人之急务也。聪明者，明体达用，可以希贤；而顽钝者，致知力行，亦可寡悔而寡忧。愿我族兴学校，以甄陶子弟，勿姑息养奸，以至日后之无成；更勿半途而废，以致前功尽弃。有志者事竟成，异日之发皇，即可期矣。各宜猛着祖鞭，毋自暴自弃。切切为要。

训子弟

育子之称，尚书备至；其训童蒙，事关重大。古语云："养女不教如养猪，养子不教如养驴。"孔子云："后生可畏。"读书识礼，尤赖家教，亦赖师导。近朱者赤，近墨者黑。家庭之熏陶，关系大矣。启其德性，遏其邪心，见其善者而从之，见其恶者而远之。训以尊亲敬长，彬彬有礼。知父子有亲，君臣有义。愿我族人，英雄辈出。训之，勉之。

贵立品

尝闻品行为先，艺、文次之。是知品行者，则人之甚重者也。人之境遇不一，而立品各异，其法不同。品也者，应金玉其心，仪表端庄。处富贵则乐循理，确乎有不可拔之操；处贫贱则心旷神怡，卓然而不易其所守。言立为坊，行可为表，人人称之为正人君子，循规蹈矩，使足垂范。其行高、其志洁、其品端，既与日月争光焉。其人不卓，卓可传哉？事愿族人，不其臻斯诸。

慎丧礼

尝思父母终天，人子抱恨，水浆不入，哭泣失音。祸延及亲，子罪安辞然？死者长已矣，生者将如之何？必附身于棺，谨之于终，隆以安葬，乃无忝于后。然贫富有异，境遇殊隆以安葬，为无忝于后。然贫富有异，境遇殊孝，不可为而为之，亦悖理！孔子尝曰："礼，与其奢也，宁俭；丧，与其易也，宁戚！"斯为亲丧者之定伦欤。

隆祀典

尝思敬祖尊宗，乃朝廷之大典；追远报本，实子姓之常。亘古及

余

今，礼隆祀典；普天大地，亦重蒸尝。然蒸尝莫不有所资，而醮产祭祀之资也。盖醮产，上顾祖宗之血食，下启后代之公用，岂不甚重也。愿我族经理首士，矢忠矢慎，勿肥己而灭公，嗣孙辅之翼之。有祭产丰盈者，或因荒年而赈济贫乏，或捐金助考试，或拨租以养绅耆，或乐输银以建桥梁，或输银以修道路。种种美举，皆造福子孙，岂不美欤！

勤本业

斯也之人品不齐，而所习之业亦异，或为士、农，或为工、商。虽出产殊途，然可以养身，可以济世，未有不殊途而同归也。孟子所谓恒产，亦即吾谓本业也。然业精于勤，不勤则业不精。虽望其身，冀其济世矣，故为上矣。工商者，必须朝为斯夕为斯，殚其精，虑其神，兢兢业业，勤勤恳恳，以求至精境，而后可以有济。少壮不努力，老大徒伤悲，有何益哉？愿我族人，凡为四民各自勉。

守法度

易曰："先王以明罚款法。"子曰："为下不守法度，其重矣哉。"在下者，当遵国法守本分。才虽有，勿可妄作；智虽有，勿可自恃。他人之财产，勿敢妄侵；非义之财，勿可收取。警"四勿"之诫，切三章之约，动以法度自绳，则身在轨，司寇之五刑、三刺，可无犯矣。夫子曰："一朝之忿，亡其身，以及其亲，非惑与。

（资料来源：平远《余氏族谱》）

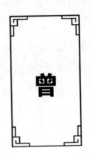

【姓氏来源】根据梅县曾氏族谱记载，五十派裕振公，字玉鸣，念二郎，奉政大夫，因兵乱由赣州徙福建宁化。五十一派政公，子天秩，元进士，官大理寺。天秩殁后，其妻聂氏偕弟天祯及诸子，由宁化徙居程乡石窟都（今蕉岭），尊裕振为始祖。

族规

父兄之教不先，子弟之率不谨。故立族规，无非齐子姓敦睦之礼。循规蹈矩，乃能体祖宗源本之情。爰著章程数款，务宜凛守勿违。

崇庙祀

夫庙，所以妥先灵、序昭穆也。而春秋祭祀，少长咸集，所以明亲疏、敦礼让也。则庙之建，可视为不急之务哉？今谱已叠修，而祠犹未合建者，未有祠基故也。予族祠不一，皆各房私建，而未有始祖之庙。惟望后之贤达者，出而兴建之。庶几先灵得所依归，施福荫于无穷也。置祀产以备蒸尝，传馨香于绵远也。如是尊祖敬宗，孝子慈孙之职，庶尽追远之诚，乃不负宋圣公之遗训也。

顺父母

从来圣贤尽忠报国者，未有不顺。父母而能成其名者也，即如有福有寿之人，亦未有不先顺父母而能享其福寿者。盖顺父母是第一善事，不顺父母是第一恶事。诗曰："孝子不匮,永锡尔类。"此善孝之征也。孔子曰："五刑之属三千,而罪莫大于不孝。"此恶之征也。故能顺父母者,往往发其善报;不顺父母者,往往发其恶报。奈何人不以顺父母而首务哉!惟是人子之于父母,虽极尽不孝,不过尽其分内之职尔。

和兄弟

兄弟者,同胞共乳,分形同气之人也。倘阋墙斗而手足残伤,则不能顺亲于堂上,又且见笑于邻间。务宜兄友弟恭,两相和睦。兄有怒,弟当忍之;弟有忿,兄当让之,则争竞自息,家业自此兴矣。但友恭之谊,实由父母训诲有方。孩提之时戒莫詈骂,同席之际,教其坐次。及其稍长,训兄以尽亲爱之情,教弟以尽尊敬之礼。莫私积财货,以起事端;莫偏听妻听,致疏骨肉。则子虽愚,亦能知警。

睦宗族

书曰:"克明竣德,以亲九族。九族既睦,平章百姓。"古之帝王治世,亦必以睦族为先务也。睦族之道有三:修谱敦之谊,谒始迁之墓以系其心,敦亲亲之礼以报其恩。斯三者并行,虽士可以化其乡,况有位冈,难变于天下。凡我子姓,宜念高尊嫡派,同此源流。时体亲亲之道,喜相庆,戚相吊,患难相救,贫富相周,敬老慈幼,无分亲疏。范文正公曰:"吾族其众,于吾固有亲疏也。自吾祖宗视之,则均是子孙,无亲疏也。祖宗之意无亲疏,则饥者寒者安得不恤之也。"如是宗族既睦,仁让成风,内变不作,外患不侵。人生至乐,莫大乎是。

重婚姻

司马温公曰:凡议婚姻,必先察其婿与妇之性行及家法何如,勿徒慕其富贵。婿苟贤矣,今虽贫贱,安得后日不富贵!为不肖,今虽富贵,安知后日不贫贱乎?至于妇者,家之所由盛衰也。苟慕富贵之女而娶之,彼挟其富贵,鲜有不轻其夫而傲其翁姑者,养成骄妒之性,异日为患,庸有极乎?设使因妇财致富,以妇财取贵,苟有丈夫之气,岂能无愧哉!

隆作养

考旧谱，先代人文蔚兴，簪缨累世，虽今不如古也。嗣后各房宜大方举业，蒙童初学，亦请明师训解字义，方易通晓。为父兄者，宜择良师；为子弟者，自当发奋。但欲鼓励后学，必须置学田以助读书之费，使贫富之士，亦得同志潜修。如是家弦户诵，文风日盛，得志则荣及一身、光大一族。而先朝人文之盛，何难见于今时！

勤本业

士农工商，尽人皆为本业。所获之利，亦得长远。若异端邪术，纵使得财，亦害及子孙。至于立志读书，乃扬名显亲之本，固是第一美事，但看子孙贤愚何如。若禀质顽劣，仅可教之通达而已，即教以别业或农工商贾，修一正艺，俱可获利。如必欲拘泥科第，至老不得成名，好逸恶劳，不能用力，再欲习业，呜呼老矣。凡我同宗，后日有聪慧颖悟者，方教以读书；资性鲁钝者，不可为书所误。使之各成一业，庶族内无游手之辈，而匪类亦无从而生。为父兄者，其知之。

秉公正

族有族长，房有房长，所以摄一族一房之事，振一族一房之纲。洽伦常之变，释子弟之乘也。但奉族长，必要公平正直，谨守礼法，断非阿谀附会、见利忘义者可以任其职。遇是非，必从公断，不可长势惧祸，缄口不言，不可怀挟私仇，徇情曲断，亦不容强者以人丁为势。若有一事偏曲，一事袒护，即属不公不法。合族聚议，另行公举，不得以派尊自擅。如族长既秉公正，不听族长公断，两方经官，族长自行到案，证其谁是谁非，庶善良不至终枉。

（资料来源：蕉岭《曾氏族谱》）

张

【姓氏来源】根据梅州张氏族谱记载，梅州张氏大部分是张化孙的裔孙。张化孙（1175—1266），出生于宁化石壁，科举出身（解元），曾任知州等职，后迁上杭，有十八子、九十八孙，其后裔繁衍播迁甚广。

家训九则

修祖谱

族之有谱，犹国之有史。谱所载者，列祖一脉之渊源。分昭穆之序，亲疏之别。与夫生辰死意，葬墓山灵，咸备以斯。经前人之所作，而我后代宜续之。族内子孙有志气者，当于重修族谱为务也。

祭祀祖宗

祖宗者，木本水源之谓也。入庙思敬，遇墓思哀，春秋享祭，永古勿忘。

孝敬父母

凡身体发肤，受之父母；怀抱养育，恩同天地。为人之子者，将何以图报其万一乎？务必生当孝养，死当礼葬，春秋二祀必躬亲之，乃无忝子所出焉。

友爱兄弟

人之最亲，莫如兄弟。内则协力成家，外则同心御侮，此诚共甘苦之人也。曾闻姜家人被伯埙仲篪，为世所崇敬者，岂宜轻信浮言。至伤骨肉，因小而伤天伦，此世人所恶者。

训诲子侄

为父之爱，当以义方；训教读书，以启成人。诲子侄辈，规矩之范，毋沾点染之尘，岂宜姑息放纵，有类于禽犊之爱子。

笃厚宗族

一族之中，子侄众多，总有亲疏之别，实毋亲疏之间也。上而叔伯，当以恭敬之礼；中而兄弟，当尽兄弟之情；下而子侄，当以训育之教。岂宜持富贵强恶而骄傲，欺凌于宗族哉。

和睦乡邻

我们同乡共井，缓急相依，切毋以强凌弱，以众暴寡，要以安常守分，庶能保世以深大也。

尊敬长辈

屈志老成，见识高明，切勿以富贵而骄傲，矜才而侮慢。古云：若要好，问三老。此之谓也。

怜恤孤贫

古来仁人恤孤，君子济急，此处已有阴德，彼处或有阳报，未可知也。倘不知有阴德阳报，为人应当以仁义善待人，矜怜孤寡，济困扶危，应尽能力之负也。

张

化孙公家规

笃忠敬言，急公守法，完粮息讼。营生业言，士农工商，各执其业。慎丧祭言，慎终追远，宜尽诚敬。慎婚姻言，娶媳嫁女，咸宜配择。严内外言，治内治外，不可易位。敦孝悌言，事事亲敬，敦宗睦族。笃教学言，养不废教，作养人才。厚风俗言，吉凶庆恤，孤寡有体。敦和睦言，捍忠御灾，协力同心。严杂禁言，奸盗赌博，占欺谋吞。

化孙公遗训（外八句）

清河系出源流长，卜吉移居闽上杭。
承先孝友垂今古，裕后诗书继汉唐。
百忍家风思祖德，千秋金鉴慕宗坊。
二九苗裔能禀训，支分富盛姓名香。

（资料来源：丰顺《张氏建桥德达公家谱》）

家训六则

孝顺父母

盖闻七十娱亲，老莱足式。一言还母，闵子堪称，从可知孝为百行之首；六经所载，孝经所传，圣谕之训，彰彰矣！充其量，圣人固有所难为；循其分，庸人皆可以尽职。凡为人子者，所当致其爱，尽其敬，得乎亲，顺乎亲，晨昏定省，问寝视膳，在在皆无缺者。庶几稍报劬劳于万一，始无贻不孝之讥评矣。

和睦兄弟

盖闻雁序分行，鸰〔鹡〕原志喜；埙篪叶奏，伯仲齐辉。从可知和睦为盈门之兆，兄弟为同气之亲。虽贤愚不等，凡父母财产，宜公以处之，平以分之；更宜以有余而补其不足，以贤智而扶其蠢愚。若有欺凌吞骗，非特贻害兄弟，且有祸及子孙者，致叹燃萁之咏，伤心缝布之谣也。

严端品行

盖闻孝悌忠信，为人之本；礼义廉耻，为人之根。从可知人生应宜有才有智，然才不可恃，当存于小心；智不可矜，当出于深沉。循规蹈矩，光明正大，方成大丈夫、士君子之品行。若纵其才智，越礼犯分，己无孝悌忠信之心，安有礼义廉耻之念。上干法纪，下污本身，内辱祖宗，外羞亲戚，良可慨已！

崇俭戒奢

盖闻王旦门风，从无奢泰；裴垣家法，尽撤瑶环。从可知俭朴者致富之由，奢华者取贫之路。人居富厚之时，衣冠婚丧，致贵适中，日用饮食，切勿过甚。天地之土田有定，人间之生齿日繁。天地之生产，往往不足供人间之用度。故人贫多而富少，贫久而富暂。爰为之作一歌曰：布被兮三公，侍侧兮一僮，蒲团兮纸帐，篷篨兮屏风。彼皆富贵而概以节兮，何况庶士与三农乎。

公明息讼

盖闻居家戒讼，讼则终凶；处世慎言，言多必失。从可知兴讼之由，由于不明不公。不明者，以己之非，反以为是；以人之是，反以为非。是非混淆于心，争竞遂起于外。不公者，明明知他人之是，却以强凌弱，以智欺愚。所谓是非不分，是非不明，奸谋一生，诡计百出，此讼之所由不息也。若能平心静气，明以烛之，公以处之。知己非，则认为非；知人是，则还其是。孔子曰"以直报怨"，殆谓是欤。

张

积德绵后

　　盖闻赵熹济活，妇女怀恩；丙吉延年，子孙待报。从可知德者福之基。随吾力量之所及，行时时之方便，作种种之阴功。危者扶之，困者救之；缓急相遇，有无相济。立心存忠厚，作事不苛刻。凡予夺争竞之事，不怀于胸，不萌于心。自可感格上天，子孙奕世荣昌矣。

　　　　　　　　（资料来源：梅县南口《林塘张氏族谱》）

百忍歌①

　　百忍歌，歌百忍。忍是大人之气量，忍是君子之根本。能忍夏不热，能忍冬不寒。能忍贫亦乐，能忍寿亦永。贵不忍则倾，富不忍则损。不忍小事成大祸，不忍善事终成恨。男不忍则凶，女不忍则乱。君不忍则败，臣不忍则亡。父子不忍失慈孝，兄弟不忍失爱敬。世交不忍失和气，夫妻不忍多争执。父不忍失教，子不忍失孝。为兄不忍缺理，为弟不忍缺智。朋不忍失仁，友不忍失义。为夫不忍失和谐，为妻不忍失智慧。刘伶不忍败了名，只为酒不忍。陈灵不忍亡了国，只为色不忍。石崇不忍破了家，只为财不忍。项羽不忍送了命，只为气不忍。刘邦能忍得天下，只为辱能忍。如今犯罪人，都是不知忍。古来创业人，谁个不知忍。能忍能创业，知足能知忍。

　　百忍歌，歌百忍。明者忍人所难忍，智者忍人所不忍。思前忖后忍之方，装聋作哑忍之准。忍者可以走天下，忍者可以结近邻。忍得饥寒可立品，忍得淡泊可养神。忍得穷苦可余积，忍得荒淫无疾病。忍得骨肉存人伦，忍得口腹全物命。忍得语言免是非，忍得争斗消仇憾。忍得人骂免回口，他也忍口自愧心。忍得人打不还手，他也忍手自没劲。须知忍让真君子，莫说忍让是愚蠢。忍时人只笑痴呆，忍过人自知修省。就是人笑也要忍，莫听人讽便不忍。世间蠢人笑人忍，明者智者重的忍。我若不是固要忍，百忍只怕一不忍。不忍百福皆雪消，一忍万祸皆

――――――――――――

　　①　关于《百忍歌》有多种版本，本文以《张氏桃源族谱》为例。

灭烬。奉劝世人忍百忍，人生哲理思忖忍。

（资料来源：梅县桃源《张氏桃源族谱》）

族规十二条

国有王法，家有家法，如是违规犯禁者，通族在祖堂议处，罚责不遵，方鸣官究治。

一、名为分先，子侄兄弟，照所定字派命名。行坐言语，宜逊让。不得争先逞强，违者处罚。

二、伦常为重，各宜孝顺友爱，百忍恃家。一堂和气，不得悖逆争斗，相欺相伤，违者处罚。

三、庭训宜严，教子弟耕读生涯，务本安分行好事，做好人，不可娇养溺爱。听其安闲，误他终身，实父兄之过，亦宜处罚。

四、师友宜尊，有才学见识，正直能事者，乃良师益友。宜择而尊敬，领教助德，不可轻慢好人，泛交匪类，招惹祸，违者处罚。

五、屋场坟地，关系风水，亏安祖宗。荫儿孙，聚宗族，看守修理，同心共议。毋得侵占坟地，谋吞田屋，害人害己，逐弃穷愚，违者处罚。

六、钱谷有缓急相通之义，宗族与外人不同，重轻有数。族中借银一两，短月利息三分，长年利止二分；借谷一石，照乡例早季放出，利息三斗。不得每取，利上起利。卷骗产业，违者处罚。

七、行善积德，人之根本，诗云水言配思。自求多福，祸福不自己求之者。帝君云：善恶之报，如影随形。宜存心助建善果，救济苦难，勿以善小而不为，勿以恶小而为之；不可其言不善，立心不善，行事不善；倚势欺人，为富不仁，忘恩背义，违者处罚。

八、作恶造罪，忌百年结果，太甲曰：天作孽，犹可违；自作孽，不可活。代叙之，劝赈济，救水旱，活死病，修桥路，扬善良，作词状；代哑传言，携瞎过桥，祸反为福，化凶为吉。切不可刁奸谎诈，做横词，夺正理，颠倒是非，贪利倾人，好闲游戏，食着嫖赌，邪教淫侠，凌长欺幼，做贼乱伦，犯者处罚。

九、名宦发达之人，宜回宗认族，兴前裕后。合众宜迎贺恭庆，孝友即义，贤良福寿之人，宜称赞奖敬，不可隐忽，违者处罚。

十、酒为乱性之物，喜事宴饮，告成礼而已。格训云，宴客有节，可作长夜之饮，百凡不可过劝痴狂，醉后伤情，违者处罚。劝酒与醉酒同过。

十一、田地有卖有赎，照原契价还银，其祖屋池塘山业，不许典卖与异姓之人。即典卖与本族，许取赎，此乃祖基。各房均分之业，或卖年远，本房人赎归本房，不得谋契假约。抗执并吞，减其一房，违者处罚。

十二、怜孤恤寡，立后存业，守望相助，疾病相扶，仁人之心。有丧不能举，男不能婚，女不能嫁，及鬻身落贱者，合族宜量力赠助，违者处罚。

（资料来源：梅县《梅县城东玉水张氏族谱》）

家训

敦孝悌

诗曰："欲报之德，昊天罔极。"又曰："凡今之人，莫如兄弟。"人于父母兄弟，宜爱敬兼尽。近见人家子弟，常薄于一本之亲、同气之雅，耘锄德色，妇姑反唇，兄弟阋墙，寇仇相视，类皆天性凉薄，溺于私利，抑或轻听妇人之言，遂至视父兄如路人，等手足若仇敌，悖逆之行，莫此为甚。若此者，是亦禽兽也。亟宜戒之。

隆祭祀

豺獭犹知报本，况于人乎？祭义祭法诸篇言祭祀者特详，曾子曰："慎终追远，民德归厚。"然则，奔走对越，怵惕凄怆，笃本原即以厚风俗，今人多竭诚于非类之鬼，而忽略于其所生，是豺獭之不若也。可乎哉？

慎丧葬

子游曰："人未有自致者也，必也亲丧乎。"孟子曰："惟送死可以当大事也。"今人治丧，惟务饰外，开筵设奠，动辄数十席、数百席不等，而于哭踊之节、殓殡之大，反苟简从事，有服子侄不尽哭临，人心之薄，一至于此，天良具在，果能安乎？

修坟墓

祖宗依托之所，理宜于冬初春暮拜扫而修培之，如生存时定省以察其安与否也。若以先人体魄置之空山旷野之中，若无事焉，安用子孙为哉？如或陵夷焉，或渗漏漏，罗围外内有无坍毁，界碑有无移毁，以及水冲、兽穴、外人铲挖侵陵，概须详察清理，与为培护。此扫墓之不可缓而修墓之不可略也，是在实有祖宗于其心者。

敦雍睦

昔范文正公曰："吾宗族中吴中者甚多，虽有亲疏，自吾祖宗视之，均是子孙。"韩宗伯云："让自美德，忍怔大受。"况吾宗族中，诸父昆弟，岂伊异人？即一言之忤，一事之戾，追念数世前原是一身，理宜交相逊让，互为扶持，宗友以笃，族宜以厚。若挟嫌陷害，因利争竞，甚至操同室之戈，则骨肉皆仇敌也。各有人心，何甘为宗党败类乎？

重师傅

民生于三，事之如一，礼也。近世陋习，有厚养其子而薄待其师者，有宽纵其子而刻责其师者，甚有高自侈而辱入其师者。诸如此类，不可枚举。欲望子弟读书可乎哉？是宜择师教子，以礼接之，勿计锱铢，勿怜悭吝，如君然，如亲然，至忠且敬，毋稍怠慢，不以姑息爱其子，不以课限其师，慎始敬终，有如无己。然后子束于法，师感其诚，授者有心，受者亦不至自懈而自肆，即至愚不肖，鲜有不能渐近者，况佳子弟哉？择师者，其自思之。

勤学问

士人咀经嚼史，原其致用，不可自满自足，以自欺而欺人，果真其有成，则一旦筮仕朝廷，出其素所学问，以与人家国事，宗祐蒙其庥，苍生受其福。就令穷而在下，即其平日之所讲习，亦足以教导子弟，扶翼宗党，同族中多一通儒，其所以保全必不少也。

务勤俭

先民有言，勤而不俭，譬如漏卮，终日灌之而不见其满；俭而不勤，譬如石田，终岁穷力而卒无所获。故男耕妇织，俭己啬用，起家之道。至于牧养孳息、贸贩、转移，有资于家计者，皆当相时经营。若游闲失业，奢侈浪费，富者必至困窭，贫者饥寒交迫，流为盗窃。各户首、房长及尊辈人等，务宜加意督率警戒。

厚积累

于公积德，大开驷马之门；王氏植槐，卒获三公之贵。积善余庆，理固然也。夫为善不必殷实，不心权要，随分自尽，凡事存几分忠厚，便有如许功德，获报必显，贻谷之首，莫善于此。

训子弟

凡人未有生而圣贤者。近日教化不明，风俗益薄，人家子弟倨侮怠慢，习若性成，于父母前，不知父坐子立礼；于兄长前，不知隅坐随行之礼，何有于外人乎？有子谓其为人也，孝弟〔悌〕自不至犯上作乱。子弟能言时，便教以尊卑长幼之序，爱敬退让之节。幼时如此，长时必能如此，在家如此，出门必能如此。易曰："蒙以养正，圣功也。"孟子曰："尧舜之道，孝弟而已矣。"为父兄者，可不极讲乎？

崇女教

妇人之道，以顺为正，即令有才，亦主中馈成内助而已。近世妇女，多有咆哮撒泼，不敬翁姑，不顺夫主，参商妯娌，凌虐养媳；或淫贱之妇，借端肆闹，动辄服毒，自经〔尽〕自溺，以恐吓为胁制，其母家不知训伤，或反主纵，无论已死未死，辄麇集狂闹，致令其夫家破产。而女子亦有所恃，以为惯，始则藉以恐吓，继且丧其性命。果平时稍知礼义，顾廉耻，何至若此。古语云："生女如鼠，犹恐其虎。"故女子幼小，即宜教以逊顾，尤当晓以守身大法。出嫁之女，遇有轻生之事，母家不准理落。不独女教修明，而救全性命正不少也。

笃亲友

同寅协恭，和衷共济，国家所由隆盛也。推而至于亲戚之情，友朋之义，亦莫不然。笑语相洽，休戚相关，有相通，患难相顾，情真而猜嫌泯，义重而意见融，何等安闲，何等畅快。当其不然，无端寻无仇焉，无端而构祸焉，怒藏怨宿，相对无聊，往来庆吊之礼，都成虚设，甚至摇唇鼓舌，衅起绳头，擦掌摩拳，讼成雀角，伤风败俗，未有甚于此者也。迨至两败俱伤，始悔亲友之不笃焉，晚矣。

严取予

人生富贵贫贱皆有命数，存乎其间，不可强也。若一味贪得不已，竞进不休，强之鬻，不出其本心，与之直，不合乎公道，或逼债以倾人之产，或牵牛以躁人之田，甚而大称〔秤〕小斗，肥入瘦出，巧算锱铢，暗占升合，逞一时之诈，贻数世之祸根，岂知神目如电，法网不疏，巷议在前，吏议在后，恶名一起，欲洗难除，众指交加，不摧自仆。当斯之际，悖入者不免悖出，多藏者亦复厚亡，室虽广而不能安居，田虽多而不得安享，身既窘迫，犹累及妻孥，名已谬辱，更玷及祖父，欲益反损，欲进反退。得乎失乎？利乎害乎？

安本分

士农工商各有其业，如果克勤厥职，终日黾皇，犹恐不足，何暇他谋。有等有本分之徒，舍其所事，习为闲游，渐且遇事干涉，妄意唆纵，始图酒食，继以渔利，遂为地方大害，而彼且自诩以为能，殊属无耻已极。又有居心诡僻，秉性强悍，昧骗冒占，尤为宗族之蠹，如有此类，亟予痛惩。

戒洋烟

洋烟俗呼鸦片，美其名曰芙蓉，本昔所未有，自西人通商，来制此物，以运贩中国，贤愚皆嗜而好之，流毒几遍。岂知杀人之利，更有甚于剑戟者。试观有瘾之人，形容类槁木，颜色若死灰，残生损寿，甚或至于绝嗣。无钱者，日食且不足，复加以万不容之需，窝窃行偷，卖妻鬻子，何以自救。所以吸洋烟者，鲜不作贼，势固相因也。其为害彰明较著，自爱者，当自慎之。

戒赌博

赌博者盗贼之原，其为祸甚烈，而人顾好之者何也？其以为贵重乎？极恶不流，皆为同辈，一言不合，动加欺侮，既与同赌者，莫可如何，则贱甚。其以为快乐乎？开场窝赌，昼夜不分，只图一己甘肥，不顾合家冻饿，彼此龃龉，斗口奋拳，或受明伤，或遭暗病，则苦甚。其以为美事乎？成群结党，得意扬言，一遇正人，即行缄避，非偏僻密室，不敢开赌，团邻访获，哀恳贿求，其丑甚。其以为可兴家创业乎？十赌九输，俗言可证，即或倾人财产，饱我橐囊，而神怒人怨，动遭横祸，则报应尤甚。所以然者，凡人无论聪秀愚钝，一入赌场，心术便坏，虽至亲密友，俨同仇敌，赢了兴高采烈，输了忍气吞声，不惜精神，不顾体面。而奸老恶少，日相往来，以赌博为名，穿房入室，妇女辈见惯，习以为常，而奸淫等事由此而起，丑声外播，自己反昏然不知，皆赌之一事误之也。始则倾家荡产，继且典衣鬻钗，亲不以为子，妻不以为夫，愤气填胸，怨声满室，甚至流为匪类，坠家声，累父母，或经官司拿问，身辱名裂。若此者，本不耻于人类，宜严加禁绝。

（资料来源：梅州《张氏宗谱》）

【姓氏来源】根据大埔《梅州赵氏族谱》记载，梅州赵氏始祖（直系祖先），是宋朝开国皇帝宋太祖讳匡胤胞弟、太宗皇帝讳匡义，其第十三世孙季胜为梅州始迁祖。

宋太祖皇帝玉牒大训[①]

朕以为：人本乎祖，水本乎源。水流长而支异，人分远而派疏，理固然也。

夫朕之祖宗，积德千百余年。爰及僖祖，聿修厥德，宽厚宏仁，百有余年，传至四世，乃及朕躬。应天顺人，恭受周禅，而有天下。追思上世祖宗，族属众多，或游宦异邑，或散居四方，各占籍焉！今已疏远，因无统序，昭穆难分，纵然相遇，亦若路人，心有憾然。朕以祖宗视之，本同一气。若子孙聪明，颇有知诗书者，许其科第入官，共享禄位，庶乎能悉祖宗之心也。

朕曾观周之文、武，为前代之圣贤明君。彼时得之天下，开心见诚，大封同姓宗室，或为藩镇，或为王侯，此固不负祖宗之初心也。惜乎无字派，以别后世之昭穆，乃至春秋战国之间，子孙相攻，甚如仇敌，甚可痛哉！朕恐后世子孙亦犹是也。

朕兄弟有五，长兄曹王匡济、末弟岐王匡赞，俱早逝无嗣。朕惟与

---

① 此训与史书记载的有一些差异。

弟晋王光义、秦王光美，鼎分三派，每派各立玉牒十四字，以别源流，明分昭穆。虽后世辙疏远，亦不失次序。朕以一人之身，传至千万人之身，务同朕心；以一世之近，传至千万世之远，如同一世。故曰：朕族无亲疏，世世为缌麻。朕族之子孙，各俱遵守，奉行无怠。

然自古以来，国家之兴废存亡，何代无之。倘天命无常，变易朕之天下。朕族之源流，虽已疏远，各宗各支，应以玉牒自重，或游宦，或徙居，到处相会符合者，当以昭穆分别。勿恃富而轻贫，勿恃贵而轻贱，以至怠慢无礼。若有家贫无依者，富盛之家宜加以抚恤，勿使流离失所，有玷辱于祖宗也。各宜念之，毋负朕嘱。

大宋乾德二年甲子八月

命太师、魏国公、记室臣赵普稽首奉敕书藏以金縢

（资料来源：大埔《梅州赵氏族谱》）

郑

【姓氏来源】根据《兴宁坭陂郑氏谷成公族谱》记载，郑氏入粤来梅，始于南宋。据传郑桓公六十九世孙郑清之授福建巡察使，定居上杭，其后裔分迁广东梅州、潮州、惠州各地。

祖德家训

徇徇我祖德，溯源如揽月。周王封姬友，桓武立郑国。文理运筹政，六经五伦则。仁义忠信爱，孝悌廉耻节。任贤挑梁栋，宜耕经商策。习武边防固，立法护民铁〔秩〕。睦邻循友好，肝胆照日月。为人赤诚见，爱憎是非测。温良恭俭让，天下民心得。勤劳传家宝，偷窃嫖赌绝。家和万事兴，冤家切莫结。教子勤读书，方为人中杰。弘扬祖德训，遗风长啸烈。

（资料来源：兴宁坭陂《兴宁坭陂郑氏谷成公族谱》）

钟

【**姓氏来源**】 根据《颍川堂钟氏族谱》记载，三十世贤公节度闽中，掌管军事和民政，原居江西赣州，生子朝公。朝，初为黄门侍郎。时因闽地陆戎蜂起作乱，父子率兵追剿，因平乱有功，升任福建宁化都督府，随军住籍宁化石壁。后朝公承袭父爵，举家迁长汀白虎村。其裔孙派居梅州兴宁、梅县、蕉岭等地。

祖训十二款

家规当法

一家有一家之规。凡为子孙者，事亲当尽其孝，事长当尽其弟，推而一族之人，莫不皆然。则大伦正，大分明。吾今日为人子弟如此，他日为人父兄，子弟事我亦如此。上行下效，理势必然。此家规所当法也。

家法当守

家有法度。凡我子孙，当守本分，各务生业。戒嫖赌，戒贪饮，戒逸乐，戒争讼，戒奢侈。此数者，败名丧节，荡产倾家，最宜切戒。切勿以恶欺善，以富欺贫，以上凌下，以贵藐贱。此家法所当守也。

耕读为本

人有本务，不外耕读二事。盖勤耕，则可以养身；勤读，则可以荣身。苟或不耕，则仓廪空虚，终成乞丐之徒；不读，则礼义不明，终为愚蠢之辈。凡我子孙，耕者成耕，读者成读。此本业所当务也。

勤俭为要

勤乃立身之本，俭乃持家之基。盖勤则不至于贫，俭则常足其用。古云：男勤于耕得饱食，女勤于织得身光。量入为出，永无匮乏。此二者，人道至要，吾子孙所当务也。

族谊当敦

族大人繁，不能无贤愚、富贵、贫贱之异。凡我子孙，当念祖宗一脉，以贤养愚，以富济贫，以贵化贱，不可争小利而伤大义，不可逞小忿而讼大廷。纵有拂意，只要情有可原，理有可恕，俱当含容以待之，此族谊所当敦也。

嫁娶当慎

结姻取其德义，非资其势利，故能为者自强，靠戚者无志。我家先祖，历传多是宦族书香。凡嫁娶之事，必择良善礼义，故家乔木，方可与结姻。嫁女勿贪势利，而不审佳婿；娶媳勿图厚奁，而不问淑媛。须知无德以守，冰山易尽，兼败家风，不可不慎也。

教子宜严

爱之必劳。劳者，即严以教子成人之谓也。故必以义方，弗纳于邪，事严师，亲贤友，勿任放荡，纵其性情，戒行小慧，防其邪僻，使闻皆正言，见皆正行，行皆正事，是之谓严。而又涵育熏陶，俟其自化以养之。则严而泰，子弟之德可成矣。此式谷庭训，所当知也。

贫而无诌

族众万派，岂必尽席丰盈，人生百年，宁无偶遭穷困，但当守分自重，不可妄作非为，以致祸败，亦勿卑屈哀乞，以取羞辱也。

富而无骄

赖皇天之眷佑，荷祖宗之庇荫，所以致富，欲长食乎。天禄思光，大于前人，切不可骄。故虽富而万顷，亦当视有若无，不可恃财傲物；贵而三公，惟是移孝作忠，慎勿倚势凌人。若在本族，犹当思一脉所出，车笠同涂可也。

远族当亲

叶虽发于九州，根惟生于一处。凡属同姓，不论亲疏远近，都是一脉流传。来往会遇，必须相爱、相敬、辨序尊卑，不可以为疏远而简弃之。若系贤为族望，则礼敬尤当隆重也。

诚敬祭祀

先灵聚于宗祠，禋祀宜肃；祖骸栖于坟墓，祭扫必诚。凡我子孙，每当佳节，凡遇祭期，须备牷牲酒醴之仪，以行报本追远之礼。语云：豺狼尚知报本，况人为万物之灵者也。

宝藏谱牒

有谱牒者，所以记祖宗之名号功德，而垂奕世之源委者也。故国有史，是国之宝；家有谱，乃家之宝。宜藏高洁，毋致污损。今世人以金玉为宝，而不知谱牒之传，比之金玉尤重。金玉失落有处寻，谱牒失落无地觅；漏却金玉一时憾，漏却谱牒万世恻。凡我子孙，前传之谱，当之珍守；后起之谱，宜记增修。庶源源委委，奕祀流芳也。

（资料来源：梅县《颍川堂钟氏族谱》）

家训十二款

第一款　家规当守

训曰：大凡一家有一家之规模，一代有一代之体制。为吾子孙者，宜事君当忠，事亲当孝，事长当弟。一家如是，一族如是，则天伦叙尽，尊卑之分明，孝友之道著。吾今日为人子弟若此，即后日为人父兄亦莫不如此，上行下效，理势必然。此家规之所当守也。

第二款　家法当遵

训曰：大凡一家有一家之法度，一代有一代之设施。为吾子孙者，各宜守本分，各务生理，勿酗酒而乱德，勿嫖赌而荡心，勿好争讼而持刀，毋为狗盗而侮名，毋以恶欺善，毋以众暴寡。如此，则九族亲、一家和。此家法之当遵也。

第三款　耕读当勤

训曰：凡吾子弟不读则耕。盖勤读为能明理，勤耕为能足食。若不耕则仓廪虚、衣食困，流为乞丐之徒；不读则学问浅、礼仪疏，沦为下愚之辈。亲朋慢之，乡邻耻之。耕读二者，尤为吾子孙之所以当勤也。

第四款　勤俭当勉

训曰：勤乃治身之本，俭乃治家之方。盖勤则免以贫，俭则裕乎用。古人云，男须勤耕，女须勤织。勤俭二者，愿吾子孙所当勉也。

第五款　族谊当敦

训曰：凡为吾子孙者，现今族大人众，不能无贤愚不肖之辈。当念祖宗一脉所传，宜养之教之，不可将此愚不肖者而慢忽之也；又不可因小故而伤大义，不可以微言而起讼端。即有情不可言、理不可服之事，宜劝之解，令其改过自新，奋迅自励，以曲成其美焉。此吾训子孙当敦族谊为要也。

第六款　嫁娶当慎

训曰：吾家子孙，原系官宦之后，凡嫁娶之事，关乎人伦之始，风化之先，必择忠厚善良之家。嫁女择佳婿，勿贪重聘；娶女求淑女，勿贪厚奁。不可贪富、嫌贫、弃哲，应宜双方情投意洽，上则承宗，下则裕后。此嫁娶之所以当慎也。

第七款　教子以义方

训曰：凡教子者，当以义方。弗纳于邪，骄奢淫逸，纵欲放荡，是走向邪路之开端也；勤劳俭朴，忠厚诚实，是兴家立业之途径也。教以

钟

效先圣贤之良规法，仿以正人君子之善行，择严师以教诲，亲益友以劝勉，切勿溺爱而任之，使其立志成人也。

第八款　贫而无谄

训曰：凡吾子孙，或承根基浅薄，或因天灾人祸而致贫穷，当宽心以待之。不怨天，不尤人，守分循理，不可卑身屈己，妄作非为，致丧廉耻。艰苦忍耐，此贫而不谄也。

第九款　富而不骄

训曰：凡吾子孙，有荷祖宗之祐，沾祖先之庇，富如朱陶，贵而三公，亦视有若无，不可傲慢。宜谦恭待人，和睦处世，自奉俭约，体恤贫穷，广行施舍，修积阴德，富贵不骄也。

第十款　远近当亲

训曰：吾族系始居河南，迹继闽汀。凡外出居内者，皆赖祖宗之福庇。凡有远方异地之宗族来往会见，不可怠慢疏远而避之，亲密联系，热情招待之。居内之兄弟叔侄，互助互爱，睦族亲邻相处之。

第十一款　祭扫坟茔宗祠

训曰：坟茔者，乃祖宗魂骸所栖也，择吉壤竖碑筑坟，以避风雨。凡春秋二祭，凡为子孙者，必须丰洁诚敬。先灵聚于宗祠，每当佳节之期，须办牲醴之仪祭祀，当尽其报本之心，追念祖宗之功德。人无祖先，身从何来？鸟兽尚知报本，何况人为万物之灵乎！此坟墓宗祠，当宜祭祀也。

第十二款　宝藏谱牒

训曰：谱牒者，以记祖宗之功德，百世之源流也。世人皆以金玉为宝，而谱牒之宝视为外物焉。岂知国家之史书，藏之金匮，以存祖宗之历史，子孙胤祚之无穷也。谱牒之宝亦如此。凡吾子孙者，当思辑录，宜珍藏保存，视为金玉，以作传家之宝牒也。

（资料来源：梅县《英创公祠钟氏族谱》）

281

朱

【姓氏来源】根据梅县《朱氏家谱》记载，梅州地区的朱姓大部分自认为是朱熹后裔，朱熹五世孙肇城，宋末元初由福建宁化迁入梅县松源葵坑定居。

朱文公家训

君之所贵者，仁也。臣之所贵者，忠也。父之所贵者，慈也。子之所贵者，孝也。兄之所贵者，友也。弟之所贵者，恭也。夫之所贵者，和也。妇之所贵者，柔也。事师长贵乎礼也，交朋友贵乎信也。见老者，敬之；见幼者，爱之。有德者，年虽下于我，我必尊之；不肖者，年虽高于我，我必远之。慎勿谈人之短，切莫矜己之长。仇者以义解之，怨者以直报之，随遇而安之。人有小过，含容而忍之；人有大过，以理而谕之。勿以善小而不为，勿以恶小而为之。人有恶，则掩之；人有善，则扬之。处世无私仇，治家无私法。勿损人而利己，勿妒贤而嫉能。勿称忿而报横逆，勿非礼而害物命。见不义之财勿取，遇合理之事则从。诗书不可不读，礼义不可不知。子孙不可不教，僮仆不可不恤。斯文不可不敬，患难不可不扶。守我之分者，礼也；听我之命者，天也。人能如是，天必相之。此乃日用常行之道，若衣服之于身体，饮食之于口腹，不可一日无也，可不慎哉！

柏庐公治家格言

　　黎明即起，洒扫庭除，要内外整洁；既昏便息，关锁门户，必亲自检点。一粥一饭，当思来处不易；半丝半缕，恒念物力维艰。宜未雨而绸缪，毋临渴而掘井。自奉必须俭约，宴客切勿流连。器具质而洁，瓦缶胜金玉；饮食约而精，园蔬愈珍馐。勿营华屋，勿谋良田。三姑六婆，实淫盗之媒；婢美妾娇，非闺房之福。童仆勿用俊美，妻妾切忌艳妆。祖宗虽远，祭祀不可不诚；子孙虽愚，经书不可不读。居身务期质朴，教子要有义方。勿贪意外之财，勿饮过量之酒。与肩挑贸易，毋占便宜；见贫苦亲邻，须加温恤。刻薄成家，理无久享；伦常乖舛，立见消亡。兄弟叔侄，须分多润寡；长幼内外，宜法肃辞严。听妇言，乖骨肉，岂是丈夫；重资财，薄父母，不成人子。嫁女择佳婿，毋索重聘；娶媳求淑女，勿计厚奁。见富贵而生谄容者，最可耻；遇贫穷而作骄态者，贱莫甚。居家戒争讼，讼则终凶；处世戒多言，言多必失。勿恃势力而凌逼孤寡，毋贪口腹而恣杀生禽。乖僻自是，悔误必多；颓惰自甘，家道难成。狎昵恶少，久必受其累；屈志老成，急则可相依。轻听发言，安知非人之谮诉，当忍耐三思；因事相争，焉知非我之不是，须平心暗想。施惠无念，受恩莫忘。凡事当留余地，得意不宜再往。人有喜庆，不可生妒忌心；人有祸患，不可生喜幸心。善欲人见，不是真善；恶恐人知，便是大恶。见色而起淫心，报在妻女；匿怨而用暗箭，祸延子孙。家门和顺，虽饔飧不继，亦有余欢；国课早完，即囊橐无余，自得至乐。读书志在圣贤，非徒科第；居官心存君国，岂计身家。守分安命，顺时听天。为人若此，庶乎近焉。

（资料来源：梅县《朱氏族谱》）

家训

　　训是家魂，告诫族人；两仪既定，乾坤宜尊。父慈子孝，人当奉行；兄友弟恭，应重人伦。夫勤妇俭，妯娌谦逊；交朋接物，信义宜遵。尊老爱幼，文明待人；盗赌淫娼，戒除严禁。嫁勿重聘，娶择淑能；穷则安分，富则济贫。勿抗粮税，寇盗勿亲；士农工商，各安其分。遵纪守法，严教儿孙；与邪者斗，与恶者争。伸张正义，坚持真理；教而不服，申报法庭。训示如此，务必遵循。

家规

不许忤逆双亲，不许嫖娼赌博，不许逞强欺人，不许辱骂尊长，不许兄弟争斗，不许抗粮抗税，不许偷抢营生，不许虐妇弃婴，不许叛国投敌，不许盗棺掘墓。

（资料来源：广东《朱氏族世系谱》）

卓

【姓氏来源】 根据卓氏族谱记载，明正德年间，卓德室之子万九郎、真八郎，奉母钟太之命由福建连城迁至古梅州黄石峒（今仁居木溪黄石村）开基，后裔奉德室公为平远肇居一世祖。

祖训

爱国家

国者，父母之邦也。自鼻祖以及我身，皆生于斯，老于斯，祖宗墓在焉。故欲保家先保国，岂曰："国事无预于我哉！"国之有事也，或纳粟，或投军，皆我应尽之义务也。古人云："王事多艰，不遑启处。"又曰："国家兴亡，匹夫有责。"愿族众心存爱国，取法古人可也。

孝父母

古人云："百善孝为先。"诗曰："父兮生我，母兮育我。"盖言父母之德，昊天罔极也。方未离怀抱，饥则为之食，寒则为之衣，笑则为之喜，啼则为之忧。行动则跬步不离，疾痛则寝食俱废。至于成人，则又为之教读婚配，百计经营，无所不至。是一生心血，大半消磨于子女之中，而谓父母之恩，诚擢发难数也。又古人云："谁言寸草心，报得三春晖。"故晨昏定省，奉养服劳，不论高贵贫贱，皆当尽孝道。至于亲丧之后，奠祭宜诚，以尽人子之孝思。

友兄弟

书曰:"世间最难得者,兄弟也。须贻同气之光,毋伤手足之雅。"且兄弟为分形同气之人,务宜相亲相爱,式好无忧。切勿以财物细故,两相竞争,而伤手足感情。尤其室中之言,务宜仔细参详。倘若不慎,妄失天伦之乐,后悔莫及。我族少年子弟,务宜谨此。

睦宗族

谚云:"族有千秋,戚无五代。"支派虽多,根源则一,能念血脉之同体,自知亲族之应和。毋恃亲近而疏远,勿藉富贵而欺贫,应好恶与共,休戚相关。一遇婚丧,应予吊贺。倘有灾难,应予扶持,不能视若路人。孤贫无依者,当量力而与加意维持,庶不失同宗之谊。倘族有贤才,因贫缺学者,应集资相助,勉成大器,以光门第。断不宜因小故而堕宗支,因微嫌而伤亲爱。书曰:"以亲九族,九族既睦,协和万邦。"是帝尧首以睦族示教也,可不勉欤!

崇祭扫

人有父母祖先,即有香火坟墓。在生固当奉养维勤,殁后亦宜祭扫尽礼。慎毋以路途遥远,遽懈明祭;毋以家资艰难,辄忘追慕。紫阳云:"祖宗虽远,祭祀不可不诚。"愿为后人者共勉。

敬祖宗

礼曰:"物本乎天,人本乎祖。"有祖宗然后有子孙,有子孙毋可忘祖宗。祖庙不修,坟墓不扫,祭祀不恭,如此子孙等于豺獭之不如。焉能为有,焉能为无。

完国税

税收乃国家财政之源。国家赋额,悉准经制,未尝多取丝毫。我辈得以坐享太平,正宜急公奉上,早行完纳。征购任务,按期上缴。不得故意违抗,任情迟缓,致乖政令。

卓

训儿女

书云："养不教，父之过。"凡我子弟，年至五六岁以上者，必须循循善诱，教以循规蹈矩。亲师友，习礼仪，交有道，接有礼，毋得开言詈骂，谎谤谐虐。凡属浪荡子弟，不许与之为伍，致导恶习。课后归来，宜慰勉交加，督其勤学苦练，奋志前程。离校后，士农工商应各执一业，毋得游手好闲，恣意浪荡。勿使误入歧途，致于法究，而败家风。

和邻里

俗云："邻居待得好，如同捡个宝。"又云："远亲不如近邻。"所以，对待乡邻，应当礼让相将，患难相顾，决不能以强欺弱，以众凌寡，以富吞贫，恃势殴詈。倘若目中无人，横行霸道，不惟众怒难犯，亦大伤长厚之心。愿我族人，对邻里应以和为贵。诗曰："洽比其邻。"诚是之谓也。

端心术

谚云："平其心而受天下之善。"故心术为平生受用之本。心术正则行为自善，心术邪则行为皆恶。毋怀嫉妒，毋肆凶狠，毋行诡诈，毋弄刀笔。一切损人利己，刻薄恩寡之事，切宜戒之。昔罗点与同僚论人品曰："天下事，非才莫辩。苟心术不正，才虽过人，何足取哉。"

慎交游

人家子弟，半由朋友作成，亦半由朋友带坏。日与善人相往来，则规劝咸宜，而德自进。若与匪类共心腹，则诱皆非，而恶必集，勿谓交游无关成败也。语云："可者与之，其不可者拒之。"此交道之极则也，可不法欤。

安本分

人生莫不有本分当为之事，藉以有利于身，藉以有利于世。若不顾得害，不计损益，时生意外之妄想，惯作非分之营求，纵眼前风光，难得日后无忧也。可不戒欤。

息争讼

古人云："居家戒争讼，讼则终凶。"又云："忍一句，息一怒，天宽地阔；饶一着，退一步，祸息福生。"故圣人云："无讼为贵。"此之谓也。愿我族人，毋起贪心，毋依财势，毋听人唆，毋持己性，毋积怨端，则官非自息。倘遇恶棍横行，故意凌我、欺我、辱我、打我，我只好让他、怕他、随他、尽他，再过几年看他！天道无私，任人而已。

禁赌博

斗牌掷骰，其祸甚烈。轻则倾家荡产，重则离婚服毒，而致丧生殒命。同时与人身份大有攸关，其玷辱先人，败坏名节，莫此为甚。凡我宗人，务宜切戒，勿入此途，免遭法究。

惩恶端

迩来世风不古，间或蔑视国法。三五成群，酗酒凶殴，横行地方，故意滋事，寻花问柳，好逸恶劳，忤逆父母，虐待老小。抗乱治安，破坏秩序，甚至流入匪类，盗窃财产，视生命若鸿毛，不但丧生殒命，而且有玷家风。凡我宗人，须知一朝失足千古恨，后悔莫及。倘有入此途者，应及早回头，改悔自新。须知人生在世，名誉为第二生命，欲作肖子贤孙，必须首重道德，端品行，知廉耻，才不愧为社会良民。倘若执迷不悟，仍蹈前辙，应予呈官究办，决不宽贷。

戒轻生

国家和父母有急难，哪怕赴汤蹈火亦不可辞。此外，一朝有忿怒，意外之侮辱，忍之而已矣。轻生自杀，是为不孝，于事无益，徒为讥笑。若夫国法，不可顽强抵触。悍者毫不畏死，以犯刑诛，顽强以言不屈。静言思之，耻也何如。

戒淫行

"万恶淫为首"，尽人皆知，而世人偏多犯此。而犯此者，又多属聪明佻达之人。此无他，男见窈窕佳人，女见风流逸士，一时你贪我爱，遂不计卑污贱行。不知犯着此条，子女无面见人，父母为之含羞，六亲因之而轻贱，邻里共斥为非行。是图一时之欢娱，遂损终身之名节，愿何如之？一旦发生事故，轻则倾家荡产，重则丧生殒命。尔时回头，亦已晚矣。愿我族人戒之戒之。

延嗣续

孔子曰："不孝有三，无后为大。"所以有男必要，无后必续。己力不能周，亲当为之计。万无可续，间世立孙，一子两祧，亦不致废祀也。凡立嗣，必须择同姓昭穆相当之子，断不许尊卑倒，尤须依照现行民法之规定，不得与法律相抵触。庶无后顾之忧。

尚勤俭

士农工商，各专其业；冠婚丧祭，贵得乎中。慎毋游手好闲，奢侈过度，庶免身家两败之虞。凡我子弟，均应各有专业。士者读书，扬名族亲；农者勤耕，仓箱有庆；工商能勤，衣食丰足。书曰："业精于勤，荒于嬉。"明训昭垂，尚其念诸。

端品行

礼义廉耻，人之大节存焉；奸淫邪道，人之大节丧焉。故历朝选举曰孝廉、曰方正，皆以品行取仕也。苟品行不端，非但仕途不能立足，将来后人亦受影响。愿族众懔之慎之。

重读书

读书乃起家之本。家有读书之人，则义理有人讲究，纲常有人维持。忠孝廉节，由此而生；公侯将相，由此而出。读书之益，岂不大哉。愿为父兄者，切勿忽略。

（资料来源：平远《卓氏族谱》）

邹

【姓氏来源】 根据五华《邹氏联宗族谱》记载，唐末王审知兄弟入闽，其中有一个叫邹勇夫的河南固始人，随他们到达福建归化（今泰宁）开基，开邹姓南方之先河。宋末，邹勇夫之后裔德宏公开创五华华阳。

邹元标家训

富贵轮流休问，家和何用积金。但看兴旺人家，父子兄弟一心。

南卿公家训

士农工商精一业，便是吾家之肖子。礼义廉耻全四字，方为我族之贤人。

羡中公家训

公讳荣，字羡中。将终之日，枕边录记真言，以遗子孙法戒：盖闻圣贤云："鸟之将死，其言也哀；人之将死，其言也善。"予今病危将终，其言亦善——生于大元历数，终于大明熙朝，世逢洪武周末，宣德大统治化，不能行义达道，自愧才疏学浅，耻无伊吕用世之志，庸有答祖敬宗之心。生值大寇扰乱，潜避保全身体。及宁乡回家，诒谋燕翼，丕显丕丞，绳继宗祧，下训嗣裔，置有上田等产业，六十有余，披占载谱，待后追回。生男二胞女一。临终善言实语，订记簿内，照行管业。庶奸不作，即作有证。阳法阴灵，毫发难易，日用之为，朝思夕继，考究得失，辩论是非，若不预记真言，恐后之子孙，茫茫失死，无以为凭据之由。荣今在世，稀〔虚〕度时光，终日奔驰，盖犹未足，随时交下，用度无穷，开口指示。日中思功，见兄孤独立，携侄远游，聚首无期，予今犹髦，独思无厌，置有产业裕后，都系父母立成。薄有田园，接承祖宗，遗与子孙。切须保惜，勿作等闲抛去，若能立心守成，勤苦经营，即闾存片土，亦能创业发作，光大门闾。男以血汗为本，女以灯光为针，勤则乃润身之策，懒则实坏身之根。富贵自勤来，贫贱因懒得。大富由命，衣食由勤，设使家豪富贵，奢华枉用钱财，消磨损败甚易。傲诫子孙，莫以怠情废弛，遂将田地产业，任其荒毁，偷闲过日，谈观快乐，纵情任性。如意恋酒贪花若故，居恒好说大话，无事讲成有事，日复一日，年加一年，愈见衰败，朝夕寂寞，妻儿冻馁，男东女西，悔之晚矣。早能竭力劳心向前，何致饥寒困苦若此。嘱汝子孙，仔细推详，爱亲如执钰如捧盈，亲不命进，不敢而进，亲不命退，不敢而退，此乃事亲之道，天经地义，自古至今，无有异也。且夫乾父坤母，父慈子孝，爱亲敬长，孩提之童，无不知之，况为人子乎。嘱汝子孙，敬宗睦族，众宜存有爱悌之心，长幼亲疏，同是祖宗一本之脉，虽支分派别，亲疏尊卑，不失其伦焉。敬老抚孤赈贫，兄友弟恭，急难相扶，一家仁让，一国化兴，庭炜庄睦，人皆称为胜事。至若兄弟不和，萧墙祸起，或占田地，或争财利，稍有不幸，各逞忿恨，你东我西，交口骂詈，奋臂擎拳，重则轻义，侥幸贪谋，嫉害妒忌，不思一句过衍，安知祸来根基。一朝败露，家破身亡，产业荡废，户内人口，尽遭流累。嘱我子孙，听我真言，人生在世，先涤身心，安分守己，怀仁抱义，非礼勿为，非义莫去，为善则流芳百世，为恶则遗臭万年。效贤人之通达，纯朴无为，适如赤子之初心。窃奸恶之徒谋，鬼计百出，宛〈如〉豺狼之贪饵。盖君子以仁存心，以礼存心，仁者爱人，有礼者敬人，爱其亲以及人之亲，乐其乐以及人之乐。闻善则迁，有过必改。若见乡邻绅耆途过，必须让之。倘逢奸宄暴恶，远望尤宜避之。作事须存天理，出言要顺人心，见先哲之于美墙，慎独知之于衾影。忠巽以格人非，捐赀以成人美。诸恶莫作，众善必集，永无恶曜，加〔嘉〕临常有，吉神拥护。兹今予病将终，卧床不起，饮食少进，学笔抒怀，录记真言，自我心曲。惟愿子孙，绳绳继继，朝夕捧诵所言，持己行事，万无一失。

家规六则

国有国法，家有家规。法不可玩，规不可离。道德败坏，家规必依。作案犯科，国法必追。好事大作，劣迹莫为。遵规守法，正升邪驱。告诫族众，蹈矩循规。太平盛世，国家同揆。

一、遵纪守法：法律森严，人皆畏之。触犯法律。依法量刑。有法必依，违法必究。轻则罹于监狱，重则伏罪刑场。加强法纪观念，自觉遵循。凡我族众，务宜循规蹈矩，安守本分。切勿以身试法，毋至自取罪戾，悔之晚矣。

二、尊祖敬宗：人本乎祖，祖为人身之所自出也。为人子者，常思木本水源，尊祖敬宗，孝顺父母，尽人子之责，不忘其本。生则事其情，殁则尽其礼。常怀思亲之念，以报恩德，慎终追远，节日吊默，寄托哀思。切忌忤逆不道，凌虐长上，一切不孝之举。

三、尊师重学：人非生而知之，知识源泉来自于学。欲成大器，苦学为本，学如逆水行舟，不进则退，奋发图强，尊师重道，才可登峰造极，成为栋材。于国建勋，于家争光。放诞不羁，荒于学业，则难成器，遂成朽木。而或不堪上进者，授之以业。勿使游惰而怡〔贻〕误年华，误入岐〔歧〕途。

四、移风易俗：封建礼教，束缚人民，男尊女卑，皇朝定论。封建迷信，害人非轻，歧视女性，遗弃女婴。道德败坏，丧尽良心，陈规陋俗，恶劣行径，统统肃清，提倡科学，破除迷信。树立新风，利国利民。

五、和邻睦族：邻里和谐，社会安定，出入相友，礼仪相待，守望相助，疾病相扶，贫富相济，相互关怀。忍让为本，宽大为怀，严于律己，宽于待人，团结友爱。切忌以强凌弱，以众暴寡，以壮欺老。

六、立足本职：为政清廉，廉洁奉公，大公无私，忠于职守，取信于民，不谋私利。为农勤劳，科学种田，农副并重，仓库斗满，丰衣足食，勤劳致富。为工从艺，技术精湛，革新技术，精益求精，发明创造，攀登高峰。为商经营，公平交易，童少〔叟〕无欺，商业道德，恪守信誉。投机倒把，唯利是图，欺行霸市，商业败类。士农工商，立足本职，各安生理，民富国强。

邹子勉家训

继承先业，拼搏创新，发展经济，启发后人。文明礼貌，和睦家庭，尊老爱幼，孝爱相承。耀祖荣宗，后裔虔诚，万古流芳，世代永兴。

（资料来源：五华《邹氏联宗族谱》）

附录

在梅州，除了汉民族之外，还有畲族，其亦有族规家训。本书选辑了位于丰顺凤坪畲族蓝姓的族规家训。

【姓氏来源】据蓝氏族谱介绍，该支始祖公蓝千七郎公由福建、江西，外出漂流至丰顺北胜社官溪甲风吹礤（今凤坪）开基。

新编家训

孝敬父母，赡养老人。夫妻平等，相敬如宾。对待子女，不可偏心。敬老爱幼，满腔热情。婚姻自主，严禁近亲。教育子女，莫入邪门。交朋结友，正大光明。作风正派，戒赌戒淫。邻里纠纷，息事宁人。异姓相处，礼让三分。光明磊落，能屈能伸。谦虚谨慎，不图虚名。见义勇为，不辞艰辛。奋发图强，自力更生。尊师重教，百年树人。移风易俗，革故鼎新。士农工商，业精于勤。遵纪守法，文雅言行。立志报国，勇于献身。不欠赋税，勇于应征。为官廉洁，勤政爱民。群策群力，共建文明。

家教格言录

立志

人怕无志，树怕无皮。
胸无大志，枉活一世。
胸中有志，遇难不惧。
为人须立志，无志枉为人。

有钱须念无钱日，得志毋忘失意时。

勤学

养子不读书，不如养条猪。
子弟不读书，好比无眼珠。
家有千金，不如藏书万卷。
书山有路勤为径，学海无涯苦作舟。
黑发不知勤学早，白首方悔读书迟。

孝顺

孝顺还生孝顺子，忤逆还生忤逆儿；不信且看檐前水，点点落地无差池。
千跪万拜一炉香，不如生前一碗汤。

兄弟

打虎要有亲兄弟，上阵还需护阵兵。
天下难得是兄弟，好友难比兄弟亲。

夫妻

痴人畏妇，贤女敬夫。
妻贤夫祸少，夫和爱妻贤。

和家

家贫和是宝，不义富如何？
两人一条心，有钱买黄金；一人一条心，无钱买枚针。
父子和而家不贫，兄弟和而宗族亲，夫妻和而家业兴。

持家

勤能补拙，俭可养廉。
会划会算，钱粮不断。
大富由勤，小富由俭。
勤是摇钱树，俭是聚宝盆。

人勤地献宝，人懒地生草。

常将有日思无日，勿把无时当有时。

早起三朝当一工，早起三秋当一冬。

历览前贤国与家，成由勤俭败由奢。

交友

在家靠父母，出外靠朋友。

良言不嫌少，朋友莫嫌多。

若要人尊敬，先要尊敬人。

交友要交心，听话要听音。

路遥知马力，日久见人心。

画虎画皮难画骨，知人知面不知心。

慎言

病从口入，祸从口出。

言多有失，饭多伤脾。

话不好讲死，事不好做绝。

饭可以随食，话不可乱讲。

话到咀〔嘴〕边留半句，事在火头让三分。

良药苦口利于病，忠言逆耳利于行。

好人面前莫说假，小人面前不说真。

是非皆因多开口，烦恼来自好出头。

处世

是非终日有，不听自然无。

诸恶莫作，众善奉行。

为善是乐，作恶难逃。

若要人不知，除非己莫为。

让人非我弱，得势莫离群。

知足常足，终生不辱；知止便止，终身不耻。

得恐且忍，得耐且耐；不忍不耐，小事变大。

君子爱财，取之有道。

忍得一时之气，免得百日之忧。

酒不糊言真君子，财上分明大丈夫。

戒赌

赌博是个害人精，十人参赌十家贫。

赌博是条毁命根，教子嘱孙莫沾边；沾了赌博祖业败，妻离子散苦连天。

感恩

为人之道，知恩图报。

受人滴水之恩，必以涌泉相报。

报国强民富之恩，报父母养育之恩，报师长教诲之恩，报亲朋助难之恩。

说技

着急的事，慢慢地说；大事要事，想清楚说；小事琐事，幽然地说；做不到的事，不随便说；伤人的事，坚决不说；别人的事，谨慎地说；自己的事，坦诚直说；该做的事，做好再说；将来的事，到时再说。

励志

事能知足心常泰，人若无求品自高。

业精于勤而荒于嬉，行成于思而毁于随。

海之伟大，是因为容纳百川；山之崇高，是因为不避细壤。

有志者，事竟成，破釜沉舟，百二秦关终属楚；苦心人，天不负，卧薪尝胆，三千越甲可吞吴。

（资料来源：丰顺凤坪《蓝氏族谱》）

后记

　　本书是笔者所申请的广东省哲学社科规划项目课题"客家族规家训——以梅州为例"（GD16DL18）的阶段性成果。为了完成这个课题，笔者从 2016 年开始利用课余时间搜集梅州地区的族谱、家谱、宗谱等谱牒资料，然后对各谱所记载的族规家训进行辑录、整理、校对，谨此书付梓之际，在此感谢在研究过程中给予帮助的嘉应学院客家研究所周云水博士、嘉应学院图书馆及梅州市剑英图书馆。

　　笔者在田野调查和文稿编辑过程中，发现由于部分族谱资料纸质老化，残缺不全，加之印刷质量问题，字迹模糊，难以辨认。有些族谱中的族规家训，在后裔的转抄过程中存在错字、衍字、漏字等诸多问题。因个人能力有限，对于上述问题未能很好地解决。同时，仍有部分姓氏的族规家训，资料未能收集齐全；因部分姓氏支派较多，除族谱总谱记载的祖训、家训外，各支派的先祖也都分别立有支派的家训。因而本书中的姓氏家训，未能对同一姓氏各支派的家训全部收集整理出版。鉴于上述原因，书中出现差错疏漏，在所难免。祈盼读者有幸在掌读此书后，予以勘正，以为今后续作修订。

古惠文

2023 年 5 月